THE APPROACH TO
PATENT OPERATION

专利运营之道

周胜生 高可 饶刚 孙国瑞 汪卫锋 著

知识产权出版社
全国百佳图书出版单位

图书在版编目（CIP）数据

专利运营之道/周胜生等著. —北京：知识产权出版社，2016.9（2017.11 重印）
ISBN 978 – 7 – 5130 – 4447 – 9

Ⅰ. ①专… Ⅱ. ①周… Ⅲ. ①专利—运营管理—研究 Ⅳ. ①G306.3

中国版本图书馆 CIP 数据核字（2016）第 215636 号

内容提要

本书通过对大量纷繁复杂的专利运营现象的研究和分析，尝试从专利运营实务的角度探究隐藏在不同专利运营操作下的内在奥秘，提炼出专利运营的模式，解析专利运营之道。

读者对象：企业经营管理人员、知识产权从业人员及高校、科研院所、政府相关部门工作人员。

责任编辑：李 琳 胡文彬　　　　　　　　　　责任校对：谷 洋
封面设计：麒麟轩设计　　　　　　　　　　　责任出版：刘译文

专利运营之道

周胜生 高 可 饶 刚 孙国瑞 汪卫锋 著

出版发行：知识产权出版社 有限责任公司	网　　址：http：//www.ipph.cn
社　　址：北京市海淀区气象路 50 号院	邮　　编：100081
责编电话：010 – 82000860 转 8031	责编邮箱：huwenbin@cnipr.com
发行电话：010 – 82000860 转 8101/8102	发行传真：010 – 82000893/82005070/82000270
印　　刷：三河市国英印务有限公司	经　　销：各大网上书店、新华书店及相关专业书店
开　　本：720mm×1000mm 1/16	印　　张：16.75
版　　次：2016 年 9 月第 1 版	印　　次：2017 年 11 月第 2 次印刷
字　　数：265 千字	定　　价：50.00 元

ISBN 978 -7 -5130 -4447 -9

作者简介

周胜生，研究员，国家知识产权局首批领军人才，现任国家知识产权局专利局专利审查协作天津中心人力资源部主任。曾从事实用新型专利初审、发明专利实审、复审及审查业务管理。发表各类文章 20 余篇，作为主要负责人或撰稿人与他人合著多本著作，其中代表性著作有《乔布斯的发明世界》（2012年）、《专利检索策略及应用》（2010 年）等。

高可，浙江大学硕士毕业，2006 年进入国家知识产权局工作，主任科员，四级审查员，多年从事发明专利实审、复审等工作，曾借调国家知识产权局专利局专利审查协作河南中心审查业务部工作。与他人合著《乔布斯的发明世界》（2012 年）。

饶刚，浙江大学理学博士，研究员，现任国家知识产权局专利局专利审查协作天津中心专利服务办公室主任。多年从事专利实审、复审、无效、审查业务管理、学术研究及专利分析服务工作，国家知识产权局高层次人才。

　　孙国瑞，北京大学法学博士，北京航空航天大学法学院教授，现任北京航空航天大学科技法与知识产权研究中心主任，兼任中国知识产权研究会理事、北京知识产权研究会会长等职务。主要研究领域包括专利法、商标法、著作权法、合同法、科技法、国际技术贸易等。

　　汪卫锋，副研究员，1998年进入国家知识产权局，从事专利实审、复审等工作15年，现任国家知识产权局专利局专利审查协作天津中心办公室主任。曾负责多项国家知识产权局课题，发表文章6篇。国家知识产权局培训教师、高层次人才培养对象，天津市和平区人民法院人民陪审员。

专利运营提升创新价值 （序一）

  近年来，随着创新型国家建设的步伐加快、创新驱动发展战略的深入实施，我国的创新能力不断提升，知识产权事业发展迅速、成效显著。世界知识产权组织最新发布的 2016 年全球创新指数排名显示，我国创新力首次跻身全球前 25 名。我国发明专利申请量已经连续 5 年稳居世界第一。2015 年，我国成为年申请量首个超过 100 万件的国家，每万人口发明专利拥有量达到 6.3 件。总的来说，我国知识产权的创造能力得到整体提升，运用能力不断增强、保护力度不断加大，管理能力明显提高，知识产权大国地位日益巩固。

  在全面建成小康社会决胜阶段的"十三五"期间，知识产权工作必须坚持创新、协调、绿色、开放、共享发展理念，积极适应把握引领经济发展新常态，在经济社会发展中做好"攀枝花"，当好"顶梁柱"，直接贡献GDP，更好地为创新驱动发展战略提供支撑。2015 年 12 月，国务院发布了《关于新形势下加快知识产权强国建设的若干意见》，明确提出有效促进知识产权创造运用，实行更加严格的知识产权保护，优化知识产权公共服务，促进新技术、新产业、新业态蓬勃发展。为贯彻落实上述意见，国家知识产权局提出了高水平创造、高效益运用的新理念，会同地方积极构建质量导向的政策环境，提升专利质量，加强专利转化运用的扶持和指导，提高专利转化实施率。在国家相关部委的配合下，国家知识产权局正在积极构建知识产权运营服务体制机制，加快建设知识产权运营平台，完善知识产权服务体系，创新知识产权投融资产品，通过盘活知识产权资产促进知识产权价值实现，知识产权转化运用正从单一效益向综合效益转变。

与此同时，知识产权法律法规修订、制定工作稳步推进，具有中国特色的知识产权行政和司法保护体系不断完善，知识产权保护力度正在从不断增强向全面从严转变，对大众创业、万众创新的保障和激励更加有效，创新者的"获得感"进一步提升。

随着国家经济科技的发展，专利保护力度全面从严，专利转化运用从单一效益向综合效益转变，大力开展专利运营的现实需求日益旺盛，适合于专利运营的环境正在形成。当前，我国的专利运营实践仍处于起步阶段，对于"什么是专利运营""如何开展专利运营"的研究还有待加强，《专利运营之道》的出版可谓恰逢其时。

本书从当前错综复杂的专利运营现象出发，全面梳理、提炼了各种专利运营模式，探讨了专利运营之"道"，其中既有宏观上关于专利运营的主体、客体和运营环境的探讨，也有微观上关于各类运营模式的实证操作、特点和效果的解析；既有对国际知名专利运营商成功经验的深入挖掘，也有对国内新生机构实践探索的客观评价。

本书作者团队都很年轻，他们富有朝气和创新精神，在完成各自繁重的本职工作之余，刻苦钻研，勇于探索，发挥专业特长，以他们独特的方式为专利事业发展贡献聪明才智，其敬业精神难能可贵。随着知识产权强国建设的稳步推进，专利事业必将迎来前所未有的发展机遇，我特别期待有更多的年轻人关注专利事业之势，探究专利发展之理，实践专利运营之道。

是为序。

国家知识产权局党组成员、副局长

贺化

中国智慧＋西方规则＝成功之道（序二）

很多人问，华为的知识产权战略是什么？我曾多次讲，对于华为，没有所谓独立的知识产权战略，一切战略目标都围绕经营，使我们能够存活下来，能够在竞争中不断发展。因此，华为拥有专利的最重要目的在于保证全球业务的安全，其次是用于交换以获取我们发展所需的技术。

在我看来，知识产权制度的核心在于解决创新的动力问题。从世界范围来看，300年的发展实证表明，那些保护知识产权的国家，从英国到美国，均成为世界创新的重要引擎。创新者能够因为国家法律形式的保护而获得利益，然后继续投入更深度的创新，应该被看作是知识产权运营的原始动力。

由此衍生出两个问题：一是在现实条件下，国内是否具备了知识产权运营，特别是专利运营的土壤？二是专利滥用行为是否会在国内大兴其道？很高兴，《专利运营之道》也在关注这两个问题，并且有一些看法我们还不谋而合。

中国的市场很大，也是全球重要的制造基地，具备非常难得的、可以保障中国企业竞争力的基础性条件。利用好这个条件的前提在于，大家能够发自内心地做好知识产权保护工作。从公共权力的角度，其核心职能在于建立起真正激励创新的知识产权制度，给予权利人足够的回报，使得权利人愿意继续深度地投入研发、投入创新，同时给侵权者具有足够威慑力的惩罚，使得他不能、不敢甚至不想通过侵权获利。显然，我们现在还达不到这样的要求，因为侵权的事情还很多，侵权的成本还很低，创新者得到的回报还非常有限，影响了企业进一步研发投入的积极性。当然，尽管当前的专利运营土壤尚不肥沃，保护力度还饱受诟病，例如司法实际判赔数额很低，但可喜的是，我国专利保护力度正在加大，专利司法保护手段正在完善，专利行政执法力度正在加强，专利价值正在逐步显现。

对于专利权滥用问题，我们先来看看世界知识产权的发展趋势和潮流：第一是真正给予创新者合理的保护，第二则是对知识产权的滥用行为予以规制。以美国为例，在维持对专利恶意侵权行为高额判赔并实施禁令的同时，针对近年来出现的专利权主张实体（PAE）滥用专利诉讼行为，佛蒙特州于2013年第一个立法予以打击。迄今为止，美国已有超过半数的州颁布了打击专利权滥用行为的法律。这些法律制定的理论依据是，专利权滥用行为涉嫌违宪，因为在美国宪法层面上，赋予专利权的目的在于鼓励创新和促进科技进步，而专利权滥用，特别是一些非实施专利实体（NPE）随意发起的专利诉讼，不仅不利于创新和科技进步，甚至已经对经济发展造成了负担。在国内，2013年广东省高级人民法院针对华为诉IDC垄断案的判决和2015年国家发展和改革委员会处罚高通垄断案件即是非常有代表性的案例，这些案例充分体现了我国政府反对专利权滥用、维护市场公平的态度和决心。我认为，随着国内知识产权保护体系和文化环境的改善，专利权诉讼行为在未来会有大幅增加，但专利权滥用行为不会大行其道。

环顾全球，新一轮科技革命和产业变革蓄势待发，世界经济结构正在进入调整期，经济治理机制正在处于变革期，创新和转型正在位于加速区。放眼国内，经济发展进入新常态，"大众创业、万众创新"热潮如火如荼，创新创意已成为推动转型升级、优化产业结构的基本动力。创新驱动发展的本质，是通过创新促进经济社会的发展，核心是科技成果和知识产权的高水平大规模创造与有效转化运用。作为连接创新和市场的桥梁与纽带，越来越有利于专利运营的大环境正在逐步形成。

我始终相信，用中国的智慧，借鉴西方的规则，内化出自己的模式和体系，假以时日，我们的专利运营活动一定能够助力实现中国专利的应有价值。

《专利运营之道》的出版选择了一个很好的时机。这些年轻人重在论"道"，不仅界定了"专利运营"的概念，而且从运营手段、运营目的和运营方式等不同维度进行归纳总结，尽可能全方位、立体式展现各类专利运营模式。通过结合实践中发生的专利运营案例，大大提高了本书的论述逻辑性和阅读趣味性，特别难得的是，作者们既放眼世界，又聚焦国内，相信能够给我国有志于参与专利运营活动者以启迪、借鉴。

华为技术有限公司高级副总裁、首席法务官

前　　言

　　世界上主要国家和地区目前都已建立专利制度。专利制度的功效之一就是为促进科学技术进步和经济社会发展。当前，科学技术飞速发展，全球经济一体化进程加快，世界统一大市场正在逐步形成，国际分工与合作更加明显，专利越来越成为企业的核心竞争要素。一些科技企业为了获得更大的经济效益和市场优势，一方面通过专利运营大量聚集专利，增加专利资产，另一方面通过专利运营盘活专利资产，充分发挥专利的市场控制力和经济价值。

　　新中国专利制度经历了30多年的发展，专利许可、转让等基本运营现象早已有之，但是"专利运营"对于大部分专利行业从业人员，甚至对于部分专家学者、政府官员来说仍非常陌生。专利运营现象本身纷繁复杂，专利运营主体具有复杂性，专利运营手段具有多变性，专利运营目的具有多样性，专利运营与社会、经济、科技发展的水平紧密相关，需要一个较长时期的认识过程。同时，专利运营实践性很强，需要我们一边探索，一边实践，一边总结，一边发展。从专利运营的发展历史来看，虽然我国总体上还处于专利运营的探索阶段，但是我国经济社会的飞速发展，对我们做好专利运营工作提出了迫切的要求。

　　进入21世纪以来，"创新"越来越成为我国经济社会发展中的核心动力。在建设创新型国家战略部署下，2012年国家提出了创新驱动发展战略，2016年发布《国家创新驱动发展战略纲要》，创新已成为我国五大发展理念之首。与此同时，随着部分专利密集型领域专利大战层出不穷，专利赔偿额屡创新高，"专利""专利保护""专利战"和"专利运营"越来越多地受到人们的关注。在这种背景下，国内企业专利保护意识不断增强，专利申请量和授权量快速增加，特别是在 2008 年实施国家知识产权战略后，各级政府加大对以信息产业、节能环保、生物产业、新能源、新能源汽车、高端装备制造业和新材料为代表的战略新兴产业的科研投入，专利申请量更是大幅度增长。一方面，我国发明专利年申请量自 2011 年以来已连续 5 年跃居世界第一，并且在 2015 年受理发明专利申请达到 110.2 万件，成为世界第一个发明专利年申请量超 100 万件的国家。另一方面，根据世界银行统计，我国专利转化率不到 20%，高校的专利转化率甚至低于5%，❶ 我国专利对经济的贡献度远低于发达国家水平，大量的专利处于"沉睡"状态！

　　有效盘活我国庞大的专利资产、促进科技进步和经济社会发展，已成为当前专利行业的热点和难点。为解决这一问题，自 2009 年以来，国务院、国家知识产权局以及相关部委出台系列政策，从财政支持、司法保护、行政管理、政策配套、市场服务等多方面建立完善专利运营的体制机制，推进专利价值评估、专利融资、专利保险和专利担保，构建专利池或产业专利联盟，设立专利导航产业发展试验区，构建"1 + 2 + 20 + N"的知识产权运营服务体系等。特别是 2014 年 8 月全国人大常委会批准在北京、上海、广州设立知识产权法院，2015 年 12 月国务院发布了《关于新形势下加快知识产权强国建设的若干意见》，明确提出要严格知识产权保护、促进知识产权创造和运用，加快建设知识产权强国。在国家的整体部署下，知识产权创造由多向优、由大到强，知识产权保护从不断加强向全面从严，知识产权转化运用从单一效益向综合效益的转变已经启动。实行严格的知识产权保护、加强知识产权运用已经成为知识产权领域的新要求、新趋势。

　　当前，大力开展专利运营既是我国社会、经济、科技发展的现实需求，更是专利制度发展的必然。专利运营实质上就是为实现专利的经济价值而对专利权或专利技术的合理运用，这种运用越是活跃、越是充分，专利对经济社会发展的融合度就越高、支撑度就越大、贡献度就越明显，专

---

❶ 陈汉辞. 中国专利国际化中的"转化率"瓶颈 [EB/OL]. (2014 - 11 - 12) [2016 - 05 - 25]. http://www.yicai.com/news/4039263.html.

利制度在经济社会中的作用就会愈发凸显。当前，实行严格的专利保护，并通过广泛开展专利运营盘活大量库存的专利资产、彰显专利价值时机已经成熟，也是我们面临的急切之务。

有鉴于此，本书希望从形形色色的专利运营现象出发，探究专利运营的内在奥秘，提炼专利运营模式，解析专利运营之道，为专利行业从业人员、专家学者、政府官员提供指导、借鉴。

面对浩瀚繁杂的专利运营现象，如何从跨越时间和空间的专利运营现象中梳理出可供借鉴的通用运营模式是本书希望重点解决的问题。专利运营具有主体复杂、手段多变和目的多样等多重特点，在我国起步虽晚却是发展快、变化多。本书主要从运营手段、运营目的和运营方式等几个维度和层面进行归纳总结，试图全方位、立体式展现专利运营的不同模式，探究专利运营之道。

本书注重研究实践中发生的各类专利运营机构（平台）及相关案例，通过对具体个案的研究，以点带面，归纳总结出8种常见的专利运营模式。这些概括大多是作者团队的首次提炼，意在抛砖引玉，期待业界同仁的关注与讨论。

在本书的整体安排上，第一章就专利运营的概念、发展历史、基本要素、中间服务进行必要介绍，第十章就我国专利运营发展趋势进行简要分析、预测，第二章至第九章是全书的重点内容，分别从不同层面和角度，通过实际的专利运营案例介绍不同的专利运营模式。对于每种专利运营模式，我们尽可能客观描述其运行情况、操作特点和实效。我们的研究层次或许尚处起步阶段，但对各类专利运营现象的关注、了解尽量全面，力图为专利运营相关研究及实战做好一块垫脚石。

本书作者团队在专利领域奋战多年。有的长年从事专利行政审批和管理，对专利的价值有着深入理解；有的多年从事知识产权，特别是专利法律的教学和研究工作，熟悉大学及其科研机构专利运营之道；有的直接参与专利运营和专利服务工作，广泛接触政府、企业或行业其他机构，了解与专利运营相关主体的不同角色定位和需求。志趣相投，机缘巧合，我们从不同部门、不同方向集结在一起，为"专利运营之道"的研究、写作出计献策。经过几年的观察、学习、研究、思考，我们决定推出第一份通力合作的成果，付梓出版，接受读者的检验。

本书作者团队分工协作如下：周胜生负责撰写第一章至第四章，孙国瑞负责撰写第五章，高可负责撰写第六章和第七章，饶刚负责撰写第八章和第九章，汪卫锋负责撰写第十章。每人撰写完成后，大家相互审校，提出大量修改完善建议。各个章节进行了多次修改后，最后由周胜生负责全书的统稿。全稿研究、写作过程中协调、统筹工作主要由周胜生承担。

受到学识、精力、资料、实践等方方面面的局限，我们这部作品尚不成熟，书中难免存在种种错误或不当之处，恳请广大读者批评指正。

目　　录

第一章　专利运营概述

专利运营是当前的一个热门话题，但对什么是专利运营，尚无统一定义。

综合学者们的观点和我国专利运营现状，我们认为，专利运营可以分为狭义和广义两种。狭义的专利运营是指通过对专利本身的经营以实现其经济价值的行为，例如专利的转让、许可、质押。广义的专利运营是指综合运用各种手段实现专利的市场控制力或经济价值的行为，包括商品化、转让、许可、质押等，以及为实施特定专利运营目的进行的各种中间服务，例如专利价值评估、专利保险、专利担保、专利诉讼以及专利分析、展示和交易撮合等。

虽然有不少专利最终并不进行商品化实施，但是专利的商品化实施是专利最终能够创造价值的基础。在专利产业链和价值链上不仅包含专利的商品化、转让、许可、质押等，而且还有实现特定的运营所需的各种中间服务，因此本书采用广义的专利运营概念。

第一节　专利运营的发展历史

一、专利运营的起源

1624 年，英国建立了世界上最早的专利制度。在此后近 200 年里，专利运营现象与经济运行形态紧密相随。例如，英国人亨利·本瑟姆（Henry Bessemer）将制造高品质玻璃的专利以 6 000 英镑的价格转让给玻璃制造商，詹姆斯·尼尔逊（James Neilson）将热炉专利许可给 8 位生产商，在瓦特（James Watt）取得蒸汽机技术专利之后，博尔顿（Boulton）出资与瓦特共同生产蒸汽机。除了专利权人自己进行商品化之外，专利转让、许可或作价出资与他人联合实施是早期的专利运营方式。

由于英国早期专利稳定性较差（当时没有类似于现在的实质审查制度），并受到一些政策限制，专利交易存在高风险和高成本，这在一定程度上制约了那时专利运营的发展。即便在1852年英国进行专利制度改革之后，登记备案的专利转让和许可数量仍然非常有限。

美国在1790年建立专利制度，1836年成立联邦专利局，专门负责专利的受理并对专利申请进行实质审查。与同期其他国家相比，美国专利制度设计上更加先进。美国建立专利制度后，专利数量增长迅速，且专利质量高、保护力度大，专利技术交易比较活跃。1845年，美国累计有效专利数量7 188件，该年美国专利局（当时的名称）登记的专利转让达2 108件次。到19世纪70年代美国每年的专利转让数量超过9 000件次，19世纪80年代更是高达12 000件次，许多专利甚至都在被授权之前就实现了转让。❶❷此外，专利池、专利联盟甚至专门从事专利运营的专利公司在19世纪中叶均已开始在美国出现。

虽然美国专利制度起步比英国的晚，但美国的专利制度建设得比较完备，且具有更加适合专利运营的社会、经济及技术环境，因此美国专利运营模式一直引领着其他国家专利运营模式的发展，龙头老大的地位十分稳定。下面主要以美国为例介绍专利运营的发展情况。

二、专利运营的发展

与英国早期专利运营相同，自己实施、转让或许可他人实施、与他人合作实施也是美国早期专利运营的主要方式。19世纪上半叶，由于铁路还没有普及，交通运输不发达，专利商品化多是专利权人自己在一个地方实施的同时，许可他人在其他区域实施，即分区域许可。在19世纪40年代，80%以上的专利许可属于这种分区域许可。随着铁路的普及，全美国统一市场逐步形成，分区域许可逐步减少，取而代之的是全国性统一许可。到

---

❶ 吴欣望，朱全涛. 创新市场与国家兴衰［M］. 北京：知识产权出版社，2013：166.

❷ 需要说明的是，根据美国宪法规定，美国的发明人必然是申请人，因此上述转让统计数据包括发明人将其专利转让给所在公司的情形，因此真正属于专利运营的转让次数会少于此数据。

1890 年，分区域许可只占全部专利许可的 5% 左右。

随着专利数量的增长和专利交易市场的活跃，专门从事专利交易的中介机构逐渐出现。这些专利中介机构的主要作用有：传播专利信息、为专利出售寻找买主、为希望购买技术者寻找到合适的专利技术以及为发明人或专利权人寻找启动资金。专利中介机构的出现大大促进了专利交易市场的活跃度。

发明人大量亲自参与专利商业化运营是美国早期专利运营的一个突出特点。随着以电气技术为代表的第二次工业革命的发生，美国出现了大批独立发明人。这些发明人在取得专利后，通过民间融资组建公司，对其发明进行产品化。比较典型的代表人物有爱迪生（Thomas Alva Edison）、斯帕雷（Elmer Ambrose Sperry）等。爱迪生一生共获得了一千多件美国专利，涉及留声机、电灯、电影机等多个影响人类文明发展历程的技术与商品。爱迪生开办了多家公司，既是发明家，也是企业家，他一边在自己的实验室搞发明创造，一边及时申请专利，同时也非常注意进行专利的商品化实施。比如，爱迪生拥有大量的电影制造专利，他曾在 1908 年联合当时所有主要电影公司和专利所有者以及当时最大的电影胶片供应商组建了电影专利公司，成功实现了对电影技术的垄断。一百多年前爱迪生的电影专利公司基本可以算是当前盛行的专利运营公司的雏形。此后，随着技术复杂度不断提高，专业分工不断细化，独立发明人从事发明研究的难度增加，企业内部研究部门、独立的研究机构逐渐兴起，发明人更多开始受雇于企业或专门的研究机构，发明人亲自参与专利运营的现象逐步减少。

19 世纪中后期至 20 世纪初期，除了专利转让、许可、商品化等运营方式之外，专利池和专利联盟等更专业化、更复杂的专利运营模式开始在美国大量出现。最早的专利池是成立于 1856 年的缝纫机联盟。由于当时美国的反垄断机制还不健全，专利池对市场的控制力极强，因此美国在这一阶段出现了大量专利池，专利池运营模式快速发展。关于专利池发展历程的详细介绍参见本书第四章第一节。

美国于 1890 年颁布《谢尔曼法》（The Sherman Antitrust Act），专利池的垄断作用随之日渐受到质疑，专利制度在社会生活中的地位开始下降，专利池运营活动逐步减少。

这一时期，随着教育水平的快速提高，大学在技术创新中的作用越来越显现，具有公益性的大学专利运营活动逐步增加。一般认为，美国大学专利运营模式发展大致经历了如下三个阶段。

1. 威斯康星大学首创的 WARF 模式（19 世纪 20~30 年代）

威斯康星大学教授 Harry Steenbock 和几个校友发起成立了专利事务的机构——威斯康星校友研究基金会（Wisconsin Alumni Research Foundation, WARF）。WARF 附属于威斯康星大学，但具有独立法律地位，主要负责该校专利申请和对外授权等事宜。

2. 麻省理工学院首创的第三方模式（19 世纪 30~60 年代）

先是有加州大学伯克利分校教授 Frederick Cottrell 发起成立了美国首家专门面向大学的校外专利管理公司——研究公司（Research Corporation, RC）。RC 实际上是一家独立的第三方中介机构，麻省理工学院通过与 RC 合作，将其发明创造全部提交给 RC，由 RC 进行专利申请和对外授权等事宜，收入由麻省理工学院和 RC 进行分成。

3. 斯坦福大学首创的 OTL 模式（19 世纪 70 年代至今）

为更加有效经营本校专利，斯坦福大学于 1970 年成立了技术许可办公室（Office of Technology Licensing, OTL），由 OTL 负责全校专利申请和对外授权等事宜。由于在提高专利质量、鼓励发明人和学校积极进行专利技术转化等方面具有明显优势，这种模式迅速普及，目前已经成为美国大学专利运营的主要模式。

基于经费来源的特殊性，大学对专利的经营一直受到国家政策的限制，即便是在专利制度高度发达的美国。在 20 世纪 60 年代之前，由于按照委托协议政府资助的项目或取得的专利权归联邦政府所有，这在很大程度上制约了学校和发明人经营专利的积极性。据统计，在《拜杜法案》（The Bayh - Dole Act）实施之前，美国大学只有不到 5% 的专利技术被转移到工业界进行商业化。❶

为激发大学活力，提升美国科技创新能力，1980~2000 年，美国政府持续性地制定了一系列促进技术转移转化的法律和政策，如 1980 年的《拜杜法案》和《史蒂文森 - 威德勒技术创新法案》（The Stevenson - Wydler Technology Innovation Act）、1984 年的《国家合作研究法》（The Na-

---

❶ 李晓秋. 美国《拜杜法案》的重思与变革 [J]. 知识产权, 2009 (03): 90-96.

tional Cooperative Research Act）、1986 年的《联邦技术转移法案》（The Fedeal Technology Transfer Act）、1989 年的《国家竞争力技术转移法》（The National Competitiveness Technology Transfer Act）、2000 年的《技术转移商业化法》（The Technology Transfer Commercialization Act）等。这些法律的颁布，明确了以政府财政资金资助为主的科研项目成果及知识产权归属于发明者所在的研究机构，并鼓励非营利性机构与企业界合作转化这些科研成果，参与研究的人员也可以分享利益。这些法律和政策极大地促进了政府资助的研究成果商业化，对于大学来说，也在实质上促进了专利的许可、入股等专利运营活动。

进入 20 世纪 80 年代之后，世界各国专利运营呈现活跃之势，原因有三。

1. 新技术快速发展，专利数量大幅增长为专利运营提供了基础

在以信息技术为代表的新技术革命带动下，各个领域技术变革风起云涌，互联网发展高歌猛进，人类社会正在朝着工业 4.0 时代迈进。各国在科研方面的投入不断加大，新技术层出不穷，创新成果不断涌现，专利数量大幅度增长，一些领域甚至出现专利丛林现象。

2. 全球经济一体化，专利成为大企业控制市场的重要武器

随着通信技术、交通技术及互联网技术的飞速进步，全球经济一体化进一步增强，世界统一大市场基本形成，国际分工更加细化，国与国之间经济融合度增强，企业之间，特别是国际大企业之间竞争加剧，借助专利打击竞争对手、抢占市场越来越成为企业的撒手锏。企业通过专利运营可大量聚集专利，构建专利组合、专利池，以充分发挥专利的市场控制力，维护市场优势。

3. 知识经济时代来临

知识经济时代以知识的创新和应用为主要特征。专利既是技术知识创新的重要表达形式，也是技术知识创新的保护神。以美国为代表的发达国家基于对技术知识创新的重视，不断加大对专利的保护力度，一些国家甚至将专利保护的方针、决策或战略上升到国家层面。在这种情况下，专利大案频发，专利侵权赔偿金额屡创新高，专利价值凸显，专利运营是知识经济时代技术知识资本化的主要手段，越来越成为企业谋利的经营业务。

专利运营于 20 世纪末在美国再度兴起，并迅速扩展、影响到世界各国

（地区）。一些国家（地区）纷纷出台鼓励政策，促进本国（地区）专利的转化应用。科技公司一方面大量申请专利，不断充实自己的专利库，另一方面积极参与专利运营，盘活专利资产，弥补企业资金不足。此外，一大批专门从事或辅助专利交易的专利运营公司、交易平台或中介机构也如雨后春笋般地出现，专利运营的规模、实力、方式、思路等发展迅猛。

据安全信托联盟（AST）调查，2010 年以来美国专利交易超过 3 709 项，涉及 68 430 件美国专利、2 476 个卖家和 1 517 个买家。另据 IPOfferings（一家专利交易经纪公司）的专利价值商数（The Patent Value Quotient）报告显示，2012～2014 年专利交易平均价格每件在 22.8 万～36.7 万美元。❶

美国大学和研究机构专利活动持续活跃。根据大学技术管理人协会（AUTM）的调查，2010～2012 年，美国大学和研究机构的专利申请近30% 对外进行许可或转让，每年形成约 700 家创业企业。与《拜杜法案》实施之前相比，美国大学和研究机构的专利技术转移活动大幅度增加，特别是麻省理工学院、斯坦福大学等技术研发实力强的大学，此类活动力量明显增强（见图 1 - 1）。

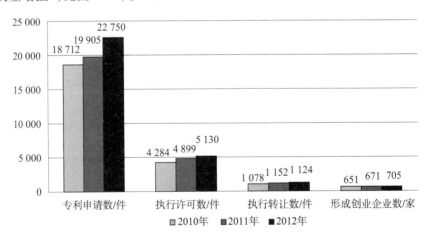

图 1 - 1　美国大学和研究机构专利活动统计❷

---

❶　宋海宁. 近年全球专利交易的统计和趋势分析［EB/OL］. （2015 - 07 - 23）［2016 - 04 - 25］. http：//www. sipo. gov. cn/zlssbgs/zlyj/2015/201507/t20150723_ 1148810. html.

❷　国外高校专利转移转化的最新进展［EB/OL］. （2015 - 05 - 25）［2016 - 04 - 02］. http://www. sipo. gov. cn/zlssbgs/zlyj/2014/201505/t20150525_ 1122356. html.

除了专利转让、许可等传统模式之外，专利池、专利联盟也再度兴起，专利质押、专利信托、专利证券化、专利作价入股等专利融资模式不断创新，以美国高智公司（Intellectual Ventures）为代表的专门从事专利开发、收购和授权的非专利实施体（Non－Practising Entities，NPE）大量出现，以预防专利敲诈为主要目的的专利运营企业、以保护本国产业发展为宗旨的主权专利运营基金相继成立，专利运营呈现蓬勃发展之势。

三、专利运营的新特点

进入 21 世纪以来，专利运营还呈现出一些新的特点。

1. 专利运营从技术层面上升到战略层面

专利已成为企业间竞争的重要武器，专利运营从技术层面上升到战略层面。一些企业为充实专利库越来越频繁地出巨资进行专利战略性收购。一些大型公司组建了独立知识产权公司，通过转让的方式将其专利转让到这类知识产权公司名下，由这类知识产权公司进行独立的运营。

2. 专利运营模式更加丰富

这些专利运营模式包括：走"技术—专利—标准"路线的较为复杂的标准化运营，秉承"专利就是资本"理念的资本化运营。还有科技企业、科研院所或专利公司从事商品化、转让、许可等直接性专利运营，专利中介机构、各类平台机构在特定领域从事服务性专利运营，由行业领袖或政府主导的组织或机构从行业或产业角度从事辅助性专利运营等，形态丰富多彩。

3. 政府直接或间接参与专利运营

日本、韩国、法国等国家（地区）纷纷设立了国家专利基金或主权基金，成立专利运营机构为本国（地区）企业提供支持，我国也出现了诸如北京知识产权运营管理有限公司等有政府背景的公司从事专利运营。

4. NPE 大量出现，由 NPE 提起的专利诉讼明显上升

由于经营专利越来越有利可图，专门从事专利生产和营销的 NPE 大量出现。NPE 专门从事专利的生产（专利孵化）、专利聚合（例如通过购买专利等方式），再通过转让、许可等方式实现资本化。由于专利诉讼或诉讼威胁是 NPE 实现专利转让或许可的主要手段，随着 NPE 的大量出现，

由 NPE 提起的专利诉讼也随之明量增多。

由此可见，专利运营现象伴随着专利制度建立即产生，但专利运营的模式、作用受到国家经济制度、科技发展水平的影响，专利运营的活跃程度在一定程度上体现专利对经济社会发展的作用。总体来说，随着经济的发展和技术的进步，运营主体更加专业，运营方式更加复杂，专利运营在企业发展中作用进一步增强，专利对经济发展的贡献度和支撑度进一步显现。

第二节　我国专利运营产生的背景及其发展

专利运营需要有合适的法律政策环境和市场环境，专利运营的发展情况与社会、经济、科技发展阶段密切相关。

一、产生的背景

进入 20 世纪 80 年代之后，随着科学技术的快速发展、全球经济一体化以及知识时代来临，世界范围内的专利运营活动蓬勃发展。我国于 1985 年开始实施《专利法》，建立了与世界逐渐同步的现代专利制度。中国的专利制度发展历程，仅用了 30 多年的时间就历经了发达国家一百多年的不同发展阶段，专利制度的出现也是我国改革开放历史发展进程中的必然现象。

1. 经济科技法律政策

邓小平同志在 1988 年提出"科学技术是第一生产力"的著名论断后，国家出台了一系列国家战略、法律、政策，科技创新越来越受到重视。

在战略层面，我们实施了一系列国家战略。例如，1995 年提出科教兴国战略，全面落实科学技术是第一生产力的思想，坚持教育为本，把科技和教育摆在经济、社会发展的重要位置，增强国家的科技实力及向现实生产力转化的能力；2005 年年底首次将建设创新型国家作为一项国家战略，并在 2006 年发布的《国家中长期科学和技术发展规划纲要（2006—2020年）》中明确提到到 2020 年将中国建成创新型国家；2012 年党的十八大提出创新驱动发展战略，要使科技创新成为提高社会生产力和综合国力的战略支撑，强调中国未来的发展要靠科技创新驱动。贯彻落实这些国家战略成为近30年来制定和实施相关法律、政策的基本宗旨。

在法律方面，我国1995年实施的《担保法》和2007年实施的《物权法》中均明确规定专利权可以质押。1996年实施《促进科技成果转化法》，提出国家鼓励将科研机构、高等院校等事业单位的科技成果进行转化，科技成果转化方式包括自行实施、向他人转让、许可他人使用、与他人共同实施以及作价投资。2015年修改《促进科技成果转化法》，将科技成果处置权、使用权和管理权下放，明确了对完成、转化职务科技成果作出重要贡献人员的奖励和报酬不低于净收益的50%。这几部法律的实施在很大程度上，促进了科技成果的转化运用，消除了专利运营的法律障碍。

在政策层面，我国重在构建促进科技创新、科技成果转化的机制体制。例如，2012年发布的《中共中央　国务院关于深化科技体制改革　加快国家创新体系建设的意见》提出，促进科技和金融结合，创新金融服务科技的方式和途径，特别提出推广知识产权和股权质押贷款，完善科技成果转化为技术标准的政策措施，加强技术标准的研究制定等；2013年发布的《中共中央关于全面深化改革若干重大问题的决定》提出，加强知识产权运用和保护，健全技术创新激励机制，探索建立知识产权法院，通过创新商业模式促进科技成果资本化、产业化；2015年发布的《中共中央　国务院关于深化体制机制改革　加快实施创新驱动发展战略的若干意见》提出，到2020年，基本形成适应创新驱动发展要求的制度环境和政策法律体系，为进入创新型国家行列提供有力保障。

此外，2015年国务院发布《中国制造2025》，提出了瞄准新一代信息技术、高端装备、新材料、生物医药等十大重点领域，引导社会各类资源集聚，实现突破性发展，同时还提出强化知识产权运用的具体措施，例如培育一批具备知识产权综合实力的优势企业，支持组建知识产权联盟，鼓励和支持行业骨干企业与专业机构在重点领域合作开展专利评估、收购、转化、风险预警与应对，构建知识产权综合运用公共服务平台等，为在重点领域开展专利运营明确了方向。

2. 专利法规政策

随着国家对科技创新的重视，国家知识产权局及其他国家部委也纷纷出台系列法规、政策、战略，不断加强专利制度对科技成果的保护作用，鼓励、支持和引导市场化专利运营，促进经济社会的发展。

《专利法》的制定和修改是实现专利保护的基础。我国于1980年建立了中国专利局，1984年第六届全国人大常委会第四次会议通过了《专利法》，并于1985年4月1日正式实施。此后分别于1992年、2000年和2008年完成了《专利法》的修改，《专利法》通过这3次修改，扩大了专利保护范围，延长了3种专利的保护期限，完善了专利申请和审查程序，加强专利司法和行政执法。1994年我国加入《专利合作条约》（PCT），2001年加入世界贸易组织（WTO），全面履行一系列协议，其中《与贸易有关的知识产权协定》（TRIPS）就是其中之一。随着我国加入PCT和WTO，中国对知识产权的保护制度成为国际知识产权保护体系中的重要组成部分。

国家知识产权战略的制定和实施、知识产权强国建设的提出为专利运营提供了现实保障。2008年国务院发布《国家知识产权战略纲要》，旨在大幅度提升我国知识产权创造、运用、保护和管理能力，为建设创新型国家和全面建设小康社会提供强有力支撑。2010年国家知识产权局发布《全国专利事业发展战略（2011—2020年）》，明确了到2020年将我国建设成为专利创造、运用、保护和管理水平较高国家的目标、原则和措施。2014年国务院转发《深入实施国家知识产权战略行动计划（2014—2020年）》，提出加强专利协同运用，推动专利联盟建设，建立具有产业特色的全国专利运营与产业化服务平台，建立运行高效、支撑有力的专利导航产业发展工作机制，并提出到2020年我国万人发明专利拥有量增加至14件的目标。2015年国务院发布了《关于新形势下加快知识产权强国建设的若干意见》，更是明确提出要严格知识产权保护、促进知识产权创造和运用，加快建设知识产权强国。我国对知识产权保护和运用提高到前所未有的重视高度。

在专利运营方面，我国发布了一系列文件进行规范和指导，直接推动了专利运营的发展。2012年国务院转发《关于加强战略性新兴产业知识产权工作若干意见的通知》，提出支持知识产权质押、出资入股、融资担保，探索与知识产权相关的股权债权融资方式，支持社会资本通过市场化方式设立以知识产权投资基金、集合信托基金、融资担保基金等为基础的投融资平台和工具，设立国家引导基金、培育知识产权运营机构等。2013 年，国家知识产权局启动专利导航试点工程，力图将专利运用嵌入产业技术创新、产品创新、组织创新和商业模式创新，探索专利导航产业科学发展的新模式。2014 年财政部联合国家知识产权局印发了《关于开展市场化方式促进知识产权运营服务工作的通知》，提出支持在北京等 11 个知识产权运营机构较为集中的省份开展试点，采取股权投资方式支持知识产权运营机构，并提出了"1 + 2 + 20 + N"的运营服务体系。此外，财政部、银监会、中国人民银行等部门纷纷出台相关政策，支持专利价值评估、专利质押融资、专利保险等专利运营业务。

这一系列法规政策逐步得到实施，在金融、保险、证券等领域，专利价值评估、专利质押融资、专利保险、专利股权投资等机制体制建设不断完善，专利保护从不断加强向全面从严、转化运用从单一效益向综合效益的转变，专利与经济社会发展的融合度不断增强，对经济社会发展的支撑度和贡献度不断提升，专利及专利制度的价值逐步得到凸显。近年来，随着国家知识产权战略、创新驱动发展战略以及知识产权强国建设的稳步推进，严格的知识产权保护政策逐步落实，专利数量快速增长，专利质量稳步提升。我们可以清楚地看到，专利运营是落实国家经济、科技战略部署的重要形式，也是国家专利制度及专利战略服务科技创新的重要方式，大力开展专利运营既是国家经济发展的需求，更是专利制度发展的必然。

与专利运营相关重要事件的时间表参见本节附录。

二、三个发展阶段

根据我国专利运营的发展特点，从 1985 年至今我国专利运营大体可以划分为 3 个阶段。

1. 1985 ~ 1999 年为第一阶段

在这一阶段虽然国家开始重视创新，提出了科教兴国战略，但由于我国处于专利制度建立初期，专利申请增长相对较缓，有效专利保有量较少，社会专利保护意识相对淡薄，人们对专利的作用认识主要限于对自身专利技术的保护，即禁止他人未经允许实施专利技术。这期间专利运营模式主要限于 1996 年颁布的《促进科技成果转化法》中所列 5 种形式，即自行投资实施、向他人转让、许可他人使用、与他人共同实施和作价投资。

2. 2000～2011 年为第二阶段

2000 年之后，随着我国加入 WTO，国外企业开始在中国进行专利跑马圈地，国际知名 NPE（例如高智公司）进入中国，同时中国企业在走出去过程中不断遇到国外专利打压（例如 2002 年中国 DVD 生产商遭受的专利收费事件），专利在企业产品生产和经营中的作用日益凸显。在这种背景下，专利池、专利技术标准化、专利质押融资等运营模式在我国的专利实践中开始出现，并在理论界形成了一股研究热潮。

这一阶段我国提出了建设创新型国家、实施国家知识产权战略，人们的专利意识大幅度提升，专利申请量快速增长。在经过近 15 年的发展，2000 年 1 月 11 日 3 种专利申请受理量达到 100 万件，2004 年 3 月达到第二个 100 万件，2006 年 6 月即达到第三个 100 万件。2011 年我国发明专利年申请量达 52.5 万件，首次超过美国，成为世界第一大专利申请国。

3. 2012 年至今为第三阶段

自 2012 年后，国家创新驱动发展战略实施，知识产权强国建设启动，进一步强化了《专利法》的专利保护功能，专利运营、专利资本化的概念逐步普及。政府出台了一系列政策支持专利运营，扶持专利标准化、专利质押贷款、专利证券化运营以及专利价值评估、专利保险等中间服务；鼓励构建专利联盟，确立了一批专利运营试点企业和支持企业，在全国构建"1＋2＋20＋N"的运营服务体系，一批专利运营基金先后成立。平台加机构加产业，以产业联盟和产业基金为基础，再加资本，共同构建了中国知识产权运营体系，专利运营开始朝专业化、体系化方向发展。❶

实践中专利运营活动频度快速增长。据统计，2015 年在国家知识产权局备案的专利运营次数达 14.5 万次，涉及 13.7 万件专利，较 2014 年分别增长 16.9%和 19.1%（参见图 1－2）。❷

这一阶段我国的专利年申请量继续稳步增长。2015 年发明专利年申请

❶ 雷筱云：专利运营推动创新发展［EB/OL］．（2015－12－21）［2016－07－10］．http：//www.newsxdz.com/newsreports/infodetail? id＝34348.

❷ 知识产权出版社 i 智库统计，中国专利运营报告（2015），其中专利运营次数包括在国家知识产权局备案的专利转让、许可和质押次数。

量达 110 万件，我国成为全球第一个发明专利年申请量超过 100 万件的国家。2013 年万人发明专利拥有量为 4.02 件，2015 年万人发明专利拥有量达 6.3 件。

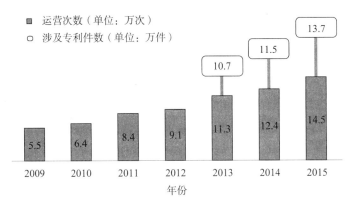

图 1-2　中国专利运营次数及涉及专利件数变化趋势（2009～2015 年）

数据来源：知识产权出版社 i 智库。

数据时间：法律状态公告日截止到 2015 年 12 月 31 日。

同样值得关注的是，虽然国家出台了一系列法规政策来促进大学和科研院所专利技术转移转化，但是我国大学和科研院所专利技术转移转化始终处于低水平、低转化率状态。如表 1-1 所示，在专利申请总量排名前20 位的"985 工程"大学中，被转让或许可过的专利数量占全部专利申请量的比例非常低，最高为 7.3%，平均实施率仅为 3.7%。

表 1-1　部分"985 工程"大学专利转移情况统计表❶

序号	大学名称	转让数量/件	许可数量/件	申请量/件	实施率
1	浙江大学	379	438	21 032	3.9%
2	清华大学	529	140	18 573	3.6%
3	上海交通大学	449	154	14 781	4.1%
4	哈尔滨工业大学	195	169	11 717	3.1%
5	东南大学	448	143	10 282	5.7%
6	西安交通大学	143	171	9 637	3.3%

❶ 表中部分数据来源：王健. 我国高校专利转化能力的比较研究——以"985 工程"大学为例 [J]. 中国高校科技, 2015 (9)：55 - 57.

续表

序号	大学名称	转让数量/件	许可数量/件	申请量/件	实施率
7	天津大学	103	183	8 909	3.2%
8	北京航空航天大学	69	31	8 567	1.2%
9	华南理工大学	121	299	8 557	4.9%
10	复旦大学	119	20	6 748	2.1%
11	北京大学	368	58	5 866	7.3%
12	电子科技大学	214	60	5 784	4.7%
13	华中科技大学	91	79	5 723	3.0%
14	山东大学	78	103	5 621	3.2%
15	同济大学	98	56	5 591	2.8%
16	四川大学	136	93	5 342	4.3%
17	重庆大学	128	92	5 120	4.3%
18	南京大学	88	72	5 025	3.2%
19	中山大学	92	48	4 887	2.9%
20	吉林大学	52	47	4 876	2.0%
	合计	3 900	2 456	172 638	3.7%

注：表中转让数量包含专利权转让和专利申请权转让，数据检索日期为2015年1月22日。

出现这种情况的主要原因在于，大学和科研院所专利管理体制僵化、陈旧，相关工作机构缺乏或者相关工作机构受到体制束缚，市场意识不强，缺乏专利运营的积极性、部分专利质量不高或缺乏商业前景，以及缺乏专业的专利运营人才等。

为使大学和科研院所科研成果能够更好服务社会，提升其专利运营效果，应从国家法律法规政策、大学和科研院所管理机制体制等多方面入手，进行观念革新和制度创新，破除管理机制体制上的多重束缚，让大学和科研院所真正作为市场主体从事专利运营，参与市场竞争。在国家层面，2015年已经修改了《促进科技成果转化法》、2016年4月发布《促进科技成果转移转化行动方案》，并出台了系列政策措施。这些法律和政策进一步放权于高校和科研院所，确保其真正拥有科技成果的使用权、处置权和收益权。例如，明确规定国家设立的研究开发机构、高等院校对其持有的科技成果有权自主决定转让、许可或者作价投资，所获得的收入全部留归本单位，对完成、转化职务科技成果作出重要贡献人员的奖励从原来该项科技成果净收入的不低于20%提高到不低于50%。在大学和科研院所层面增强产学研协同，改进对科研成果的管理模式，提升专利质量。在专利运营操作层面建立市场化、专业化的运营机构，理顺专利运营工作机制，培育专利运营人才。

我们相信，随着我国科技体制与其他制度的进一步深化改革，大学和科研院所的专利运营将会迎来广阔的发展前景。

附录：与专利运营相关的重要事件

1985年4月1日：中国《专利法》正式实施，中国专利局开始受理发明、实用新型和外观设计3种专利申请。

1988年：邓小平同志提出"科学技术是第一生产力"。

1992年：完成《专利法》第一次修改。

1994年：中国加入PCT，中国专利局成为国际专利申请受理、检索和审查单位。

1995年：提出实施科教兴国战略；实施《担保法》。

1996年：实施《促进科技成果转化法》。

1998年：中国专利局更名为"国家知识产权局"。

2000年：完成《专利法》第二次修改；3种专利申请总量突破100万件。

2001年：中国加入WTO。

2004年：3种专利申请总量突破200万件。

2005年：提出创新型国家建设战略。

2006年：国务院发布《国家中长期科学和技术发展规划纲要（2006—2020年）》。

2007年：实施《物权法》。

2008年：国务院发布《国家知识产权战略纲要》；完成《专利法》第三次修改。

2009年：3种专利申请总量突破500万件；国家知识产权局受理的PCT专利申请量超过8 000件，位居世界第五位。

2010年：国家知识产权局发布《全国专利事业发展战略（2011—2020年）》；财政部、工业和信息化部、银监会、国家知识产权局、国家工商行政管理总局、国家版权局联合发布《关于加强知识产权质押融资与评估管理 支持中小企业发展的通知》。

2011年：第十一届全国人民代表大会第四次会议批准《国民经济和社会发展第十二个五年规划纲要》，提出到"十二五"末每万人口发明专利拥有量提高到3.3件；年发明专利年申请量超过美国，成为世界第一大专利申请国。

2012 年：党的十八大上提出创新驱动发展战略；中共中央、国务院发布《关于深化科技体制改革　加快国家创新体系建设的意见》；国务院办公厅转发国家知识产权局等部门发布的《关于加强战略性新兴产业知识产权工作若干意见的通知》；专利质押融资额超过 100 亿元。

2013 年：中共中央发布《关于全面深化改革若干重大问题的决定》；国家知识产权局启动专利导航试点工程；银监会、国家知识产权局、国家工商行政管理总局、国家版权局联合发布《关于商业银行知识产权质押贷款业务的指导意见》；国家知识产权局启动专利导航产业发展试点工程；国家知识产权局受理的 PCT 专利申请量超过 2 万件，超过德国，跃居世界第三位；万人发明专利拥有量达 4.02 件。

2014 年：提出知识产权强国建设目标；在北京、上海、广州建立知识产权法院；国务院办公厅转发国家知识产权局等单位发布的《深入实施国家知识产权战略行动计划（2014—2020 年）》，提出到 2020 年每万人口发明专利拥有量增加至 14 件；李克强总理发出"大众创业、万众创新"的号召；科技部会同中国人民银行、银监会、证监会、保监会和国家知识产权局等六部门联合发布《关于大力推进体制机制创新　扎实做好科技金融服务的意见》；财政部办公厅、国家知识产权局办公室联合发布《关于开展市场化方式促进知识产权运营服务工作的通知》；国内第一只专注于专利运营和技术转移的基金——睿创专利运营基金成立；我国第一家有政府背景的专利运营公司——北京知识产权运营管理有限公司成立。

2015 年：修改《促进科技成果转化法》；中共中央、国务院发布《关于深化体制机制改革　加快实施创新驱动发展战略的若干意见》；国务院发布《关于新形势下加快知识产权强国建设的若干意见》；国务院发布《中国制造 2025》；国家知识产权局发布《关于进一步推动知识产权金融服务工作的意见》；中国知识产权运营联盟成立；国内首只国家资金引导的知识产权股权基金——国知智慧知识产权股权基金成立；发明专利年申请量超过 100 万件；专利质押融资额突破 560 亿元。

第三节　专利运营的基本要素

专利运营面临的基本问题是由谁来运营、运营什么以及需要哪些外部条件，即运营的主体要素、客体要素、环境要素。

一、专利运营的主体

专利运营的主体是专利运营的组织者和实施者，可以是自然人、法人或其他组织，具体包括专利所有者、使用者、购买者、被许可人等，为专利运营提供诸如价值评估、保险、担保、诉讼、融资、专利分析、展示和交易撮合等服务的中间服务商与前述运营者共同构成特定运营行为的主体。

根据是否进行实体生产制造，专利运营主体可分为 PE（专利实施体）和 NPE（非专利实施体），前者从事相关专利产品的生产、制造，而后者仅仅从事技术研发，专利申请或专利收购、转让、许可、投资、诉讼等业务，并不从事产品的制造。

随着人们对专利认知的深化和商业模式的创新，专利运营主体类型也不断变化。在专利制度出现早期，人们对专利的认识仅限于禁止他人实施，这个时期的专利运营主要以个人或实体生产企业为主。随后，大学、科研院所以及专门从事专利研发的公司出现，专利成为企业资产的一部分，通过将专利转让、许可或投资入股等方式获取回报，典型机构例如斯坦福大学——产学研结合的典范，台湾工研院——企业孵化器，高通公司——专利为主要产品，IBM 研究院——企业独立的研发机构，DVD-6C、DVD-3C——专利联盟化运营等。再之后，专利被视为独立的财产，出现专门从事专利投资、专利经营及诉讼的专利运营公司。例如，阿凯夏公司——美国第一家公开上市的专利运营公司，管理着超过 150 个专利组合；高智公司——通过 3 只基金进行专利投资的国际专利巨人；北京知识产权运营管理有限公司——我国首家由政府倡导并出资组建的专利运营公司等。随着专利海盗现象愈演愈烈，还出现了协助实体公司防范专利海盗或帮助企业进行专利推广和交易的机构。例如，合理专利交易（Rational Patent Exchange，RPX）公司——美国第一家反专利海盗的公司；ICAP 专利经纪公司（CAP Patent Brokerage）——全球最大的知识产权经纪和拍卖公司；上海盛知华知识产权服务有限公司（简称"盛知华公司"）——知识产权管理和技术转移的专业服务机构等。

此外，近年来，一些专利基金、知识产权管理方案服务提供商以及涉及专利质押、保险、证券化等业务的中介机构或服务商直接或间接参与专利运营，它们为专利运营提供融资、担保、专利分析以及信息或方案服务。

不管哪类专利运营公司，具有高级的专利运营人才是成功开展专利运营的关键。专利运营涉及技术、市场、法律、经济等多个方面，因此要完成一件专利的运营通常需要懂技术、市场、法律、经济的专门人才。具体来说，专利运营公司需要如下几方面的人才：专利信息检索和分析人才、专利申请和布局人才、专利组合和推广人才、专利风险管控人才、专利运营谈判人才、专利诉讼人才等。此外，当专利运营项目涉及特定技术时，还应当具有一批懂技术和市场的技术专家，这些技术专家评估专利运营项目的技术先进性及其应用前景，为专利运营项目决策提供技术基础。

二、专利运营的客体

专利运营的客体（又称"专利运营的对象"）即专利。在特定情况下，专利申请也会成为专利运营的客体。具有高质量且足够数量的专利是一切专利运营的基础。

高质量的专利表现为权利稳定、保护范围适当且具有较好的市场应用前景。权利稳定是基础，尤其是在涉及专利诉讼时，对手通常首选从专利稳定性方面发起攻击。例如，在苹果公司与三星的世纪专利大战中，苹果公司用于攻击三星的涉及圆角矩形图标的外观设计专利 USD618677、涉及捏拉缩放的发明专利 US7844915，虽然具有较大的保护范围、很好的市场应用前景，但由于缺乏稳定性，最终均被宣告无效。

专利数量的增加导致了专利运营客体形式的变化。随着市场上专利数量大幅度增加，在一些特定领域甚至出现专利丛林化现象。过多的专利导致特定领域权利过于碎片化，任何一个生产商都无法全部拥有该领域所有专利，每推出一件新产品都要受到其他专利权人的制约，这种现象极大增加了专利调查和谈判成本。在这种情况下，专利组合、专利池等专利运营模式应运而生，专利运营的客体由单件专利转变为多件专利组合，甚至专利池的聚合形式。

在我国，随着国家知识产权战略、创新驱动发展战略以及知识产权强国建设的稳步推进，企业创新活力得到进一步激发，专利保护意识进一步增强，专利数量快速增加和质量稳步提升。

图 1-3 显示，自 2008 年实施国家知识产权战略以来，我国 3 种专利申请量稳步提升，尤其是发明专利申请量年平均增长率均超过 20%。自 2011 年发明专利年申请量首次超过美国之后，一直高居世界第一，快速成为"专利大国"。

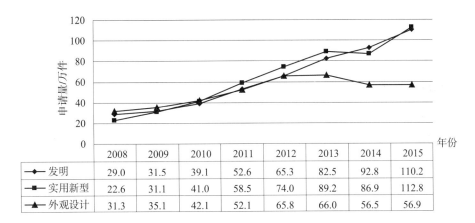

年份	2008	2009	2010	2011	2012	2013	2014	2015
发明	29.0	31.5	39.1	52.6	65.3	82.5	92.8	110.2
实用新型	22.6	31.1	41.0	58.5	74.0	89.2	86.9	112.8
外观设计	31.3	35.1	42.1	52.1	65.8	66.0	56.5	56.9

图 1 - 3　我国 3 种专利申请量统计（2008～2015 年）

随着中国专利申请量大幅度增加，授权量亦大幅度增加。2015 年国家知识产权局发明专利授权量达 35.9 万件，较 2014 年增长 54%，首次超过美国（29.8 万件），居世界之首（见图 1 - 4）。

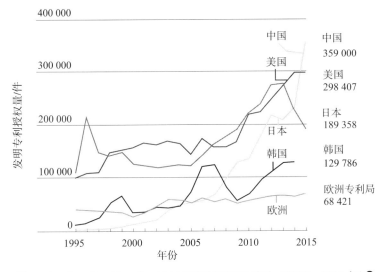

图 1 - 4　中、美、日、韩、欧五局专利授权量统计（1995～2015 年）❶

数据来源：World Intellectual Property Organization（1995—2014）；the countries（2015）。

图片来源：The Wall Street Journal。

---

❶ iphone6 涉嫌抄袭中国公司 27 处创意　苹果惨遭败诉［EB/OL］.（2016 - 07 - 21）［2016 - 07 - 21］. http：//finance. ifeng. com/a/20160721/14624393_ 0. shtml.

一般地,专利运营的客体实质上为专利保护的技术,例如专利购买者购买专利的目的在于希望实施该专利技术,因此在专利转让合同中通常有技术资料交付、技术服务等条款。随着专利运营的发展,专利购买者购买专利可能并非为了实施该专利技术,而是为了专利权本身(专利证书),专利转让不再伴随着技术资料交付、技术服务等内容,此时的专利运营客体实际上为专利权本身。

不管是专利技术还是专利权本身,专利运营客体都具有无形性、地域性和时效性的特点。无形性使得专利权相较于有形财产更便于流通,但同时也给专利运营带来了更大的风险。地域性和时效性决定了专利运营必须在特定地域和时限内开展,这可能会增加运营者的成本。

三、专利运营的环境

除了必须具备运营主体和客体要素之外,专利运营还会受到政策、法律和市场环境等外部因素的影响。政策、法律体现了国家对专利运营的态度与支持力度,市场环境影响着专利运营能否顺利开展以及繁荣程度。

下面重点分析我国当前开展专利运营的环境要素。

在政策、法律环境方面,如本章第二节中所述,自 20 世纪 80 年代以来我国一些经济科技法律政策和专利法规政策越来越有利于专利运营,正是这些法规政策直接推动了专利运营的产生和发展。

在市场环境方面,随着市场经济体制的更加成熟和政府职能进一步转变,专利运营所需的市场环境日趋完备。这主要体现在如下 4 个方面。

1. 专利运营的市场需求快速增加

随着专利申请量和授权量的快速增加,企业专利管理投入不断增加。专利作为无形财产,其价值主要体现在专利技术的转化运用和专利权的交易上。近年来,虽然专利转让、许可、质押等运营活动快速增加,但是相对于我国庞大的市场需求以及不断增加的专利数量,整体转化率仍然偏低,大量专利仍然处于沉睡状态,许多企业专利成为负资产。为充分发挥企业专利的价值,必须加强专利的运用和转化,专利运营的市场需求在不断增加。

2. 专利运营的市场体系初步形成

在政府的大力推动下,特别是提出"1 + 2 + 20 + N"专利运营体系构建之后，一大批专利运营机构、试点企业纷纷围绕重点领域、重点产品、重点行业进行专利挖掘、布局和运营，大力推进专利投资基金、专利质押融资风险补偿，逐步构建"平台＋机构＋产业＋资本"的四位一体的知识产权运营模式，专利运营的市场体系初步形成。

3. 专利运营的市场服务正在完善

专利运营的市场服务包括如下两个方面：一是一批市场化专利运营主体形成，包括直接参与专利运营的专利公司、专利中介和专利运营交易平台等蓬勃涌现；二是为专利运营提供间接服务的第三方机构正在快速增长，例如专利价值评估机构、专利投融资担保机构、专利保险机构、专利代理机构、专利诉讼服务机构等。据不完全统计，截至 2015 年年底，我国各类专利运营服务机构超过 1 200 家，业务类型涵盖专利申请、评估、交易、维权等各个环节。《公司法》的修改为中小企业的建立创造了宽松的条件，公司化市场主体数量激增，我国专利运营的市场服务正在改善。

4. 专利运营的市场文化正在培育

专利运营的市场文化首先体现在人们诚实守信的程度、尊重法律、按照市场经济规律办事的意识；其次体现在全社会对尊重创新、尊重知识产权的理解和认同程度；最后体现在全社会对专利无形财产权的性质和交易特征的认识和实践。2016 年 4 月中国知识产权报社发布的《2015 年中国知识产权文化素养调查报告》显示，2015 年社会公众的知识产权综合素养指数为 52.3，与 2008 年相比提高了 10.2，增长 24.2%，表明我国社会公众知识产权文化素养在逐步提升。当前我国正在建立完善社会主义市场经济秩序，随着社会公众的知识产权文化素养的提升，专利运营所需的市场文化正在培育。

总之，我国专利运营的政策环境和市场环境在不断完善，专利运营条件日趋成熟。

第四节　专利运营的中间服务

专利价值评估、专利保险与担保服务和专利诉讼是开展专利运营的中间服务，这些中间服务的完善程度直接或间接影响、制约着专利运营的发展。

一、专利价值评估

专利价值评估是专利运营的基础，无论是进行专利转让、许可还是进行专利质押融资、作价入股，均需要进行专利价值评估。

1991 年国务院发布的《国有资产评估管理办法》中规定国有资产评估范围包括无形资产，1993 年实施的《企业会计准则》中明确将专利权纳入无形资产之中，至此，专利价值评估成为无形资产评估的一个分支。在资产评估方面，1996 年中国资产评估协会出台的《资产评估操作规范意见（试行）》已经将上述无形资产的评估纳入其中，同年国家国有资产管理局、中国专利局共同发布《关于加强专利资产评估管理工作若干问题的通知》，1997 年两局再次共同发布了《专利资产评估管理暂行办法》，进一步规范对专利价值评估的程序、机构、从业人员的相关要求。在财政部和国家知识产权局的指导下，2008 年 11 月中国资产评估协会印发了《资产评估准则——无形资产》和《专利资产评估指导意见》，于 2009 年 7 月 1 日起施行。但是当时我国企业的专利保护意识相对淡薄，专利转化率低，专利价值评估需求不大，专业的专利价值评估机构较少，专利价值评估服务行业不发达，专利价值评估水平有待提升，缺乏有公信力的权威评估机构。

2014 年年底国务院出台了《深入实施国家知识产权战略行动计划（2014—2020 年）》，其中明确提出建立健全知识产权价值分析标准和评估方法，完善会计准则及其相关资产管理制度，推动企业在并购、股权流转、对外投资等活动中加强知识产权资产管理。此后，无形资产评估，特别是专利价值评估随着国家知识产权战略的实施、知识产权强国建设的快速推进而稳步发展。

专利是一种特殊的无形资产，其价值评估不像有形资产评估那么容易。与有形资产价值相比，专利价值受到更多、更复杂的不确定性因素影响。影响专利价值的因素包括法律因素、技术因素和经济因素等多方面。法律因素包括专利的类别（发明、实用新型或外观设计）、专利的剩余保护期限（还差多少年到法定届满期）、专利的权利限制（企业独占还是共有）、专利的保护范围、专利的许可及转让情况、专利的诉讼和无效宣告情况等。技术因素包括可替代性、先进性、创新性、成熟度、实用性、防御性、垄断性等。经济因素包括专利的取得成本、专利的获利能力、专利的许可费收入、专利的市场控制力、类似专利的交易价格、经营条件对专利资产作用和价值的影响等。受上述多重因素影响，实践中容易出现专利估值与专利实际交易价格相差较大的情况。2012 年柯达公司在宣布破产时，Envision IP，LLC. 和 284 Partner LLC 分别对其拥有的 1 700 件专利进行评估，前者评估价值是 8.18 亿~14.3 亿美元，后者的估值是 21.1 亿~25.7 亿美元，但最终成交价格却是 0.94 亿美元，仅相当于最保守估值的约 10%。❶ 可见，专利价值评估是专利运营中的热点，更是难点。

与有形资产评估方法类似，专利价值评估方法主要包括成本法、收益法和市场法。成本法是指基于开发专利技术所耗费的成本进行估算，包括研发成本、交易成本、机会成本等，这种方法主要关注的是过去获取专利的成本，而忽略了专利未来的收益。收益法是指基于预期效用理论，对专利在未来有效寿命期内的预期经济收益或现金流进行评估，并折算为现值，从专利交易角度这种评估方法最为合理，但存在的不足是受企业生产经营状况、未来技术竞争、专利稳定性等因素影响较大，难以预测企业未来的现金流。市场法是基于经济学中类似的资产应该有类似的价格，分析和判断被评估专利的价值，这种方法简单快速，且具有很强的客观性，但要求市场上具有活跃且有可类比性的专利交易案例，这种方法也具有一定的局限性。由于每种方法均具有一定的局限性，因此在实际操作中经常采用多种方法同时进行评估，最后综合不同评估方法的结果作为最终评估结果。

准确的专利价值评估是专利转让、融资、入股等运营顺利开展的基础。现实中的例子有，发明人郑晓廷从事金矿工作 10 余年，提出的提金方法不仅可以节水，而且还减轻了污染，开创了世界淘金的新方法，其获得的国家专利"一种全泥氰化锌粉置换与碳浆吸附串联提金方法"的评估价值为 1 617 万元。2009 年 6 月，山东黄金集团并购平邑归来庄金矿，其中郑晓廷以上述专利作价入股，占公司股份的 2.59%。

专利价值评估在专利运营中具有重要作用，近年来，随着专利运营的兴起，专利价值评估备受关注，专利价值评估机构亦蓬勃发展。

---

❶ 值得玩味的专利估值，你了解多少？［EB/OL］.（2015 - 04 - 15）［2016 - 04 - 25］. http://www.iprchn.com/Index_ NewsContent. aspx？ newsId = 84441.

二、专利保险与担保

专利诉讼因其高风险、高赔偿金和高诉讼费用，甚至被人们称为"国王们的运动"。以美国为例，知识产权侵权诉讼所支付的诉讼费用和律师费在几十万美元到几百万美元，个别专利诉讼费甚至上亿美元，而专利侵权赔偿额更是动辄天文数字。例如，苹果公司与三星的世纪专利大战中双方花费的诉讼费均超过 1 亿美元，美国加利福尼亚北区联邦地区法院圣何塞分院 2015 年 9 月在这个世纪专利大战第一案的最后判决中判令三星赔偿苹果公司 5.48 亿美元。如此庞大的诉讼成本以及败诉可能承担的高额赔偿，一般企业或个人根本无法承受，这一方面可能阻碍正常的专利维权，另一方面还可能为权利滥用者提供可乘之机，导致专利制度偏离保护创新、激励创新、促进技术进步的宗旨。为解决这一问题，美国等专利制度发达的国家在 20 世纪 70 年代即有商业机构推出专利保险方案。

最早将专利侵权责任保险纳入承保范围的是美国保险事务所在 1973 年推出的 CGL 保单（普通商业责任保险），包括由侵犯专利权引起的损害。但该保单并非专门针对专利侵权责任设计，仅仅是在普通保单中增加涉及专利侵权责任分担，导致在实施过程中不同法院对专利侵权是否可以纳入其中理解不一，进而导致在专利侵权责任分担方面实际效果不大。

20 世纪 80 年代以后，专利诉讼数量和侵权赔偿金额不断攀升，专利保险逐渐受到重视，一些国家和地区纷纷开始探索专利侵权责任险、专利执行险等细分险种。例如，美国知识产权保险服务公司在 1980 年推出第一张专利执行责任保险单，美国国际集团在 1994 年主要针对零售商和传统的制造商推出了首张综合性的专利侵权责任保险单，之后还针对高科技公司推出了专利侵权责任保险服务；法国在 1986 年推出"Brevetassur"标准保险方案，但在 1995 年以失败告终。2000 年欧盟委员会与各成员国代表及利益方在布鲁塞尔召开会议专门讨论专利诉讼保险问题。欧盟委员会指定著名的英国 CJA 咨询公司针对专利保险进行调查，先后在 2003 年、2006 年提出了两份名为《专利诉讼保险：向欧盟委员会提出的关于应对专利诉讼风险的可能保险方案研究》的报告。报告中提出了强制专利保险计划，虽然最终没有得以通过，但在欧洲引起了强烈反响。2007 年丹麦专利局提出在国内市场建立"专利执行者"（Patent Enforcer）的专利诉讼保险体制，SAMIAN 保险代理公司推出的通用专利保险成为丹麦首个实施上述专利保险的公司。❶日本在 20 世纪 90 年代积极推行知识产权诉讼保险制度，2003 年 10 月由经济产业省所属行政法人日本出口与投资保险公司推出知识产权许可保险制度，以降低日本企业维权成本，鼓励日本企业积极向海外许可知识产权。为了更好地促进日本企业进行知识产权许可贸易，保障这些权利主体的利益，日本政府甚至对知识产权许可保险进一步创设了一种再保险制度。

目前各国的专利保险主要包括专利执行险和专利侵权责任险两个险种。专利执行保险一般承保被保险人对侵权人提出指控的诉讼费用（包括律师费、公证费、鉴定费、专家证人费、翻译费、出庭费、和解费以及为获取侵权证据进行必要调查产生的相关费用等，一般不包括败诉的损害赔偿费）、专利权人抗辩侵权人指称其专利无效提起反诉的费用以及权利人应对侵权人试图宣告其专利无效而在专利局提起专利再审的费用。专利执行险主要用于解决专利权人维权成本过高，尤其是一些中小企业在面对大企业侵权时没有足够的财力与之抗衡的问题，因此专利执行险具有进攻性，适合于财力不足甚至无力实施自己专利的企业或个人。

专利侵权责任险一般承保被保险人在保险单有效期间应诉专利侵权指控的诉讼费用（包括律师费、公证费、鉴定费、专家证人费、翻译费、出庭费、和解费等）、被保险人在应诉中指称原告专利无效而提起反诉的费用、被保险人启动再审程序作为应诉的答辩费用和第三人对被保险人提出的损害赔偿费。通常，由于被保险人自身原因（例如存在犯罪、欺诈等故意行为）造成的侵权或恶意侵权、强制许可造成的侵权以及未经保险人同意提起专利无效宣告的行为不属于承保范围。特别值得指出的是，专利侵权责任险不仅维护了被保险人的经济利益，而且也保证了对第三方侵权损失赔偿的实现，因此它是对被保险人利益和第三方利益的双重保护。

自国家知识产权战略实施之后，我国的专利申请量和授权量每年均有大幅度增长，但企业却面临着严峻的国内和国际知识产权环境。这种严峻的环境主要表现在，许多企业不仅侵犯他人专利权的可能性大幅度增加，

---

❶ 刘媛. 欧洲专利保险制度：发展. 困境及启示［J］. 科技进步与对策，2014（6）.

同时存在自身专利维权困难，缺乏足够的财力和精力进行专利维权，相当多的企业专利有效运用率低，专利的价值没有得到有效的发挥。

为充分发挥专利的价值，激发专利制度活力，国家知识产权局大力推动专利保险。2012 年 4 月，国家知识产权局批准北京中关村、辽宁省大连市、江苏省镇江市、广东省广州市、四川省成都市作为第一批专利保险试点地区，同时分 3 批确定 27 个试点地区进行专利保险试点。2015 年 3 月，国家知识产权局发布了《关于进一步推动知识产权金融服务工作的意见》，该意见明确提出加快培育和规范专利保险市场。目前全国已有 30 个省、市、县出台了专利保险指导意见、专利保险补贴政策，有效推动了专利保险业务的发展。从 2012 年专利保险"试水"以来，截至 2015 年 9 月，全国超过 2 500 家企业投保专利执行险和专利侵权责任险，保障金额达 2.7 亿元，至 2014 年 6 月中国人保财险公司共接到报案信息 17 条，已决赔案 4 笔，支付保险金 26.21 万元。❶

此外，一些地方还推出特色的专利保险服务。例如，上海市在上海保监局和上海市知识产权局的推动下，由安信农业保险公司等 17 家单位发起成立了全国首家专利保险联盟。该专利保险联盟拥有律师事务所、专利代理机构、专利评估机构等专家团队，极大地方便了企业专利转化运用和专利维权。除了专利执行险和专利侵权责任险之外，中国人保财险公司还在广东试行专利代理职业责任保险、境外展会专利纠纷费用保险等险种。

担保，特别是融资性担保在我国很早就已经实行，与专利保险相比，担保服务相对比较成熟。与保险服务类似，担保是促进专利运营业务发展的中间服务。依据《担保法》，担保方式分包括保证、抵押、质押、留置和定金。在个人或企业在向银行借贷时，银行为了降低风险，一般要求债务人提供担保，包括债务人直接向银行提供担保物或寻求第三方担保机构为其担保。

在专利行业，专利质押是一种常见的担保方式。在实践中，担保机构在为其客户进行担保时，一般要求以企业的资产作为反向担保。一些新创企业的主要资产为其拥有的专利，企业以将其拥有的专利提供给担保公司作为反向担保。这种以专利权进行反向担保的模式也是当前科技型中小企

---

❶ 王宇. 专利保险：筑起创新创业保护围墙［N］. 中国知识产权报，2015 - 12 - 02（6）.

业进行间接专利质押融资的主要模式。在这种模式下，担保公司需要对企业反向担保的专利的价值进行认真调研和评估，并明确在债务人未能按期偿还银行贷款时如何对这些专利进行处置，由此降低担保风险。

关于专利质押融资模式的详细介绍，可参见本书第三章内容。

三、专利诉讼

如果某产品或者生产某产品的生产过程中必须使用某一专利技术，生产商要么取得该专利的所有权（例如收购该专利），要么获得权利人的专利实施许可，否则就可能涉嫌侵犯该专利权。一旦侵权实际发生，专利权人即可到法院提起侵权诉讼。专利侵权诉讼是指专利权人因专利权受非法侵害而引发的诉讼，通常主要是由单一专利侵权引起的专利侵权诉讼，但也存在由其他原因引起的专利侵权诉讼，例如由假冒专利引起的、由技术贸易引起的或由专利转让或许可引起的。

专利侵权诉讼是最常见的专利诉讼之一。除了专利侵权诉讼之外，广义的专利诉讼还包括专利申请权归属的诉讼、专利申请是否应该被授予专利权的诉讼、发明人身份争议的诉讼以及专利申请人和相关权利人权益的其他诉讼等。如无特别说明，本书所说的专利诉讼仅指单一专利侵权诉讼。

一般情况下，在专利权人通过谈判等手段不能实现自己的诉求时，专利权人提起诉讼。借助于司法手段，专利权人不仅可以要求对方停止侵权、赔偿损失，在很多情况下专利权人很可能还有其他商业目的，例如通过专利诉讼促使被告与原告进行商业和谈、被告就重要的专利与原告进行交叉许可、吓阻新的市场进入者、损害竞争对手的商业信誉、获得市场广告效应，甚至还有企业先通过选择小型企业作为被控侵权对象探一探其专利的实际保护范围、竞争对手和法官对其专利保护范围的认可度等。

如果专利权人发现有人侵犯自己的专利权，准备提起专利诉讼，通常应当先进行检索分析，确保自己的专利权能够经受得住被控侵权人可能提起的无效程序的检验，尤其是实用新型和外观设计等未经实质审查的专利权。之后还应当进行调查取证、收集侵权证据、准备证据材料等，最后再起草相关法律文书。一般而言，在正式发起诉讼之前还应当向涉嫌侵权的企业发出诉前警告函，通过诉前警告函向对方企业展示自己的专利实力和维护专利权的决心，要求停止侵权并支付权利金。如果企业在规定的时间内不能满足要求，专利权人即可提起诉讼。关于专利诉讼的诉讼地、诉讼对象和证据收集技巧性较高，体现了诉讼策略。例如，选择起诉生产商还是销售商，还是两者一并起诉，不同的诉讼对象还会涉及不同的诉讼地选择和证据收集方式。

如果专利权人胜诉，专利权人可获得赔偿金的多少在很大程度取决于该专利权的市场价值。根据我国《专利法》第 65 条第 1 款规定："侵犯专利权的赔偿数额按照权利人因被侵权所受到的实际损失确定；实际损失难以确定的，可以按照侵权人因侵权所获得的利益确定。权利人的损失或者侵权人获得的利益难以确定的，参照该专利许可使用费的倍数合理确定。……"如果上述 3 种费用均难以确定，人民法院可以根据专利权的类型、侵权行为的性质和情节等因素，确定给予 1 万元以上 100 万元以下的赔偿，即法定赔偿额。由于社会上人们对专利价值认可度不高，且举证困难，大多数专利侵权案件最后均由法官按照法定赔偿额作出判决，侵权赔偿额普遍偏低。例如，经对 1993 ~ 2013 年国内各级人民法院作出的 1 868 份专利侵权案件判决中的赔偿额统计发现，法院判决的赔偿额最高为 500 万元，最低为 2 000 元，平均判决赔偿金额为 10.47 万元。[1]值得关注的是，2014 年底，我国分别在北京、上海和广州设立了知识产权法院，专门负责审理相关知识产权案件，标志着我国知识产权司法保护进入了一个新的发展阶段。2015 年北京知识产权法院一审民事案件平均判赔金额为 45.16 万元，平均诉求支持率为 47.48%，其中 10 件案件的索赔获得全额支持。[2]从赔偿额上看，与集中审理之前相比，北京知识产权法院的判赔额大幅度提升，知识产权司法保护力度加大。

与我国相比，美国则实行更为严格专利保护制度，法院判决的专利侵权赔偿通常非常高，尤其是一旦被认定为故意侵权，惩罚性赔偿金最多可以提高到 3 倍。据统计，1995 ~ 2001 年，美国专利侵权赔偿平均每笔是

---

[1]　胡海容. 破解上市公司知识产权评估难 [EB/OL]. (2015 – 06 – 19) [2016 – 04 – 25]. http://ip. people. com. cn/n/2015/0619/c136655 – 27183215. html.
[2]　北京知产法院院领导年均开庭 54 次 [EB/OL]. (2016 – 04 – 18) [2016 – 05 – 25]. http://legal. gmw. cn/2016 – 04/18/content_ 19750615. htm.

500 万美元，而 2001～2009 年，专利侵权赔偿平均每笔是 800 万美元。❶

从专利诉讼的作用看，专利权人不仅可以通过诉讼借助司法判决实现专利的正常市场价值，这种判决在一定程度上替代了专利价值评估（通常所说的"以诉定价"），有时甚至还可以借助禁令等手段迫使被控侵权企业就范，从而获取超高额利润（例如部分 NPE 的做法）。此时专利诉讼不仅限于作为专利运营的辅助配套手段，实际上它还是一种专利运营模式。根据有关学者研究，专利诉讼包括专利交易型诉讼、专利掠夺型诉讼、专利投资型诉讼、专利防御型诉讼 4 种类型。部分 NPE 甚至将专利诉讼作为其专利运营的主要手段。对于这类公司的专利运营模式将在本书第六章中介绍。

许多国家的专利制度，还提供专利行政保护手段，即专利行政执法。例如，日本特许厅通过设立执法事务局、国际知识产权交易委员会来实施知识产权行政执法保护；美国专利商标局下设的执法维权处对专利纠纷进行行政处理，美国国际贸易委员会借助美国 1930 年关税法第 337 节及相关修正案的规定进行查处。

我国的专利保护同样实行的是行政与司法两条途径，这两条途径相融互补，并行运作。我国的专利行政执法的主要依据是国家知识产权局根据《专利法》《专利法实施细则》以及以国家知识产权局局令形式发布的《专利行政执法办法》。2015 年 5 月，国家知识产权局发布第 71 号局令对《专利行政执法办法》进行修改。根据该办法，管理专利工作的部门有权处理专利侵权纠纷、调解专利纠纷以及查处假冒专利行为。向管理专利工作的部门提起行政执法处理的，应当没有就该专利侵权纠纷向人民法院起诉。针对请求人提起的执法请求，管理专利工作的部门可以根据当事人的意愿进行调解，并可根据案情需要选择是否进行口头审理。如果认定侵权，管理专利工作的部门可以责令侵权人立即停止侵权行为，对于上述处理决定不服的，可以向人民法院提起上诉。管理专利工作的部门处理专利侵权纠纷，一般在立案之日起 3 个月内结案。与专利司法程序相比，专利行政执法具有程序少、效率高、成本低等特点，在实践中受到专利权人及当事人的欢迎。

---

❶ 张玉敏，杨晓玲. 美国专利侵权诉讼中损害赔偿金计算及对我国的借鉴意义［J］. 法律适用，2014（08）：114－120.

特别是近年来专利保护不断加强，专利行政执法案件大幅度增加。2014 年，全国知识产权系统专利行政执法办案总量 2.4479 万件，同比增长 50.9%。2015 年，全国知识产权系统专利行政执法办案总量突破 3 万件，达到 35 844 件，同比增长 46.4%，"十二五"期间，专利行政执法办案量实现连续 5 年增长，年均增长率达到 81.4%，办案总量超过 8.7 万件，是"十一五"期间的 9.8 倍。

特别值得一提的是，当前正在进行第四次《专利法》修改。国务院法制办公室 2015 年 12 月 2 日公布并征求意见的《〈专利法〉修改草案（送审稿）》，在专利司法保护和行政执法方面，针对专利权人普遍反映的举证难、周期长、成本高、赔偿低、效果差等问题，围绕加强专利保护、加大执法力度，提出了许多措施，具体包括：完善相关证据规则，改善专利维权"举证难"问题；明确行政调解协议的效力，规定无效宣告请求审查决定及时公告，改善专利维权"周期长"问题；增设对故意侵权的惩罚性赔偿制度，改善专利维权"赔偿低"问题；完善行政执法手段，就群体侵权、重复侵权行为的行政处罚以及制止网络侵权作出规定，改善专利维权"成本高、效果差"问题。❶

当前我国正处于经济转型升级和产业结构调整的关键时期，创新型国家建设、知识产权强国建设正在稳步推进，专利的司法保护和行政执法力度不断加大，北京、上海和广州分别设立知识产权法院以来知识产权司法保护水平得到进一步提升，《关于新形势下加快知识产权强国建设的若干意见》中明确提出实行严格的知识产权保护制度，相信在不久的将来我国在专利司法和行政执法力度方面必将进一步得到加强，专利制度对创新成果的保护更加有力。

第五节　专利运营模式

一、概　述

如本章开头所述，专利运营是综合运用各种手段实现专利的市场控制

---

❶ 张志成.《专利法》第四次修订案草案要点解析［J］.法律适用，2015（11）：35–42.

力或经济价值的行为，其基本目的在于实现特定专利的经济价值，或者保持市场竞争优势。不同的运营者出于不同的商业目的，可能采取不同的运营手段。特定的运营主体、特定的商业目的以及特定的运营手段相结合即构成特定的运营模式。

专利运营在我国刚刚起步，专利运营现象纷繁复杂。目前无论在学界还是在实务界众说纷纭，没有对专利运营模式的统一分类。专利运营现象的复杂不仅体现在运营主体具有复杂性、运营手段具有多变性、运营目的具有多样性，而且体现在运营模式不断发展变化，尤其是近年来一些机构出于自身战略考虑和竞争需要，不愿意暴露其真实运营行为及目的，有时甚至通过空壳公司或第三方机构实施运营，更加增加了专利运营的神秘性。

有观点认为，专利运营模式可分为专利产品化运营、商品化运营和资本化运营，其中资本化运营包括专利入股融资、信托融资、证券化融资和质押贷款融资。这种模式分类的不足在于分类模式过于上位，对实务操作指导性不强。

有学者从实践角度，将专利运营模式分为如下8种：①发明投资基金；②技术资本基金；③技术主权基金；④风险解决方案；⑤专利池；⑥金融交易平台；⑦"专利军火商"；⑧IP管理方案。❶但这种分类方式缺乏主体线索，分类标准不够清晰。

相对完整、系统论述专利运营模式的有毛金生等人编著的《专利运营实务》（知识产权出版社2013年出版），该书详细论述了专利运营的概念、特征、作用等，并从专利投资、整合和收益三环节论述了每一环节下不同操作模式。

本书通过对大量纷繁复杂的专利运营现象的研究和分析，尝试从专利运营实务的角度探究隐藏在不同专利运营操作下的内在奥秘，提炼出专利运营的模式，解析专利运营之道。

---

❶ 李黎明，刘海波. 知识产权运营关键要素分析——基于案例分析视角［J］. 科技进步与对策，2014，31（10）：123-130.

二、专利运营模式分类

本书首先根据专利运营的作用并结合运营模式的复杂度将专利运营模式分为基本型、专业型和综合型 3 个层次，之后再根据每个层次特点进一步细分出不同的具体模式。

基本型模式包括专利商品化、专利转让、专利许可和专利质押 4 种专利运营模式。从运营手段角度看，这 4 种运营模式是整个专利运营的基础，其他所有运营模式基本源自这 4 种运营模式的运用，而且其中专利商品化、专利转让和专利许可还是自专利制度建立以来即存在的传统专利运营现象。

专业型专利运营模式包括融资投资型专利运营、市场占有型专利运营、技术推广型专利运营、营销获利型专利运营和风险防御型专利运营。专业型专利运营模式主要是从专利运营的目的角度进行分类。专利运营的主体、运营手段和运营目的是专利运营模式的主要内容，虽然运营手段多变，但是运营手段服从于商业目的，专利运营的核心实现特定的商业目的，因此从商业目的入手，有利于抓住专利运营的本质，有利于厘清专利运营的类别。

为进一步清晰展现专利运营模式的多样性，除了上述模式之外本书还进一步将为这上述专利运营提供的中间服务，诸如专利价值评估、专利保险、专利担保、专利诉讼、专利融资、专利分析、专利展示和专利交易撮合等，我们归纳为综合服务型专利运营模式。此外，随着创新创业现象的兴起，不同的创业模式、不同的创业阶段伴随着不同的专利运营行为，本书首次提出创新创业型专利运营模式以便更清楚展现专利运营与创新创业的关系。综合服务型和创新创业型专利运营统称为综合型运营模式。

本书专利运营模式类型如图 1 - 5 所示。

需要特别说明的是，本书对专利运营模式划分的主要目的在于方便读者将专利运营的目的与手段对应、方便读者有个总体的观念。但是专利运营本质上是纷繁众多的商业运营模式中的一个分支，每种专利运营模式的具体实施都可能需要涉及多个环节、多个对象，甚至其商业目的也具有多样性，因此我们对每种专利运营模式分析，并不完全局限于该模式的某一目的或手段，不同模式之间常常存在一定交叉，相互关联，相互借鉴。

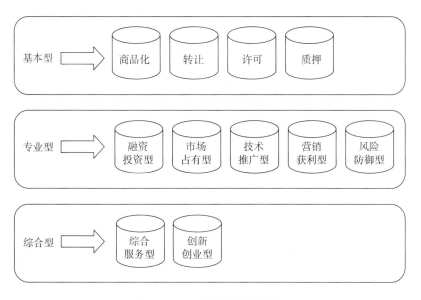

图 1 − 5　专利运营模式类型

第二章 基本型专利运营

专利商品化、专利转让、专利许可和专利质押是专利运营的基本模式，本章下面分别介绍。

第一节 专利商品化

一、概　　述

在介绍商品化运营之前，先简要介绍一下"专利产品化""专利商品化"和"专利产业化"的区别与联系。

专利产品化是指专利技术转化为专利产品的过程。专利商品化则要求不仅要制造出专利产品，还要求专利产品进入市场销售以便获取收益。而专利产业化在商品化的基础上，进一步要求通过技术创新和推广应用，直至与该项专利技术有关的产品达到一定市场容量，形成一定生产规模，最终形成一个产业的过程。可见，专利产业化是一个系统的复杂过程链，包括科学研究、中间试验、产品开发、生产能力开发直至市场开发的完整链。专利商品化是大多数专利追求的一个方向，本节主要从专利商品化角度介绍专利运营。

专利商品化运营模式是指专利权人将专利技术用于自己的生产实践，推出专利产品，并通过向市场出售专利产品获利的专利运营模式。在这种模式下，运营企业充分运用专利保护自己的产品，尽可能禁止他人复制或模仿。依据对设计、生产和销售环节的不同选择，专利商品化运营模式主要包括"设计＋生产＋销售"型、"设计＋销售"型、"生产＋销售"型、"设计＋生产"型等。企业可根据自身的生产能力、成本、产品本身的特点、营销策略等因素综合考虑，决定采用哪种生产模式。

在专利商品化运营模式下，专利布局和专利权的行使应与技术研发、产品生产和产品销售等不同阶段统筹考虑。例如，技术研发阶段，在强调对自身市场保护的同时，更注重对竞争对手形成威胁，尽可能在竞争对手前进的技术路线上布下专利地雷。为更好地对自身产品形成严密的专利网，不仅要针对专利产品本身的技术方案、外观等进行专利保护，同时还应当针对可能的替代方案进行专利保护，防止由于功能、结构或外观类似产品对自己的产品形成冲击。此外，考虑到专利保护的地域性和时间性，在这种运营模式下专利布局策略还应当与产品的生产和销售策略相配合，例如布局专利的类型应适应产品所处不同生命周期特点、产品的生产和销售国家或地区要求等，以实现企业专利产品利润最大化。

产品定价是专利商品化中将产品推向市场面临的首要问题。在专利产品定价方面，由于存在专利保护，通常采用撇脂定价法和渗透定价法两种方式。撇脂定价法是指在新产品上市之初，将价格定得较高，在短期内获取厚利，尽快收回投资。与撇脂定价法相反，渗透定价法是指在新产品投放市场时，将产品价格定得尽可能低，其目的是获得最高销售量和最大市场占有率。一般情况下，如果产品具有特殊功能和较高技术水平，专利保护周密，且市场需求弹性小，则可采用撇脂定价法。这种定价法的好处在于不仅可以在短期内获取高额的利润，而且有助于提高产品身价，为日后降低产品价格预留空间。相反，如果新产品属于技术含量不高，专利容易被规避，且没有显著特色，市场竞争激烈且市场需求弹性大，则一般采用渗透定价法。这种定价法的好处在于能够迅速扩大销量，获得市场优势，通过增加销量来摊薄成本。

将专利技术优势转换为产品优势并最终形成市场优势是专利商品化成功的关键。专利保护越是严密，产品被复制或仿制的可能性越小，但这并不意味着产品的市场占有率必然会更高。由于专利保护是一种"公开换保护"机制，受专利保护的技术方案均需要公开，因此竞争对手虽然不能直接复制或仿制，但仍然可以通过特定要素或功能部件的删除、替代或改变等方式进行规避。因此，在专利商品化中，不仅应当充分发挥专利制度对产品的保驾护航作用，更应当重视从专利公开到专利技术被竞争对手规避这段时期进行下一代专利产品的研发，在替代品即将上市或刚刚上市时即进行产品的升级换代，创造下一个技术优势，实现长久的市场优势。

合理运用专利诉讼是保障专利商品化运营效益的重要手段。一旦发现同类产品有侵权行为，运营者可以根据侵权的相关情况并结合运营企业的发展战略评估是否对侵权者提起专利诉讼。运营企业通过专利诉讼不仅可以制止侵权、获得赔偿金，如果诉讼策略运用得当，还可达到其他效果。例如，具有较强市场支配能力的企业通过专利诉讼可打击对手的投资信心、扰乱对手的市场方向，甚至降低对手的市场信誉；知名度较低的运营企业，可借助与行业内知名企业的专利诉讼，扩大宣传和影响；运营企业为了获得竞争对手的某一专利技术许可，还可以通过向其提起专利诉讼来降低对手的谈判筹码。

最后，确保不侵犯他人的专利权才能实现自身专利产品的行动自由。当前各国专利数量均大幅度增加，特别是在技术密集型行业，一家企业要想拥有生产产品的全部专利几乎不可能，致力于专利商品化的运营者尽管注意严密设防，仍然有可能遭受到竞争对手或 NPE 起诉专利侵权。为此，专利运营者为确保自身产品尽可能不被起诉，除了在产品上市之前、之后做好专利预警分析，如发现可能受制于某些专利时，应针对该专利做好积极防御，甚至主动进行规避设计。如果确实无法绕开的，则应当尽早与专利权人进行沟通，获得专利授权许可。对于产品所需的必要专利大部分均已经进入特定的专利池或上升为行业技术标准的领域，致力于专利商品化的运营者可通过加入专利池或标准化组织的方式一次性获得专利许可，以降低分别与不同专利权人谈判的成本。与此同时，除了尽可能拥有核心专利之外，专利运营企业还应当维持适当数量的专利储备，以便在自己的产品被控侵权，尤其是被竞争对手指控侵权时，有足够数量的专利可用于应对，确保自身专利产品的行动自由。

二、案例分析

下面以苹果公司专利产品 iPhone 为例介绍商品化运营模式要点。

美国苹果公司在 2007 年 1 月发布了智能手机 iPhone。当时 iPhone 以 3.5 英寸的大屏幕、全新的多点触控技术和时尚美观的外观设计赢得消费者的热捧。iPhone 开创性地重新定义了手机，很快成为行业标杆。2015 年，iPhone 销售数量超过 2.3 亿部，虽然这个销售数量只占整个智能手机产业的 17.2% , 但是其营收却占了整个智能手机产业的 54% , 利润更是占据整个智能手机产业的 91% , ❶它成为苹果公司最大的一棵摇钱树。iPhone 能够获得如此持续的成功, 一方面在于苹果公司强大的品牌效应、过硬的产品质量以及苹果公司完备的生态系统, 另一方面还在于苹果公司高超的专利商品化运营策略。

1. 强有力的专利保护延长了 iPhone 的竞争优势

专利保护涉及专利布局和专利维权两个重要环节。苹果公司对 iPhone 的专利布局策略为在其首次发布之前秘密进行专利布局, 在发布之后根据产品发展需要不断强化专利布局。作为苹果公司的核心产品, 如图 2 - 1 所示, 苹果公司仅在美国就先后为 iPhone 提交了超过 4 000 件专利, 并且提交了大约 1 000 件 PCT 专利申请, 先后在全球近 20 个国家（地区）共申请了超过 8 000 件专利。在每次新款 iPhone 发布之前, 苹果公司为了严格保密, 通常在发布会前几天集中提交临时专利申请, 之后在此临时申请的基础上进一步提交正式的美国专利申请或 PCT 专利申请。通过这种申请策略, 苹果公司专利对其产品的保护更加具有针对性。

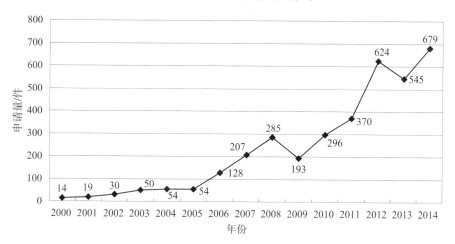

图 2 - 1　苹果公司手机通信领域美国专利申请统计表（2000 ~ 2014 年）

在专利维权方面, 苹果公司更是不惜代价。自 2007 年苹果公司 iPhone

---

❶ 2015 年全球智能手机利润　苹果公司狂占 91% ［EB/OL］. (2016 - 02 - 16)［2016 - 07 - 10］. http：//mobile. zol. com. cn/568/5685471. html.

发布之后，智能手机总体外观和基本配置越来越趋同。面对安卓阵营的异军突起，苹果公司创始人乔布斯生前在接受采访时曾经说过，要通过专利摧毁安卓系统，因为它是偷来的产品，他要发动一场专利热核战争。为了维护 iPhone 的品牌优势，苹果公司于 2010 年 3 月首先对安卓系统的"代理人"HTC 发起攻击，一年之后进一步起诉三星侵犯其专利权，且均提出了天价索赔要求。通过一连串的专利诉讼，最终 HTC 不得不与苹果公司和解，随后基本丧失美国市场，三星最终赔偿苹果公司 5.48 亿美元。通过强势专利维权，苹果公司保持住了 iPhone 的优势地位。

2. 专业化的代工生产确保了 iPhone 稳定的质量

好的设计还需要配备专业化的生产制造，才能造就好的产品。多年来，苹果公司一直采用代工生产的方式，自己主要负责产品的设计和销售。为确保生产质量，苹果公司通常会选择业内技术实力雄厚的代工企业，要求代工企业必须使用苹果公司指定的生产设备，并向生产现场派驻工程师。例如，2015 年，iPhone 6 有 80% 的订单在富士康，20% 的订单在和硕，而 iPhone 6 Plus 更是全部交由富士康生产。据市场研究公司 IHS 分析，苹果公司新推出的 iPhone 6 的成本在 200～247 美元，其中劳工成本为4～4.5 美元。通过专业的代工企业生产，充分发挥代工企业生产设备、工人熟练水平、生产能力、价格成本等方面的优势，既保证了产品质量的稳定性，同时还有效地降低了生产成本。

3. 适度频率的升级换代增强了 iPhone 的优势地位

在 iPhone 的升级换代方面，苹果公司早年采用的两年一升级的"S"型策略，即第一年进行根本性的技术升级，之后第二年进行微小的、不具实质性的改变。这种更新换代策略与用户与电信运营商电话合约相配合，使得用户每两年更换一次手机。近年来，随着技术发展加快，苹果公司也加快产品技术更新速度，基本实现每年进行一次较大更新。升级换代能够快速拉开与竞争对手的距离，而专利打压可阻止长期的模仿者。通过产品升级换代与专利保护策略、营销策略相结合，进一步增强了 iPhone 的优势地位。

4. 高超的定价策略使 iPhone 成为最赚钱的产品

iPhone 6 的成本在 200～247 美元，但在刚发布时借助自身优势售价定在 600～900 美元，远高于成本价，这是典型的撇脂定价策略。在这一高价格购买群体的购买力达到饱和之前，迅速投入下一代产品开发，同时对原有产品降价以满足购买力稍弱的群体的需要，并为下一代新品再次定高价提供市场空间。苹果公司通过这种定价策略，不仅获得了巨大的收益，而且能够快速回收前期研发成本，有效压制竞争对手。苹果公司之所以能够采取这种定价策略，一方面是由于苹果公司手机本身先进的技术、良好的用户体验和时尚的外观设计，在消费者心目中树立了高端的品牌形象，拥有一批忠实的粉丝；另一方面苹果公司手机独特的设计、快速的技术升级换代策略和周密的专利保护策略确保了苹果公司手机在市场上的稀缺性和独特性，消除了替代空间，为高定价策略提供了保证。

第二节　专利转让

一、概　　述

专利从申请到授权的过程十分漫长，如果企业希望尽快获得大量的专利，通常只得进行专利收购。生产型企业购买专利的原因有 3 个：①出于战略考虑，批量购买专利为其产品保驾护航；②满足对其他企业进行专利诉讼的需要；③避免重要的专利落入其他公司（例如 NPE）手中。

下列情形出现时生产型企业会出售其拥有的专利：①企业进行了战略调整，不需要相关专利；②相关专利产品并非自己的主营产品或者企业根本不生产该产品；③生产经营不善，企业资金周转困难，甚至面临破产倒闭的风险。出售专利时，应当考虑所出售的专利技术不能损害企业自身的产品、技术和专利战略，特别是不能由此而培养出竞争对手。

由于科研院所大多都不直接从事产品生产，除少数针对特定的专利技术成立专门的公司外，一般将其所拥有的专利转让或许可给生产型企业，以回收前期研发投入。对于专门从事专利运营的公司来说，则通常在其所经营的领域收购或出售专利。

从转让对象看，专利转让包括专利申请权转让和专利权转让，前者转让的仅仅是已经提交的专利申请，尚未获得专利权，而后者转让的是已经取得的专利权。从转让形式看，专利转让包括协商转让、竞价拍卖等。

与有形财产转让不同的是，专利转让必须签订书面合同，并到专利行政部门登记备案。专利转让合同通常包括如下主要内容：专利技术的内容；技术资料的交付、技术服务条款；后续技术改进成果的归属条款；专利权瑕疵的处理条款等。由于专利技术的特殊性，必要时还可写入关于专利技术的技术性能、专利权完整性担保的条款。

下面通过案例介绍不同形式的专利转让。

二、一般的专利转让

专利转让是大企业从其他企业，特别是中小企业或个体发明人手中获取专利的重要途径。例如，深圳市腾讯计算机系统有限公司（简称"腾讯"）通过这种方式从赵建文手中取得微信基础专利。

腾讯是中国最大的互联网综合服务提供商之一，尤其是在实时网络通信方面，腾讯先后推出了QQ、腾讯TM、微信等软件。据统计，截至2016年第二季度末，微信每月活跃用户已超过9亿，用户覆盖200多个国家、超过20种语言，成为人们重要的日常通信工具。

一直关注移动平台实时通信软件的个体发明人赵建文设计出一种借助手机通信录实现即时通信的技术后，于2006年9月向国家知识产权局提交了专利申请（申请号为200610116632.X，发明名称为"一种基于或囊括手机电话本的即时通讯方法和系统"），于2011年5月18日获得授权。

赵建文本人认为，该专利至少在5个方面具有前瞻性：①注册进程采用短信验证码；②利用通讯录进行联系人匹配；③显示联系人状况；④依据2.5G以上的IP音讯发送并有多媒体音讯扩展性；⑤能够设置和共享特定信息，包含昵称、签名和个人主页等。

在发明这一即时通信方法之后，赵建文多方寻求资金支持，希望推出即时通信产品，但未能如愿。在这种情况下，赵建文先是将该专利许可给腾讯，之后于2012年4月将该专利转让给腾讯。

从技术上看，该专利是WhatsApp、微信等类似聊天应用的基础性专利。在这些类似的通信软件中，美国的WhatsApp于2009年2月上线，微信于2011年1月上线。此后，这些即时通信软件迅速普及，在拥有大量的用户同时，为商家带来了巨额利润。

2014年2月，脸书（Facebook）公司宣布，将以190亿美元现金加股票的方式收购 WhatsApp，创下了互联网领域并购的天价纪录。此时，作为 WhatsApp、微信等类似聊天应用的基础性技术发明人，赵建文虽然有自豪感，但更多的是惋惜和失落，自己的发明虽然被广泛使用，但是专利权却在 2 年前转让给了腾讯。虽然此案中双方约定，双方均不得公开具体的专利转让协议，包括专利转让费用等，但从后来记者采访赵建文时其表露出的深深的遗憾可以推测，当初的专利转让费应该不会太高。❶

从专利运营角度看，微信基础专利原专利权人进行了两个阶段的运营：第一阶段是商品化运营，即原专利权人试图将该专利技术进行商品化；第二阶段是货币化运营，即原专利权人在商品化运营没有成功之后将该专利进行许可、转让。不管是哪个阶段，原专利权人都没有获得较多的收益。就专利转让角度看，微信基础专利原专利权人没有获得更多收益的主要原因有两方面：①专利布局不完整，布局不完整主要体现在专利申请数量不足，没有对其产品进行全方位的专利保护，并且没有在中国之外诸如美国等主要发达国家申请专利；②专利转让前对专利价值评估不全面、转让时机选择不当，在专利转让之前，中国、美国等国家均已经出现与其专利技术类似的产品，尤其是在中国，虽然微信还没有像 2013 年之后那样爆炸式增长，但已经呈现明显的增长势头，原专利权人选择在此时转让专利缺乏对市场的准确判断，显然不是最佳时机。微信基础专利原专利权人的这种境况也生动说明了专利运营模式、时机选择的重要性与复杂性。赵建文天才般地发明出了一种借助手机通信录实现即时通信的技术，及时申请并获得了专利，也有专利运营的想法和思路，但将这一专利成功运营好的却是腾讯。

专利收购是专利转让的一种方式，也是企业进入新兴市场快速积累专利的重要手段。小米科技有限责任公司（简称"小米"）是一家 2010 年 4 月成立的以生产智能手机为主的科技公司，2015 年，小米手机销售量达 7 000万台，营收达 700 亿元，成为智能手机市场的后起之秀，但小米科技公司的专利储备严重不足，拥有的专利数量十分有限。为进军美国市场，2014 年开始小米就一直在寻求购买合适的美国专利，例如 2014 年 12 月从

---

❶ 杨琳桦. 微信基础技术发明者：专利卖给腾讯前曾找过雷军［EB/OL］.（2014 - 03 - 19）［2016 - 05 - 23］. http：//tech. ifeng. com/bat3m/detail_ 2014_ 03/19/34908282_ 0. shtml.

大唐电信购得 2 件美国专利，2015 年 10 月从博通购买了 31 件美国专利，2016 年 2 月从英特尔一次性购买 332 件美国专利，至此小米共购得 365 件美国专利，涉及存储管理、逻辑控制、电路封装等与集成电路相关的技术。❶通过专利收购，小米在一定程度上弥补了其在美国市场的专利短板。

此外，专利转让还是企业盘活专利资产的重要途径。这方面典型的例子是富士康通过麦克斯智慧资本远东股份有限公司（简称"麦克斯"）将其专利先后两次出售给美国的谷歌，实现了代工企业从制造业微笑曲线的最低端逐步走向微笑曲线高端的神话。关于富士康与麦克斯合作的专利运营模式详见本书第八章第二节。

三、企业并购

企业并购是大企业实现专利批量转让的重要方式。联想集团（简称"联想"）和美的集团（简称"美的"）都有过大笔收购专利的成功案例。

联想成立于 1984 年，主要包括 PC 业务集团、移动业务集团、企业级业务集团、云服务业务集团四部分。为满足进军海外新市场的需要，联想从集团企业战略需要角度出发，自 2014 年以来，连续多次大手笔收购相关专利，为企业产品提供专利保障。2014 年 1 月，联想宣布收购谷歌的摩托罗拉移动智能手机业务，通过此次收购，联想获得超过2 000 件专利。2014 年 3 月，联想与美国专利授权公司无线星球（Unwired Planet）公司达成协议，以 1 亿美元购买对方包括 3G 和 LTE 技术的 21 件专利组合，获得该公司所拥有的已经批准或待批准的全部专利的使用权。2014 年 4 月，联想宣布收购完成日本电气株式会社（NEC）3 800 余件专利组合。通过这几次并购和收购，联想已经获得了 9 000 余件涉及 3G 和 4G 移动通信领域的专利。

联想通过企业并购、专利收购等方式快速实现了海外专利布局，为后续产品进一步占领国际市场，尤其是知识产权制度成熟的欧美市场扫除了专利障碍。从专利运营的角度看，联想发起的这些企业并购和专利收购更是一场场精彩的专利运营实战，对企业发展具有深远意义。具体包括：

---

❶ 小米："豪购"专利意欲何为？［EB/OL］.（2016－03－19）［2016－07－10］. http：// www. iprchn. com/Index_ NewsContent. aspx？NewsId＝91967.

① 专利实力大幅度增加，进一步巩固了联想的国际品牌地位。

② 为联想产品进入国际市场提供了专利战略威慑。通过大量的专利收购，联想不仅获得了对自身产品形成直接保护的专利，同时还储备了大量可用于进攻对手的专利。

③ 为联想进行国际专利运营提供了专利基础。结合企业发展战略，联想可以对其拥有的专利进行许可或转让，甚至对侵权企业提起专利侵权诉讼等，特别是对于涉及非主流产品的专利，甚至还可以进行专利挖掘、组合、二次布局以及打包出售等，实现专利资产变现。

联想的系列专利并购行为，给自身专利积累不多但成长迅速的企业解决专利困扰提供了很好的借鉴。

美的收购东芝家电业务，也是一宗成功的大宗专利收购案例。美的于2016 年 3 月与日本东芝正式签约，以 6.93 亿美元获得负责东芝家电业务的主体"东芝生活电器株式会社"80.1% 的股份，同时获得在全球范围内东芝品牌 40 年的使用权，以及东芝家电公司超过 5 000 件和家电相关的专利与研发技术。收购后，东芝家电将会继续开发、制造和销售东芝品牌的白色家电，美的将在品牌、技术、营销和员工方面进行持续投入，充分挖掘东芝家电业务的潜力。❶

从专利角度看，此次美的并购东芝之后，所获得的 5 000 件专利是对美的现有专利的一次显著扩容，将进一步增强美的在日、韩等海外市场的专利布局。即使是不考虑东芝给美的带来的品牌、渠道的价值，按照美的此次并购付出共计 6.93 亿美元的代价计算，平均每件专利的价格大约 14万美元，这个价格与近年来发生的大宗专利并购案相比，单件专利价格似乎并不高。

由于无法获得具体购买的专利清单，经对东芝涉及家电业务的两家公司（Toshiba Consumer Elect Holding 和 Toshiba Home Appliances Corporation）名下的共约 2 803 件专利及专利申请进一步分析发现，这些专利及专利申请分布的主要国家或地区如表 2 - 1 所示。

---

❶ 刘步尘. 美的收购东芝究竟值不值？［EB/OL］.（2016 - 03 - 31）［2016 - 05 - 23］. http://money. 163. com/16/0331/08/BJFMM2AB00 253G87. html.

表 2 - 1　美的并购的东芝部分专利申请国别统计

申请国家/地区/组织	专利申请数量/件	占比
日本（JP）	2 000	71.4%
中国（CN）	293	10.5%
韩国（KR）	168	6.0%
中国台湾（TW）	121	4.3%
世界知识产权组织（WO）	104	3.7%
欧洲专利局（EP）	68	2.4%
美国（US）	25	0.9%
俄罗斯（RU）	12	0.4%
其他	12	0.4%
合计	2 803	100%

从表 2 - 1 可以看出，东芝的这两家公司名下的专利及专利申请主要分布在 9 个国家和地区，其中日本（71.4%）排在第一位，其次是中国及中国台湾和韩国（共 20.8%），美国专利和欧洲专利很少，共 93 件，仅占 3.3%。不知此次美的在并购东芝时是否从专利角度考虑过东芝相关专利的布局情况。

随着中国经济的发展，国内企业走向世界市场成为必然，对海外知名企业并购是国内企业走出去的一种重要方式。为通过海外企业并购实现走出去的战略目标，在企业知识产权工作方面，至少应当做好如下三方面的工作：①在进行海外并购之前，企业首先要摸清自家家底，明确获取知识产权是并购的主要目的还是次要目的，以便确定合适的并购对象和并购知识产权的范围；②在确定了并购对象进行并购时，应当针对被并购企业做好知识产权分析评议，例如在专利方面，拟定准备收购或获得许可的专利范围，查清法律状态，从技术、法律和市场三方面评估其价值，调查并评估已有或潜在的专利诉讼风险等；③完成企业并购并接管相关知识产权之后，重新评估、整合企业知识产权，结合企业战略进行二次开发、知识产权运营等方式盘活知识产权资产，实现知识产权保值增值。❶

---

❶　董新蕊. 中企打响抗日第一枪——鸿海收购夏普案深度分析［EB/OL］. （2016 - 05 - 13）［2016 - 05 - 23］. http：//www.iprdaily.com/article? wid = 12867.

四、专利拍卖

以拍卖方式进行专利权交易是近年来才逐步兴起的。专利拍卖与普通物品的拍卖流程基本相同。

早期的专利拍卖主要用于处理破产企业的专利资产。1995 年 7 月，磁盘驱动器生产商 Orca Technology 公司宣告破产后，其专利通过拍卖价值 365 万美元。2006 年 4 月，美国 Ocean Tomo 公司举办了历史上第一次现场专利拍卖会，吸引了众多企业、发明人、投资人和中介机构参与。2007 年，在 Ocean Tomo 公司于芝加哥举办的秋季专利拍卖会上，78 个专利标的中共有 38 个标的成交，每件专利平均售价约 30 万美元。

专利拍卖近年来不断用于专利交易实践中。北电网络（Nortel Network）曾经是加拿大著名的通信设备厂商，于 2009 年 1 月申请破产。在拍卖相关固定资产后，2011 年 6 月，北电网络拍卖其最后的资产——6 000 余件专利。在拍卖时，志在必得的谷歌虽然最后喊出了 40 亿美元的"天价"，但这 6 000 余件专利仍然被以包括苹果公司、EMC、爱立信、微软、RIM、索尼等科技巨头组成的 Rockstar 集团以 45 亿美元的价格最终拍得。此次专利最终成交价格远远超出之前的预测价格，它甚至比北电网络此前已经出售的整个无线网络业务（32 亿美元）还多 40%，可见拍卖具有传统交易无法比拟的优势。

进入 21 世纪后，我国开始出现专利拍卖。2004 年 12 月上海市知识产权服务中心、上海市技术交易所和上海中天拍卖有限公司联合举办了上海市首次专利拍卖。此次拍卖共有竞拍标的专利 39 件，最后成交了 8 件专利，成交总金额 1 200 多万元。此后上海分别在 2008 年和 2009 年各进行了一次专利拍卖。2010 年 12 月，中国科学院计算研究所的一批专利在中国技术交易所进行公开拍卖，此次大规模拍卖在中国境内属于首次，包括 70 个竞拍标的（共计 90 件专利），涵盖 8 个专利包（共 28 件专利）、38 件有底价专利和 24 件无底价专利，在技术领域上涉及智能信息、无线通信、集成电路及物联网等热门领域。经过 2 个小时的激烈竞标，最终拍卖成交 28 件，总成交金额为 256.8 万元，成交率为 40%。

与传统的谈判交易相比，专利拍卖具有如下优点：①交易快速，双边谈判的成本低；②交易过程相对公开透明，有助于最大限度实现拍卖标的价值；③通过匿名机制可以更好保护买卖双方的私密信息。近年来，国家对专利交易、专利运营的扶持力度加大，出现了许多专门从事专利拍卖，甚至进行网上专利拍卖的交易平台和机构。专利拍卖以其快速、交易成本低、公开透明等优点，正在被越来越多的交易平台或机构所采用。

本书第八章第一节介绍了几个影响力较大的拍卖机构。

第三节　专利许可

一、概　　述

专利许可，又称"专利实施许可"，一般是指权利人在不发生所有权转移的情形下依法允许他人在一定的时间和地域内实施其专利技术的行为。

对于专利权人来说，通常在如下几种情况下需要对外进行专利许可：①专利权人不具备实施专利技术的能力或不愿意实施，通过许可直接获取收入，例如大学、科研院所、专利公司等非实体机构，或者个体发明人等；②非自己的主营业务，取得了该专利权但不想生产该专利产品；③某一行业或领域新进入者，希望通过与行业或领域同行合作，尽快培育市场；④被迫与其他公司进行交叉许可，换取自己所需的专利；⑤业务转型之后不再生产相关产品。总之，通过专利许可，权利人可以获得现金收益，弥补前期研发投入；培育产品市场，为企业今后发展打下市场基础；或者通过自己的专利技术换取企业发展所需的技术。

对于被许可人来说，那些无法规避或者规避成本极高且是其产品战略发展道路上必须使用的专利，通常需要取得专利许可。通过获取他人的专利许可，消除今后被控侵权的隐患，同时通过引进其他公司的先进技术，节省研发时间和投入，尽快实现自身技术更新换代。在接受他人的专利许可时，被许可人应当对拟接受许可的专利的稳定性进行全面审查，在合同中明确对不稳定专利的处理方式。被许可人还应当调查清楚拟接受许可的专利的同族专利情况，专利权人所掌握的与被许可专利产品相关的所有其他专利及同族专利情况，必要时要求专利权人对这些相关的专利进行打包许可。

专利许可要求订立书面合同，并且需要到专利行政管理部门备案。专利许可合同的主要条款一般包括以下几方面：专利技术的内容和专利的实施方式；实施许可合同的种类；实施许可合同的有效期限和地域范围；技术指导、技术服务条款；技术资料的交付及验收条款；技术秘密的保密条款；后续技术改进成果的归属条款；专利权瑕疵的处理条款；侵权的处理条款；专利许可使用费用及支付方式；违约责任以及违约金或者赔偿损失额的计算方法。此外，专利许可合同通常还要涉及其他相关事项，例如争议的解决办法、不可抗力等条款。

专利许可中一个核心问题是专利许可费的确定。在实际专利许可交易中，专利许可方和被许可方各自考虑依据并不相同。专利许可方通常会考虑取得专利权的成本、实施专利技术的投入及预期收益、许可专利后的机会成本、进行专利许可的相关费用等。被许可方通常会考虑自身研发相关技术的成本、实施专利技术的投入及预期收益、获得专利许可的相关费用等。只有双方的预期费用相当或接近时才有可能达成一致。

从专利许可导致的专利实施权的流向看，专利许可可以分为单向专利许可、双向专利许可和多向专利许可。其中单向专利许可是指一方专利权人将专利实施权专利许可给另一被许可人；双向专利许可则是许可双方相互将其专利实施权转交给对方；而多向专利许可则是多方相互之间转移专利实施权，比如专利池内部成员之间一般属于多向许可。

下面分别介绍最常见的单向专利许可和双向专利许可在专利运营中的应用。

二、单向专利许可

从专利许可的效力看，单向专利许可包括普通专利许可、排他专利许可或独占专利许可。这3种专利许可方式都是权利人将其专利许可给他人并收取一定的许可费。在排他专利许可和独占专利许可下，权利人不得再将其专利许可给他人，独占专利许可则意味着一旦签署了独占专利许可协议，权利人本人都不能实施该项专利技术。单向专利许可是权利人获取经济收益的主要许可方式。

下面分别介绍不同情形下的单向专利许可实例。

个人或无实体业务的专利公司对外的专利许可通常是单向专利许可。乔治·塞登（George B. Selden）是专利律师，他在 1879 年 5 月提交了 31 件汽车发明专利申请，并于 1895 年 11 月取得了美国专利 US549160（发明名称为"Road engine"）（见图 2－2）。

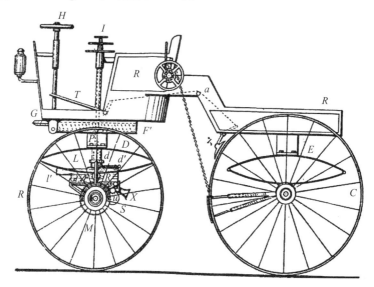

图 2－2　乔治·塞登发明的汽车

虽然乔治·塞登提交的汽车专利申请较早，但是他并没有想制造汽车，也没有能力制造汽车，而且他的汽车发明专利在 16 年之后才被授权，但专利律师出身的他以其独特的方式赚得盆满钵满。

在当时的美国，专利保护期为授权后 17 年，因此虽然乔治·塞登通过利用继续申请制度使其专利申请审查了 16 年，但这并不影响其专利的保护期限。在漫长的审查过程中，乔治·塞登有足够的时间对其专利申请进行精雕细琢，在 1895 年获得专利权时，大街上跑的各式各样的燃油的汽车基本都落入乔治·塞登的初始汽车专利的专利保护范围。

取得专利权之后，乔治·塞登选定了电力车辆公司（Electric Vehicle Co.）作为合作伙伴，以每部车 15 美元专利许可使用费且总许可使用费不少于 5 000 美元的价格将其汽车专利许可给电子车辆公司。之后，乔治·

塞登与电力车辆公司一起找其他汽车生产商收取专利许可费。再后来，他们还成立了特许汽车制造商联盟（ALAM），借助这个高大上的组织来实施乔治·塞登的专利许可。就这样，在 ALAM 的大旗下，以专利诉讼威胁作为后盾，除了福特之外，其他许多汽车生产商纷纷掏腰包了事。ALAM 后来将福特告上法庭，并在一审判决中胜诉，福特被判侵权。但福特坚持上诉，最终在二审中赢得了胜利，而此时乔治·塞登的专利已接近到期，并已收取了不菲的专利许可费。❶

乔治·塞登专利许可成功的主要原因至少有以下两点：①专利保护范围宽。乔治·塞登充分利用了当时美国的专利制度，在市场成熟之前隐藏了其专利内容，通过成功制造"潜水艇"专利的方式几乎将当时的燃油汽车都包含在其专利保护范围之内。②采取了恰当的许可方式。乔治·塞登首先将其专利许可给电力车辆公司，后来借助 ALAM 进行对外许可。此案例虽然发生在一百多年之前，技术市场及专利制度都发生了较大的变化，但是对于当前的专利运营仍然具有借鉴意义。

大学、科研机构以及不具备产品生产能力的其他企业，将其专利对外许可是其专利运营的主要方式。最近，复旦大学将抗肿瘤药物专利以不超过 6 500 万美元将除中国（含港澳台）以外的全球独家许可给美国HUYA。❷药物领域由于临床前研究、临床试验研究、审批、生产上市等周期非常长（平均 12 年）、研发投入费用巨大（一种新药研发平均费用大约26 亿美元），因此一些国内药企或研究机构在取得新药专利后与外国知名药企合作，例如将药物专利的海外权益许可给外国药企公司，并由外国药企进行后续的临床试验、国际市场开发等。

此次复旦大学通过将专利许可给美国 HUYA，由后者进行后期临床研究以及国际市场开发，同时复旦大学保留中国（含港澳台）的专利实施权，可以说既是作为独立研究机构进行药物研发的常规模式的应用，也是我国高校和科研院所进行专利技术转化运用的探索。复旦大学通过与HUYA 合作，一方面可以提前获得现金收益，为后续进一步的研发提供资

---

❶ 任宇. 专利流氓? 他领先了一百年 [EB/OL]. [2016 – 04 – 26]. http：//www. zhichanli. com/article/11377.

❷ 复旦 4 亿"卖"专利给美国公司是好事[EB/OL]. (2016 – 03 – 18) [2016 – 04 – 26]. http：//view. news. qq. com/original/intouchtoday/n3468. html.

金支持，另一方面由 HUYA 进行后续的新药临床研究和国际市场开发，提高了新药开发成功的概率，有利于专利药在国内上市。

近年来，随着国内药企、大学等机构创新能力增强，国内机构与国外药企进行新药合作开发案例不断增加，合作金额也屡创新高。表 2 - 2 是近年来国内机构与国外药企合作的典型案例统计表。❶❷

表 2 - 2　国内机构与国外药企合作典型案例统计

时间	药物名称	许可方	被许可方	交易金额及条件
2013 年 11 月	抗癌新药 BeiGene - 290	百济神州	德国默克雪兰诺	最高 2.32 亿美元（不含中国市场），外加上市后的销售提成
2015 年 9 月	用于肿瘤免疫治疗的 PD - 1 单克隆抗体项目	恒瑞医药	Incyte	最高 7.95 亿美元（不含中国），外加上市后的销售提成
2015 年 9 月	3 种肿瘤免疫治疗双特异性抗体药物	信达生物	美国礼来	总额 10 亿美元（不含中国市场），外加上市后的销售提成
2016 年 1 月	抗乙肝病毒（HBV）新药	正大天晴	美国强生	总额 2.53 亿美元（不含中国大陆），外加上市后的销售提成
2016 年 3 月	用于肿瘤免疫治疗的 IDO 抑制剂	复旦大学	美国 HUYA	最高 6 500 万美元（不含中国）

中国药物专利备受国外药企关注，对外专利许可案例数量不断增多，许可金额越来越高。这一方面体现了国内药企、大学或研究机构药物研发能力大大增强，另一方面也体现了国内研发主体的专利保护意识大大增强、专利布局能力提升。但是，国内药企受限于财力、临床研究和试验能力以及国内研究标准与国际不接轨等因素，中国新药仍然难以走出国门，对外专利许可的方式并非最佳方式，尤其是涉及重要药物的核心专利时。例如，1994 年中国人民解放军军事医学科学院与瑞士诺华签署了专利许可协议，将其研发出的复方蒿甲醚专利在国际上的开发权独家许可给了诺

---

❶ 复旦药物专利"天价"背后：创新与转化"鸿沟"待跨越［EB/OL］.（2016 - 03 - 22）［2016 - 04 - 26］. http：//finance. sina. com. cn/roll/2016 - 03 - 22/doc - ifxqnnkr9786502. stml.

❷ 与这家药企比起来，恒瑞信达专利转让弱爆了［EB/OL］.（2015 - 11 - 12）［2016 - 04 - 26］. http：//www. bio360. net/news/show/18539. html.

华，只收取该药品海外销售收入的 4% 作为专利许可费（约定 20 年）。然而，20 多年已经过去，诺华占据了国际青蒿素类药物的主要市场，而我国作为曾经的核心专利研发国和原料供应国所占的市场份额却不足 10%。[1] 因此，国内药企、大学或研究机构在对外进行核心药物专利许可时，应当充分吸取教训，防止重蹈覆辙。

部分企业由于战略性调整不再从事原有业务之后，其积累的大量专利通常也会对外许可。例如，诺基亚在手机业务出现大幅下滑后，2013 年 9 月以 71.7 亿美元的价格将手机业务出售给微软，但保留了全部 3 万件专利，出售价格中约 21.7 亿美元属于对诺基亚专利组合为期 10 年的专利许可费。由于诺基亚的专利遍布 2G、3G、4G 等主要通信网络，虽然其已出售手机业务，但包括苹果公司、三星、HTC、微软、黑莓、华为等超过 60 家公司都需要向诺基亚缴纳专利使用费，诺基亚每年可获得约 6 亿欧元的专利许可费收入。

三、双向许可

双向许可，又称"交叉许可"，是指两个专利权人之间以其所拥有或持有的某些专利技术按照约定的条件交换技术的使用权。在这种许可中，双方均具有双重身份，既是专利的许可方，也是专利的被许可方。在有些专利池内部，多个成员之间通常相互进行专利许可，即相当于多个成员之间相互交叉许可。

从企业专利运营的角度来看，双向专利许可已经成为许多企业的重要专利策略。这种策略的主要作用体现在如下几方面：①清除专利壁垒；②快速解决专利侵权纠纷，降低企业诉讼成本；③获得技术领先企业所掌握的先进技术，增强企业竞争力。此外，在不同主体之间共同研究开发或合作生产某项目时，双方通常也需要对相关专利技术进行双向许可。

IBM 和微软基于自身的专利优势通过全球专利许可策略，不仅增加了营收，而且还获得了其他公司的专利许可。

截至 2015 年，IBM 已连续 23 年成为在美国专利商标局年度获得专利

---

[1] 王宇，冯飞，等. 勾勒青蒿素的沉浮轨迹［EB/OL］. (2015 - 10 - 15) ［2016 - 04 - 26］. http://cipnews.com.cn/showArticle.asp? Articleid = 38140.

最多的企业，IBM 的专利涉及多个领域，例如计算机、半导体、电信、商务应用等。在取得大量专利之后，IBM 采取了全球专利许可策略，向其他企业，甚至竞争对手进行专利许可。截至 2015 年底，IBM 与包括三星、Twitter、Blade、华硕、亚马逊等众多科技公司达成专利交叉许可协议，其中部分交叉许可协议是在进行专利侵权诉讼之后达成的。由于 IBM 所拥有的专利远超过其他企业，因此即使是与其他企业进行交叉许可，其他企业通常也还需要向 IBM 缴纳一定数量的专利许可费。自 1996 年以来，IBM 每年的专利许可费收入均在 10 亿美元以上，有的年度甚至超过 20 亿美元，专利许可费收入成为 IBM 每年净利润的重要来源。

IBM 的这种全球专利许可策略始于 1993 年。那时，IBM 连续两年发生巨额亏损，特别是在 1992 年就亏损了 81 亿美元，可用资金甚至不够维持 100 天，几乎到了破产的边缘。就在这一年，IBM 决定调整其知识产权策略。调整体现在两个方面：①鼓励员工从事发明创造，并对其创新申请大量专利；②将其专利大规模对外许可以增加收入。

IBM 采取全球化许可策略不仅为其带来了可观的经济收益，而且还对其全球化产品战略具有重要意义。这种意义体现在如下几点：①这种策略促进了 IBM 的主要产品包括软件、系统与服务器、存储产品等与世界上主流产品的兼容，维系了 IBM 与同行良好的合作关系；②虽然 IBM 拥有大量的专利技术，但是每制造一种产品仍然需要大量使用其他公司的专利技术，通过这种许可策略，IBM 获得了自身发展所需的专利技术，为企业发展提供了有利的发展环境；③盘活了 IBM 的专利资产，并且反过来进一步鼓励了员工进行发明创造的积极性，极大提升了企业的创新活力。

微软也采取专利交叉许可策略。与 IBM 不同的是，在采取全球专利许可政策之前，微软一直坚持着其特有的不主张专利（Non‐assertion of Patent，NAP）条款。NAP 条款规定，在将新版本的微软软件推向市场后，那些经授权使用 Windows 的个人电脑与设备制造商、原始设备制造商（OEM）不得因专利侵权而起诉微软，也不得因此而相互起诉。

NAP 条款是由微软创始人比尔·盖茨在 1993 年提出的。这一条款在当时对于减少个人电脑行业的专利战具有一定的积极意义，但对于那些拥有较多专利的 OEM 来说显然有失公平，许多重要客户对此抱怨不断，甚至一些国家纷纷对微软是否涉嫌垄断进行审查。此外，在这一政策下，微软庞大的专利库无法转变为可有效利用的资产，无法为其带来经济收入。2003 年，微软宣布放弃 NAP 条款，代之以专利交叉许可策略。

此后，微软进一步加大专利申请力度，同时与合作伙伴分别展开专利许可谈判。微软在美国每年的专利申请量超过 3 000 件，截至 2014 年底，在全球共提交了近 90 000 件专利申请，并与全球消费电子领域大多数主要的科技企业达成专利交叉许可。

像 IBM 和微软这类行业领先公司，凭借自身的专利优势，通过与其他公司合作，广泛开展专利交叉许可，不仅获得自身发展所需的先进技术，使自己在相关领域继续保持领先地位，而且还获得了可观的经济收益，弥补前期研发投入，可谓一举多得。

此外，在专利侵权诉讼与反诉的迷雾下，借助自己的专利武器与其他握有重要专利技术的公司进行双向许以获取所需的技术。

柯达曾是照相机行业的大哥大。1991 年，柯达获得数码照相技术领域第一件专利，之后在数码相机领域申请了 1 000 余件专利，包括许多基础专利。但是柯达受其在传统相机领域的巨大优势的束缚，并没有全面转向数码相机领域，而是仍然迷恋传统相机，在数码相机领域被日本照相机厂商成功实现弯道超车。

面对后起厂商大量蚕食数码相机市场，柯达于 2004 年 3 月起诉在美国市场排名第一的索尼，称索尼在其数码相机、便携式录像机侵犯了自己的 10 件专利，但索尼立即反诉柯达，指控其侵犯了自己的 10 件数码成像技术专利。经过 3 年多的诉讼，柯达与索尼达成和解，两家公司允许对方使用自己的专利，但索尼还需要向柯达支付一定的专利使用费。此外，柯达还与索尼爱立信、三洋、奥林巴斯达成交叉许可协议，允许这些公司使用其数字成像技术。

借助双向许可，柯达与数码相机领域科技巨头索尼、索尼爱立信、奥林巴斯等公司均达成协议，互相利用对方的专利技术，避免了马拉松式专利诉讼。同时柯达利用自身的技术优势，通过专利许可为企业带来了一定的许可收益。

第四节 专利质押

一、专利质押的概念

专利质押是指权利人将其有效专利权作为质押标的，出质给某一债权债务关系中的债权人，当债务人不履行到期债务或者发生约定的实现质权的情形时，债权人有权就该专利权优先受偿的担保法律制度。从法律上看，专利质押制度的基本功能是担保债权，由此促进市场交易，维护交易安全，但在实践中专利质押主要用于担保借贷债务，促进资金融通，即主要用于专利质押贷款。

实践中的专利质押贷款一般是指，债务人或第三人将其所拥有的专利权中的财产权，经过专利价值评估后质押给银行等金融机构以取得贷款，并按照合同约定的利率及期限偿还贷款本息，如果债务人发生不能履行其债务的情形，债权人有权将出质的专利权折价、拍卖或变卖，并优先受偿。

与有形财产不同，专利权具有无形性、时间性、地域性等特征，因此与普通的质押相比，专利质押具有如下的特点：①专利质押以在专利工作管理部门登记为生效要件；②专利质押标的物的价值需要通过专门的评估机构进行评估；③被出质的专利权在被质押期间仍然可由出质人使用和收益。

二、专利质押贷款的发展

专利质押不仅可以解决中小企业融资问题、拓展金融机构的业务，而且还可以激励企业自主创新，促进专利技术的传播和应用，提升专利的社会价值，因此近年来政府不断鼓励和推进专利质押融资业务，专利质押贷款成为一种重要的专利运营模式。

虽然1995年6月颁布的《担保法》已明确规定了专利权可以质押，但是由于专利权的特殊性，一直到2005年，专利质押贷款的成功案例仍然寥寥无几。较早的专利质押贷款典型案例是2006年10月交通银行北京分行与北京市经纬律师事务所、连城资产评估有限公司、北京资和信担保有限公司等共同推出知识产权质押贷款金融产品"展业通"，北京柯瑞生物医药技术有限公司凭借蛋白多糖生物活性物质的发明专利权成为第一家完成知识产权质押贷款企业，获得 150 万元贷款。

2008 年，国家知识产权局在全国开展知识产权质押融资试点工作，拉开了政府主导专利质押贷款工作的序幕。2010 年 8 月财政部联合六部门发布《关于加强知识产权质押融资与评估管理　支持中小企业发展的通知》，2013 年 1 月银监会联合四部门发布《关于商业银行知识产权质押贷款业务的指导意见》，这两个文件的发布，不仅为专利质押贷款的顺利开展彻底扫清了政策上的障碍，还大力推进了知识产权质押融资的服务体系、评估、流转以及风险管控机制体制建设，专利质押融资发展更快。

2014 年 1 月中国人民银行会同科技部、银监会、证监会、保监会和国家知识产权局等六部门联合发布了《关于大力推进体制机制创新　扎实做好科技金融服务的意见》，明确提出大力发展知识产权质押融资，具体包括加强知识产权评估、登记、托管、流转服务能力建设，规范知识产权价值分析和评估标准，简化知识产权质押登记流程，探索建立知识产权质物处置机制，积极推进专利保险等工作。为进一步发挥知识产权对经济发展的支撑作用，助力创新驱动发展战略，2015 年 3 月国家知识产权局发布《关于进一步推动知识产权金融服务工作的意见》，提出深化和拓展知识产权质押融资工作、加快培育和规范专利保险市场、积极实践知识产权资本化新模式、加强知识产权金融服务能力建设、强化知识产权金融服务工作保障机制五方面的重点工作。根据上述意见，通过政府引导与市场化运作相结合、深化试点与整体推进相结合的工作方式，力争到 2020 年全国专利质押融资金额超过 1 000 亿元。

在国家出台各类指导或引导知识产权融资政策文件后，除少数省市外，大部分省市都制定了涉及知识产权质押贷款的利息补贴、经费补贴、风险补偿、价值评估等方面的政策文件。据不完全统计，截至 2014 年底，全国各地发布的涉及知识产权质押融资政策的政府文件有 180 多个，其中省级政策占 32%，地市级政策占 68%。

在上述政策支持下，专利质押融资工作获得了蓬勃发展。专利质押年融资额从 2008 年的 13.84 亿元增长到 2015 年的 560 亿元，7 年间增长 40 倍。在单笔专利质押贷款额度上也出现大幅度增长，其中 2011 年 9 月武汉全真光电科技有限公司通过一件名为"硅基液晶微型显示装置中的纳米碳管技术"的发明专利，获得武汉农商行发放的 1 亿元贷款，创造了单件知识产权质押贷款最高金额的纪录。而 2014 年 2 月山东泉林纸业有限责任公司以 110 件专利、34 件注册商标等质押获得国家开发银行牵头银团的 79 亿元贷款，成为国内融资金额最大的一笔知识产权质押贷款。❶

关于企业通过专利质押贷款进行融资的具体操作和运营模式等将在本书第三章第一节中进行详细探讨。

---

❶ 山东泉林知识产权质押融资创国内最高 ［EB/OL］．［2014 - 02 - 28］［2016 - 08 - 10］．http：//ip．people．com．cn/n/2014/0228/c136655 - 24490904．html．

第三章 融资投资型专利运营

专利运营的一个重要方面就是利用专利的资产属性进行融资投资，包括专利质押贷款融资、专利信托融资、专利证券化融资以及专利作价入股等方式。本章将分别介绍这些专利运营模式。

第一节 专利质押融资

如本书第二章第四节所述，专利质押是一种基本的专利运营模式，专利质押融资是专利质押的主要目的和用途。本节进一步介绍专利质押贷款的一般程序和主要模式。

一、概 述

实践中专利质押融资模式包括直接质押融资模式（银行＋专利质押）、间接质押融资模式（银行＋担保机构＋专利反担保）和组合质押融资模式（银行＋专利质押＋其他资产）3 种模式。不管采用哪种质押模式，专利质押融资存在的问题是处置质押专利的风险较高，包括专利价值评估风险、法律诉讼风险、经营风险、处置风险等。对于这些风险，银行需要事先规划贷款风险发生后的处置程序，充分利用与评估机构共建的平台，为专利资产找到合适的归属，同时完成贷后风险控制。

专利质押融资程序一般包括专利价值评估、担保、质押申请和审查、质押登记和放款等环节。在实践中银行为防范贷款风险，通常还要求担保。专利质押融资的基本程序如下。

1. 专利价值评估

由银行认可的评估机构评估拟作为质押物的专利价值。评估的专利价值是确定发放专利贷款额度的重要依据。可放贷款的最高额度一般不超过专利评估价值的30%。

2. 担　　保

银行认可的担保机构为企业提供担保，企业以专利权作为反担保质押给担保机构，再由银行与企业签订贷款协议，通过这种形式，担保机构与银行共同承担贷款风险。

3. 质押申请和审查

在完成评估和担保之后，企业向银行提交专利质押融资申请材料，并由银行进行审查。

4. 质押登记和放款

审查完成后，签订质押合同，按照国家知识产权局的要求提交材料，办理专利质押登记。专利质押登记办理完毕后，银行发放贷款。

当前我国专利质押融资业务虽然在政府的大力推动下蓬勃发展，但是总体上还处于起步阶段。与专利权质押融资配套的专利价值评估体系、市场服务机制、风险管控机制、专利权流转管理机制等还需进一步完善，适合专利质押融资的市场化机制体制尚未完全建立，这些都是各级政府今后推动专利质押融资业务发展需要着力解决的问题。

下面分别介绍不同专利质押融资模式。

二、直接质押融资

在直接质押融资模式下，企业以经中介机构评估后的合法、有效的专利作为质押标的物出质，直接向银行申请贷款。

西安新天地草业有限公司主要从事秸秆饲料加工、秸秆综合开发利用设备的生产销售，拥有5件秸秆综合利用专利。2011年4月，为解决公司资金困难，在缺乏可用作向银行抵押的土地等资产的情况下，以其拥有的"秸秆揉丝机"专利作为质押标的，向西安银行临潼支行申请并获批200万元的质押贷款。

2016年4月在北京中关村出现了有关以专利直接质押融资的案例。贷款方是中关村某高科技企业，该企业没有土地、房屋等固定资产，只拥有多件肝癌、乳腺癌和白血病治疗药物的核心专利，但其多个专利新药均处于Ⅱ期临床试验中，无法产生营收。为获得银行贷款，北京知识产权运营管理有限公司在经过对该企业的专利进行价值评估后，以其16件专利权出质，以自有资金与合作银行共同发放贷款900余万元，解决了该企业的资金短缺困难问题。❶

由于专利属于无形资产，其价值的评估、处置和变现相对于有形财产更难以掌控，在当前配套的法律和政策还不够完善的情况下，银行非常谨慎，这种质押融资模式目前普及程度还不高。

为降低融资风险，减少银行放贷顾虑，一些地方推出了专利质押贷款保证险。例如，为促进科技、知识产权与金融资源结合，2014年10月天津市知识产权局联合保监会天津监管局发布的《关于开展专利保险工作的指导意见》中提出了专利权质押贷款保证险。根据该指导意见，专利权质押贷款保证险是指投保人就其保险合同载明的专利权在专利权质押贷款过程中发生了还款风险，对贷款人造成的财产损失，保险人按照保险合同约定负责赔偿。向金融机构申请进行专利权质押贷款的借款人、保证人、接受专利权质押并发放贷款的金融机构以及提供专利权质押贷款服务的中介机构均可购买专利权质押贷款保证险。该保险的推出在一定程度上可以降低接受专利权质押并发放贷款的金融机构的放贷风险。

三、间接质押融资

在间接质押融资模式下，担保机构为企业提供担保，企业以专利权作为反担保质押给担保机构，再由银行与专利权人签订贷款协议。例如，湖北武汉、广东深圳、浙江杭州等地均引入了专业的担保机构，为专利质押贷款的企业进行担保，发生贷款风险时，担保机构承担大部分贷款风险，银行承担少部分的责任（见图3－1）。

---

❶ 蒋建科. 让银行家爱上知识产权［N］. 人民日报，2016－04－15（17）.

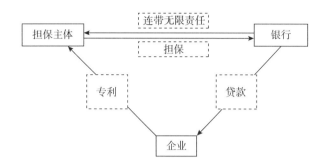

图 3 - 1 间接质押融资模式示意图

根据担保主体性质不同，间接质押融资模式可以分为担保机构担保模式和政府担保模式。

在担保机构担保模式下，担保机构、保险公司、银行等多方机构会事先约定按照一定比例分别承担贷款风险。山东省青岛市规定在办理专利质押手续时，企业需向保险公司投保贷款保证险，并向担保公司缴纳担保费用，银行凭借保单和融资担保函，向企业发放贷款。一旦发生风险，保险公司、银行和担保机构按照 6:2:2 的比例共同承担损失。

在政府担保模式下，政府通常承担大部分甚至全部的贷款风险。例如，上海、成都等城市都设立了担保专项基金，交由政府背景的机构管理。商业银行根据担保金额放大数倍的规模向企业提供贷款，例如，成都商业银行按 1:3 的比例放大、上海商业银行按 1:2 的比例放大。这种情况下，实质上是由政府承担大部分贷款风险，例如上海市政府承担 95%、四川省成都市政府承担 90%，商业银行仅承担很少的责任。在间接质押融资模式下，不管是由担保机构还是政府进行担保，均存在融资成本高的问题。为降低企业的融资成本，推动专利质押贷款业务的发展，近年来，多数省份出台了知识产权质押融资税费补贴政策，补贴对象包括企业、银行、评估机构和担保机构等。

部分地方对企业、银行和担保公司的补贴范围和标准列举如下：❶

（1）对于企业的补贴范围包括利息、担保费、评估费等。在利息方

---

❶ 此部分列举的各种补贴数据均来自：杨伟民，王爱华. 全国知识产权质押贷款现状和政策研究分析 [EB/OL]. [2016 - 07 - 10]. http：//www. zhilinlaw. com/artical. php？aid = 866.

面，例如昆明市给予企业 100% 的贴息，年最高 200 万元额度；佛山市对首次专利权质押融资企业给予 80% 贴息，最高达到 80 万元；合肥市给予企业 50% 贴息，年最高 50 万元。在担保费方面，北京市海淀区补贴企业 10% ~ 50% 的担保费，上海市闵行区实行 100% 补贴等。在评估费方面，北京市海淀区、上海市闵行区、合肥市等给予企业评估费的 50% ~80% 的补贴。

（2）对于银行的补贴主要是奖励和补息。上海市闵行区对银行给予贷款额度的 2.5% 奖励。苏州市奖励银行发放额的 1%，另补助 1.5% 用于充实风险准备金，两项合计最高 100 万元。长沙市根据贷款额度补助商业银行 0.5 万 ~5 万元。金华市对于贷款利率不超过基准利率的银行，按年利率 1% ~3% 的标准给予补息。

（3）对于担保机构的补贴主要也是奖励和补息。株洲市奖励担保机构贷款额度 0.5%；合肥市除给予担保机构 1% 贷款额的一次性奖励外，同时补贴担保机构 3% 贷款额，年最高 20 万元；长沙市根据担保额的多少，补助担保机构 0.5 万 ~5 万元。

政府通过各种综合性补贴，大幅度减轻了企业的融资成本。例如，青岛市 2015 年 6 月出台的《科技型中小微企业专利权质押贷款资助实施细则》提出"四补"政策：①对专利质押贷款给予 50% 的贴息资助；②对 3 年的保险费给予部分资助；③对参与专利评价的中介机构给予激励；④对质押专利处置发生的专利评估费给予 50% 资助。通过以上政策的落实，首年综合年化融资成本降低到 5% ~6%，远低于其他渠道融资的成本。

四、组合质押融资

在组合质押融资模式下，企业将知识产权与应收账款、股权、有形资产和企业信用等打包作为质押物来申请贷款，从而降低银行的风险。这种模式基本可以看作是传统质押融资模式的延伸，现在所开展的专利质押融资业务多是采用这种捆绑其他资产或信用的模式。

企业的有形资产，例如土地、房产、机器设备等，是最常见的与专利权捆绑的抵押物。2012 年，重庆市三华工业有限公司面临资金紧缺问题。为了能够顺利从银行获得贷款，连城资产评估有限公司对该公司的几件专利连同 42 亩土地进行价值评估，估值 2 800 万元。该公司以这些专利和土地出质从三峡银行贷款 1 780 万元。此外，在专利质押融资时，还可以捆绑企业的股权、法人或高级管理人员自己的财产。例如，湖北省武汉市规定，贷款人可要求借款企业法定代表人及其他高级管理人员以其个人资产为该项贷款提供补充担保，当出现贷款风险，处置质押专利权不足以弥补贷款人损失时，借款企业法定代表人及其他高级管理人员均应承担相应担保责任。

五、专利质押融资新模式

（一）投贷联动模式

所谓投贷联动是指商业银行在创业投资机构对创业企业评估、股权投资之后，以债权形式为企业提供融资支持，形成股权投资和债权投资之间的联动融资模式，实现商业银行、创业投资机构和创业企业之间的多赢。这种专利运营模式主要用于对初创科技企业的创业投资。虽然从质押模式本身看，投贷联动中贷款方式与常规的专利权质押融资并没有什么特别之处，但是这种投资与贷款相结合的模式极大促进了知识产权特别是专利权质押融资业务的发展，因此在本书中将其归为特定的新型融资模式进行介绍。

投贷联动模式最早由成立于 1983 年的硅谷银行在 20 世纪 90 年代开创，由此硅谷银行成功转型为向科技创业企业提供金融服务的榜样。根据我国现行《商业银行法》以及《贷款通则》，除非国家有专门的规定外，商业银行在国内一般不得从事信托投资和证券经营业务，不得用贷款从事股本权益性投资。我国当前处于大众创业、万众创新的大潮中，在严格的风险隔离基础上，国家支持银行采用成立类似风险投资公司或基金的方式对创新企业给予资金支持。2015 年 3 月，国务院发布《关于深化体制机制改革　加快实施创新驱动发展战略的若干意见》，明确提出要完善商业银行相关法律，选择符合条件的银行业金融机构，探索试点为企业创新活动提供"股权加债权"的融资服务方式，与创业投资、股权投资机构实现投贷联动。投贷联动主要有 3 种操作模式：商业银行与风险投资机构合作模式、商业银行集团内部投贷联动模式和商业银行设立股权投资公司模式。❶

---

❶ 投贷联动首批试点将出炉 ［EB/OL］.（2016 - 03 - 10）［2016 - 04 - 10］. http：// news. hexun. com/2016 - 03 - 10/182674137. html.

我国的首例投贷联动案例是 2015 年 1 月南京银行采用"小股权加大债权"方式,通过其控股的鑫元基金管理有限公司战略投资杰华特微电子(杭州)有限公司。

对于具有优质核心专利资产的小微企业,在以专利权出质向金融机构申请贷款融资后,投资机构、担保机构即介入进行评估调查,投资机构根据评估调查结果进行股权投资,金融机构参照投资机构的评估结果和投资情况进行专利质押贷款融资。由于股权投资部分不需要缴纳利息,企业只需要支付贷款部分利息,通过投贷联动模式可以降低企业的融资成本,同时银行还可以获得优质的投资项目,降低放贷风险。为支持企业创新创业,完善知识产权质押融资风险管理机制,提升企业融资规模和效率,2015 年 3 月国家知识产权局发布的《关于进一步推动知识产权金融服务工作的意见》中也提出促进银行与投资机构合作,在知识产权领域建立投贷联动的服务模式。

2016 年 3 月,上海浦东新区成立了首个知识产权投贷联动基金。该知识产权投贷联动基金由国有资本引导、民营资本参与,基金规模 1.315 亿元,出资人为上海科技创业投资(集团)有限公司、上海浦东科技融资担保有限公司、嘉兴汇美投资合伙企业、上海张江火炬创业投资有限公司、中银资产管理有限公司、上银瑞金资本管理有限公司等。该基金聚焦具有核心知识产权特别是专利的小微企业,探索股权与债权结合融资服务方式,主要以贷后投、投贷额度匹配、可转债、认股权等形式,降低企业的贷款门槛和投资门槛。据报道,通过银行、担保机构让利,政府对评价费、财务成本的补贴,以及协会为企业提供融资公益服务等方式,小微企业的知识产权综合融资成本降低至 5% 左右。❶

(二)P2P 融资模式

P2P 融资即互联网金融点对点借贷,是一种将小额资金聚集起来借贷给有资金需求人群的一种民间小额借贷模式。P2P 借贷起源于英国的 Zopa 平台,在 Zopa 网站上,投资者可列出金额、利率和想要借出款项的时间,而借款者则根据用途、金额搜索适合的贷款产品,Zopa 网站则向借贷双方收取一定的手续费,而非赚取利息。2006 年 P2P 引入中国后得到迅速发展,截至 2015

---

❶ 中国首个知识产权投贷联动基金在上海启动 [EB/OL]. (2016 - 03 - 21) [2016 - 04 - 30]. http://www.sipo.gov.cn/mtjj/2016/201603/t20160321_ 1253691.html.

年 12 月底，网贷行业运营平台达到 2 595 家，全年交易额 1 337 亿元。❶

汇桔网旗下知商金融平台（https：//www.i2p.com）较早在知识产权质押融资领域开启了 P2P 融资模式。知商金融采用"知识产权 + 互联网金融"的 I2P 模式，"I2P"即"IP + P2P"，是知识产权与网贷的结合。目前主要包括创客贷、展业贷、知商创新券和知商交易宝 4 种金融产品。该平台构建了由众多银行、小贷、P2P 和投资机构组成的合作桥梁，为具有优质知识产权的科技型、知识型企业创新发展提供了新的融资途径，同时为知识产权金融投资人提供回报率较高的投资项目。具有融资需求的个人或机构均可以将合法拥有的专利作为质押物在该平台发布借贷信息，平台对融资标的经过严格审查筛选，并且按投资额一定比例存入风险准备金到第三方存管账户，平台上对应标的的投资资金按规定存入第三方存管账户进行托管，所有操作流程规范透明。截至 2016 年 3 月，该平台共进行了近 400 个知识产权融资项目。据统计，知商金融（I2P）在线融资项目虽然参与投资人数众多，但平均每个项目质押的专利数量普遍较少、融资周期较短，且平均融资额较低。

此外，为解决科技型小企业通过知识产权进行融资难的问题，P2P 企业联手知识产权交易机构上线知识产权质押网贷项目——壹宝贷。2015 年 1 月，壹宝贷与广东海科资产管理有限公司宣布将推出知识产权抵押融资类产品"展业宝"。展业宝上线后，广东海科资产管理有限公司负责筛选有融资需求的优质企业，出具《知识产权融资专项调查报告》，供壹宝贷决定是否向平台投资人推荐该借款项目。通过展业宝，中小企业的综合成本一般在 15% 左右，但通过目前各地知识产权交易所的补贴政策，企业挂牌后再融资，成本会大大降低。❷

需要特别说明的是，由于目前我国的整体社会征信体系不完善和互联网金融监管政策不成熟，P2P 融资在我国仍然处于非理性状态，轰轰烈烈的增长之后疯狂的倒闭风潮随之而来亦不足为奇，P2P 融资平台出现停业、跑路等现象时有发生，据网贷之家《P2P 网贷行业 2016 年 7 月月报》数据

---

❶ 2015 年年底 P2P 平台数量现负增长［EB/OL］.（2016 - 01 - 05）［2016 - 04 - 30］. http://www.p2pchina.com/article - 42176 - 1.html.

❷ P2P 试水知识产权质押融资 专利评估存多种风险［EB/OL］.（2015 - 01 - 23）［2016 - 04 - 20］. http://news.trjcn.com/detail_ 127344.html.

显示，2016 年 7 月底 P2P 网贷行业正常运营平台数量下降为 2 281 家，与 2015 年底相比下降 12%。在专利领域，由于作为质押物的专利权的特殊性，P2P 模式下的专利质押融资业务更是处于探索阶段，今后能否真正成为解决专利权人融资难的有效手段尚待实践进一步检验。

（三）专利许可收益质押融资模式

美国 Dyax 生物技术公司（简称"Dyax 公司"）是一家高科技生物技术公司。2008 年 8 月该公司与专门从事全球医疗相关专利质押融资的金融投资机构美国 Cowen 医疗专利融资贷款公司（简称"Cowen 公司"）签订知识产权质押贷款合同，Dyax 公司以其生物医药专利"噬菌体展示技术授权项目"（简称"LFRP 项目"）的专利许可收益权作为出质物向 Cowen 公司贷款 5 000 万美元，还款日为 2016 年 8 月。2012 年 1 月，双方再次达成一笔 8 000 万美元的贷款项目，且仍以 LFRP 项目专利许可收益权作为出质物，还款日为 2018 年 8 月。两项贷款的利息分别为 16% 及 13%。对于偿还贷款的方式，双方约定 Cowen 公司获得 Dyax 公司 LFRP 项目许可费的前 1 500 万美元的 75%，超过 1 500 万美元部分的 25%，直到协议终止，贷款付清。

LRFP 项目的具体融资模式和流程如图 3 - 2 所示。

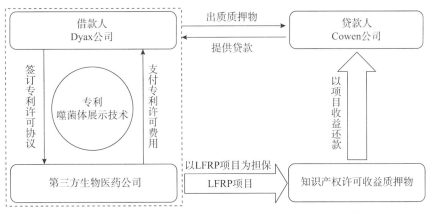

图 3 - 2　**Dyax 公司知识产权许可收益融资模式框架图**❶

---

❶　丁锦希，李伟，郭璇，王春雷，等. 美国知识产权许可收益质押融资模式分析——基于 Dyax 生物医药高科技融资项目的实证研究［J］. 知识产权，2012（12）：99 - 103.

与常规的专利质押融资相比，以许可收益权作为质押物的质押融资模式具有如下优势：①许可收益权一般以现金作为价值计量单位，因此无须再进行复杂的资产评估程序；②许可收益权是按照合同约定给付，质押物是一种低融资风险的现金流，因此极大地降低了融资风险；③专利质押物变现更加容易，专利融资成本相对较低。

在我国，《担保法》第75条仅规定专利权可以质押。由于对于专利许可收益权是否可以质押没有明确规定，因此实践中也没有出现相关案例。但2015年3月国家知识产权局发布的《关于进一步推动知识产权金融服务工作的意见》明确提出，鼓励金融机构开展知识产权资产证券化，发行企业知识产权集合债券，探索专利许可收益权质押融资模式等，为市场主体提供多样化的知识产权金融服务。随着大众创业、万众创新的深入，国内融资法律政策的进一步完善，以及专利质押融资业务的发展，专利许可收益质押融资新模式值得国内参考和借鉴。

第二节　专利信托

信托是一种特定的财产管理制度，源自几百年前的英国衡平法。"受人之托，代人理财"是其基本价值构造。当信托制度用于专利领域时，专利信托成为专利融资的一种重要手段。

一、概　　述

我国《信托法》第2条规定，信托是指委托人基于对受托人的信任，将其财产权委托给受托人，由受托人按委托人的意愿以自己的名义，为受益人的利益或者特定目的，进行管理或者处分的行为。信托制度具有信托财产独立、受托人的权利和受益人的利益相分离、受益人的利益具有可保障性等特点。

信托不同于委托。在信托关系中，委托人不再参与对信托财产进行管理、运用或者处分，受托人以自己的名义进行，且信托关系不受受托人死亡、破产的影响。而在委托关系中委托人可以行使对财产的管理、运用和处分的权利，受托人必须以委托人的名义进行，且如果受托人死亡、破产等，委托关系随之终止。

专利信托是指在信托关系中委托人将其拥有的专利权及其衍生权利委托给受托人。专利信托通过其特有的运作模式，将专利权与资本、市场相结合，实现专利的价值。

美国较早尝试借助专利信托实现专利证券化融资。2000 年 7 月，美国 Royalty Pharma 公司首次尝试专利资产证券化，以耶鲁大学（Yale University）研制的一种名为 Zerit 的新药专利许可费作为支撑发行受益证券，融资 1 亿美元。2003 年 7 月，该集团将 13 种药品专利许可费收益组建专利资产池以降低投资风险，然后出售给特殊目的机构（SPV）——瑞士信贷第一波士顿公司设计和承销，成功地发行了 2.25 亿美元的多种投资券。

2002 年，日本确立了知识产权立国的国策之后，开始鼓励利用信托制度来促进知识产权的管理、流通和利用。2004 年 6 月，日本通过修改信托业法，将信托财产的范围扩大到知识产权。2005 年 3 月日本三菱 UFJ 信托银行首先尝试专利信托业务，接受 Tokiwa Seiki 公司"铲土机液压管制造方法"专利的信托，正式迈出实践专利信托的第一步。在信托生效后，作为受托人的三菱 UFJ 信托银行凭借自身的影响力和专业化的专利管理能力，与相关企业进行专利谈判，并很快与一些企业达成专利许可协议。

我国在 2001 年正式颁布实施《信托法》，为信托业务的开展提供了基本的法律依据和框架。2002 年 6 月，中国人民银行颁布的《信托投资公司管理办法》中明确了知识产权信托制度。但在实践层面，我国专利信托融资案例并不多。最早进行专利信托实践探索的是 2000 年 10 月武汉国际信托投资公司（简称"武汉国托"），但由于种种原因，在 2 年的信托期限届满后，该项信托业务以失败告终。专利信托融资沉寂了 10 年之后，在实施国家知识产权战略的背景下，2010 年中国技术交易所（简称"中技所"）、中粮信托有限责任公司（简称"中粮信托"）联合发行"创新型企业债权融资信托计划"与"促进科技成果转化信托计划"，再次探索专利信托融资。目前随着知识产权强国建设的强力推进和专利保有量大幅度增加，专利信托制度再次受到重视，一些地方企业、金融机构正在探索新的专利信托融资方式。

一般认为，专利信托具有如下作用。

1. 专利信托可用于专利资产转移和管理

借助专利信托，专利权人对不具备实施条件的专利，可通过专利信托将其交给专业的机构进行运营。例如，台湾的华硕曾将部分专利信托给 Innovative Sonic 公司，后者利用华硕信托的 3 件专利对黑莓手机提起侵权诉讼，而华硕对其所获得的利益享有收益权。此外，信托还可用于集团公司的专利管理中，母公司与子公司之间通过专利信托，既可以实现集团内部的专利资产整合，还可以增加集团内部子公司专利开发利用的积极性。

2. 专利信托可用于专利融资

利用信托财产的独立性特征，实现专利资产脱离于专利资产所有人的整体资信和破产风险而独立存在，投资者基于对专利资产在未来所能产生的现金流的预期对受托专利进行投资。随着国家近年来对专利转化运用的重视，专利质押贷款、专利作价入股等手段均可实现专利融资，但是专利信托具有操作简单、短时间内募集资金量大等优点，对于资信评级较低的中小企业具有吸引力。

专利信托包括受托、经营和收益 3 个环节，其中受托环节负责筛选专利项目和签订信托合同，经营环节负责保障受益人权益、获取经营利润，收益环节中收益一般来自风险投资者和专利受让方，其中前者通常是直接的货币交易，后者则负责实施对该专利技术的生产力转化。

专利信托的基本运作模式如图 3 - 3 所示。

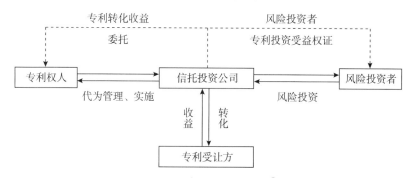

图 3 - 3   专利信托框架图❶

从专利信托融资功能看，一般认为有如下几种融资模式：专利信托贷

❶ 封文辉，戚昌文.“专利信托”业务若干问题研究［J］. 知识产权，2001（04）：24 - 27.

款模式、专利股权投资信托模式、专利基金信托模式、专利证券化模式等。实践中专利信托贷款模式和专利证券化模式较多，下面首先介绍专利信托贷款模式，而专利证券化模式将在本章第三节中专门介绍。

二、专利信托贷款

在专利信托贷款模式下，希望贷款的技术企业将其特定的专利项目委托给信托机构，信托机构以此项目为基础制定信托计划，并对其开展法律、财务尽职调查，在专利项目符合风险控制及回报利率要求的前提下，信托机构募集信托资金，并将募集的资金以贷款的方式发放给相关企业开展专利项目，相关企业依照信托合同到期向信托机构还本付息。

专利信托贷款的运作模式如图 3－4 所示。

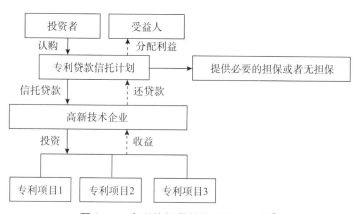

图 3－4　专利信托贷款模式运作方式❶

专利信托贷款表面上是银行专利质押贷款的延伸，但与专利质押贷款相比，具有明显的优势，例如通过信托融资计划的结构性安排和抗风险设计，可以分散融资风险；贷款利率有更大的浮动空间，对社会资金具有更大的吸引力。

一些机构一直在探索专利信托融资的新融资模式。2010 年 6 月，由中技所、北京国际信托有限公司、北京中关村科技担保有限公司和北京中小企业信用再担保有限公司共同发布"促进科技成果转化信托计划"。北京

---

❶ 李迎春．中小型高新技术企业专利信托融资研究［D］．重庆：西南政法大学，2013：18.

汉铭信通科技有限公司、北京至清时光环保工程技术有限公司、标旗世纪信息技术（北京）有限公司等3家企业获得贷款共计1 100万元。在上述信托计划中，虽然技术交易中介服务机构、信托机构、担保机构均参与其中，对科技成果特别是专利的转化具有促进作用，但上述信托计划仍然属于传统的信托模式，专利作为质押物仍然存在变现难、操作周期长、融资额度不足等问题，专利项目本身在专利信托融资中的作用不突出。

为克服上述问题，还需要进一步优化信托参与要素、调整信托产品结构，增强知识产权特别是专利在信托融资中的作用。2011年4月，中技所、中粮信托、北京海辉石投资发展股份有限公司（简称"海辉石"）及北京富海嘉信投资顾问有限公司（简称"富海嘉信"）合作推出"中关村自主创新知识产权融资集合资金信托（Ⅰ期）"。阿尔西制冷工程技术（北京）有限公司、北京至清时光环保工程技术有限公司、北京宝贵石艺科技有限公司、标旗世纪信息技术（北京）有限公司等4家中关村企业以知识产权质押为主要保证方式，共获得总规模2 000万元的信托贷款。

在此次信托贷款模式中，集合信托计划交易结构图如图3-5所示。

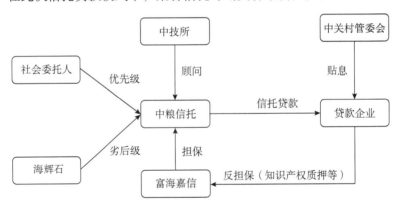

图3-5　知识产权融资集合信托计划交易结构图❶

4家机构的具体分工如下：中技所主要负责企业项目筛选评估以及知识产权风险处置，并以信托顾问的身份参与了信托产品的设计以及企业的贷前调查工作；中粮信托作为专业金融机构，主要是按照信托计划募集社会资金，为知识产权商品化提供资金支持；海辉石对信托计划进行贷前审

---

❶ 聂士海. 中粮信托：探索知识产权质押融资新模式［J］. 中国知识产权，2011（6）：44.

查和贷后监管，同时作为一般受益人认购本信托计划50%的份额；富海嘉信作为专业投资顾问机构，向项目方提供信用担保支持，提升其资信能力。

按照这种信托贷款模式，知识产权特别是专利作为信托计划的核心，通过引入社会资本，拓宽了资金来源渠道，在一定程度上解决了中小企业因缺少可用作银行抵押物的实物资产而造成融资困难的问题。此外，通过投资机构、知识产权服务机构、担保机构等多方机构的参与以及信托产品的抗风险设计，分散了专利融资风险，提高了相关机构的参与热情。

当前，在政府的大力推动下，专利质押贷款正在快速发展，在一定程度上解决了中小企业融资难的问题，上述4家机构共同进行的知识产权信托融资模式探索出了一种新的路径，具有积极的现实意义。

第三节　专利证券化

资产证券化通常是指将缺乏流动性，但能够产生可预见现金流量的资产转化为在金融市场上可以出售和流通的证券。出于安全考虑，进行证券化的资产通常限于传统的、有形的资产及其可预见的收益权。在知识产权证券化发展史上，美国的大卫·鲍伊在1997年以25张个人专辑版权许可费为担保发行总额5 500万美元的债券一直被业界认为是里程碑性质的事件。此案例之后，知识产权正式被接纳为可证券化的基础资产，专利证券化也由此开始。

专利作为一种无形资产，其可带来的收益与有形资产相比具有更大的不确定性，因此其证券化需更为谨慎。自2000年美国耶鲁大学实践了首例专利证券化案例之后，美国、日本和中国均出现过类似的专利证券化尝试。近年来，我国专利数量大幅度增加，专利质量稳步提高，促进专利转化运用，尽量为企业带来现金收益是个迫在眉睫的紧要问题。专利证券化具有融资快、一次性融资量大等特点，再度受到理论界和实务界的极大重视。

一、概　　述

一般认为，专利证券化是指发起人把专利将来可能带来的现金流，通过一定的交易安排，将其剥离于企业之外作为基础资产转移给一个特设机构，再由该特设机构通过对该基础资产进行重新包装、信用评级以及信用增级等手段切割分离基础资产中的风险和收益要素，并向投资者发行以该基础资产为担保的可流通权利凭证，实现融资的过程。

专利证券化涉及发起人（一般为专利权人）、证券发行人、投资人、专利被许可人、银行、承销商以及其他服务机构，其中发起人、证券发行人、投资人构成专利证券化交易的基本结构。不同机构相互之间关系如图3-6所示。

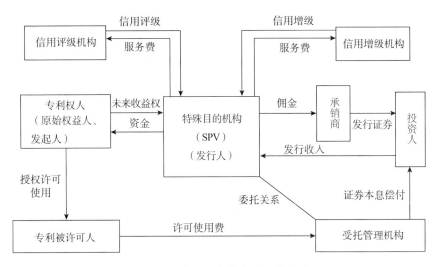

图3-6　专利证券化交易结构图❶

专利证券化交易操作的一般流程如下：

① 发起人（专利权人）选择预计在未来可带来稳定的现金流的专利，以真实销售的方式将其未来一定期限内的收益权出售给一个特设机构（一般称为SPV），实现资产转移。SPV是实施专利证券化运作（例如发行证券等）的核心机构，主要有信托型、公司型两种。

② SPV根据发起人或者专利权人的融资需求确定证券化融资方式、种类、步骤、目标等，并对拟证券化的专利资产的风险和收益进行结构性重组，形成可证券化的资产池。

③ SPV聘请具有一定知名度的信用评级机构对拟证券化的资产进行信用评级，必要时还可以通过信用增强机构（例如保险公司）进一步提高证

---

❶ 金品. 我国专利证券化的机遇与风险［J］. 甘肃金融，2014（8）：31-34.

券的信用级别，以吸引投资人，确保发行成功。

④ SPV 与承销商拟定证券的发行价格、发行时间、发行率等条件，签订承销协议，向投资者发行证券，并将收到的承销商发行收入根据约定划转给发行人，实现融资目标。

⑤ SPV 委托证券管理机构（一般为银行），负责发行后的证券管理和维护，例如根据约定向专利使用许可人收取专利费，向投资人支付本息等。

根据证券化中基础资产性质的不同，有学者认为专利证券化包括 3 种类型：专利许可费证券化、专利质押贷款证券化和专利信托投资证券化。其中专利许可费证券化融资功能较强，比较适用于创业企业；专利质押贷款证券化兼具融资和风险转移功能，主要适用支持专利质押贷款的金融机构；专利信托投资证券化易于吸引风险投资人，更适合于初创企业。❶

当前我国倡导大众创业、万众创新，大力推行专利证券化具有特别的现实意义。对于企业来说，专利证券化能够为那些具有市场前景的优质专利的转化提供融资需求，它不仅可以实现快速、大量的融资，而且与其他融资方式相比，由于进行了资产分割，融资安全性更高，同时企业的相关信息泄露更少，有利于保护企业的商业秘密。对于投资者来说，由于专利证券化具有破产隔离、信用增级、资产组合、信托财产独立的特征，投资者不必担心发起人的生产经营状况，投资安全性相对较高，而且还具有较好的流动性。

二、专利许可费证券化

以专利许可费作为基础资产的证券化称为专利许可费证券化。

首例专利证券化运营案例是美国耶鲁大学新药 Zerit 专利运营案。耶鲁大学成功研制出一种抗艾滋病新药 Zerit，并申请了多件专利。1987 年耶鲁大学与美国一家大型制药企业必治妥公司（Bristol - Myers Squibb）签订专利权独家许可协议，由必治妥公司进行新药 Zerit 的生产和销售，耶鲁大学每年均收取专利许可费。随着新药 Zerit 市场逐步打开，其销售量快速增长，耶鲁大学每年的专利许可费也从 1997 年的 2 620 万美元提升到 2000

---

❶ 袁晓东，李晓桃. 专利资产证券化解析［J］. 科学学与科学技术管理，2008，29（06）：56 - 60.

年的 4 480 万美元。2000 年，为满足更大的资金需求，耶鲁大学与一家主要从事制药和生物技术领域专利运营的 Royalty Pharma 公司合作，将 Zerit 专利未来 6 年专利许可费的 70% 以 1 亿美元转让给它（耶鲁大学保留了 30% 的专利许可费），Royalty Pharma 公司为支付该费用则对 Zerit 专利的应收许可费进行证券化融资。

为了进行证券化融资，Royalty Pharma 公司专门成立了特殊目的机构 BioPharma Royalty 信托，并将 Zerit 专利的许可费收益权转让给了该信托，由其负责对 Zerit 专利的应收许可费进行证券化。BioPharma Royalty 信托根据每年可获得的专利许可费预测，将 Zerit 专利的许可费设计成 3 种证券：优先受益证券 5 715 万美元、次级受益证券 2 200 万美元和股票 2 790 万美元，其中分别由 Royalty Pharma 公司、耶鲁大学以及 BancBoston Capital 持有。

在这次证券化交易中，为提高次级债券的信用，吸引投资者，由 ZC Specialty 保险公司以第三人身份对次级受益证券提供 2 116 万美元的担保。Royalty Pharma 公司和 Major US University 分别是此次证券化中债券的承销商和分销商。

耶鲁大学新药 Zerit 专利许可费证券化运营如图 3 - 7 所示。

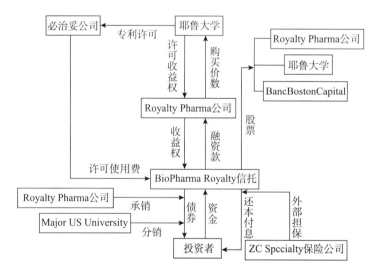

图 3 - 7　耶鲁大学新药 Zerit 专利许可费证券化运营图❶

❶ 邹小芃，王肖文，李鹏. 国外专利权证券化案例解析［J］. 知识产权，2009（01）：91 - 95.

　　然而，在 Zerit 专利许可费证券化后不久，由于种种原因新药 Zerit 的销售量急剧下降，BioPharma Royalty 信托每季度从必治妥公司获取的专利使用费大幅度降低，自 2001 年第四季度起，必治妥公司因连续 3 个季度无法按照合同支付价款而违约。2002 年 11 月底 BioPharma Royalty 信托被迫提前进入清偿程序，此次专利证券化以失败告终。

　　此次证券化失败的原因，Royalty Pharma 公司认为是多方面的。例如可替代性新药物出现、Zerit 专利价值评估过高、必治妥公司销售策略不当等。但对于专门从事专利运营的 Royalty Pharma 公司来说，此次失败的主要原因在于这次证券化的基础资产过于单一，只有 Zerit 一种专利新药，鸡蛋都在一个筐里，一旦筐破鸡蛋当然就都没了。

　　Royalty Pharma 公司很快吸取了这次教训，2003 年在再次进行专利证券化时，先后购买了 13 种药品的专利许可权，以不同的药物专利组合的许可费组成了证券化的基础资产。在购买药品专利许可权时，挑选实力雄厚的大药品公司，注重选择不易仿制的生物制药，且具有广阔的市场前景的药品专利。再次证券化的操作方式，与第一次证券化类似，这次由专门成立的特殊目的的公司 Royalty Pharma 金融信托负责发行总额为 2.25 亿美元的 7 年期和 9 年期两种可转换金融债券，并有 MBIA 保险公司提供担保。13 种药品逐步上市，为 Royalty Pharma 公司带来了可观、稳定的现金流。

　　继美国成功实践了专利证券化运营之后不久，日本也出现了首例专利证券化运营案例。2003 年 4 月，Scalar 公司将其 4 件专利权排他性许可给 Pin Change 公司，并由特殊目的的公司以未来若干年的排他性专利许可费作为基础资产进行证券化运营。在证券化过程中，共发行了特殊债券、享有优先权的优先出资权凭证和特殊份额受益权凭证 3 种证券。虽然此次证券化运营仅仅获得了 20 亿日元的融资，融资额度不高，但其标志着专利证券化已经在日本成为现实。

三、专利信托投资证券化

　　几乎在美国耶鲁大学新药 Zerit 专利证券化的同时，中国武汉国投也在进行类似的尝试。不过这次专利证券化尝试属于专利信托投资证券化。与专利许可费证券化不同的是，专利信托投资证券化直接以专利为基础资产，通过向社会发行以利用专利为目的的收益权证来募集资金。

为促进当地专利转化运用，2000年6~9月武汉国投从1990年以来武汉市产生的专利项目中初选2 000个，再对其进行重点调查，最终确定第一批参与专利信托的项目为8个，其中一个项目的名称为"无逆变器不间断电源"的专利被武汉国投作为第一个专利信托产品开始运作。2000年10月25日，武汉市政府召开新闻发布会，对外宣布"专利信托"在武汉诞生。

武汉国托专利证券化最初设计的运营模式如图3-8所示，具体包括如下步骤：①武汉国投通过筛选确定作为信托的基础资产，即被筛选出的8件专利权，并与相关专利权人签订了为期2年的信托合同；②武汉国托将预期所得的专利收益权分割为若干信托单位——风险受益权证，向风险投资人出售，并将专利许可或转让给相关生产商获取收益；③专利权人、信托公司和风险投资人按约定的比例分配受托专利许可或转让获取的收益（参见图3-8）。

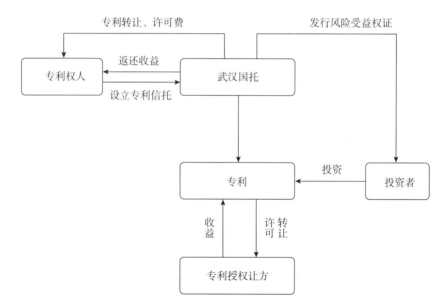

图3-8　武汉国投专利证券化运营模式❶

---

❶　袁晓东. 专利信托研究［M］. 北京：知识产权出版社，2010：168.

在项目的宣传和寻找专利使用人上，武汉国投虽然采取了一定的办法，但最终仍然没有与具体的生产厂商达成可行的协议，即使是武汉国投最为看好的专利"无逆变器不间断电源"也无人响应。在证券发行方面，作为受托人的武汉国投已经设计并发行了面值6元的风险受益权证，但由于投资人对该项目前景不明、投资缺乏相应的保险措施等原因，仅募得资金13 200元。2002年12月20日，武汉国投致函武汉市知识产权局告知武汉国投决定停止专利信托业务。至此，这个被称为"中国专利信托第一案"的专利信托案以失败告终。

现在看来，这次专利信托案失败的主要原因可归纳为两方面：①外部环境不成熟，例如缺少相关法律依据和相应办事流程，对专利证券化的理论和实践研究不深入，专利保护力度不够等；②运行模式设计不够合理，例如以专利权本身作为证券化的基础资产难以管理；武汉国投自身功能定位错位；发行的受益凭证缺乏保险机制，难以获得投资人的青睐。

随着我国专利保护力度不断增强，相关法律政策和中介服务市场不断完善，特别是在创新创业的大潮下，在我国开展专利信托投资证券化的条件逐步成熟，也许在不久的将来在我国会出现这方面的成功案例。

四、专利证券化运营模式的新探索

总部位于美国芝加哥的国际知识产权交易所公司（Intellectual Property Exchange International Inc.，IPXI）曾经首创专利使用许可权证券化模式。这种模式通过一级市场、二级市场的交易，满足专利权人、投资者、交易者以及其他市场参与者的交易需求，通过市场定价和标准化条款促进专利使用权非独家授权和交易。通过这种运营模式，IPXI将非公开的技术授权行为转变为可以交易、消费的金融产品，专利权人实现了以平等的方式通过公开披露的标准合同格式选择受让人，交易更加公开、透明。

可惜的是，自2009年上线以来，IPXI仅推出3种专利证券产品。由于推出的产品数量严重不足，无法维持继续运营下去，2015年3月这家交易所宣布关闭。虽然IPXI已经关闭了，但其在专利使用权证券化方面进行了非常积极的、大胆的、备受瞩目的探索。下面详细介绍IPXI及其专利使用权证券化运营模式。

IPXI 采用会员制，在其创立之初会员包括 6 所美国大学、3 个美国国家实验室和 9 家美国及外国公司。自 2009 年 IPXI 成立之后，会员不断增加，一度曾经超过 70 个。在 IPXI 内部，通过成立由会员担任相应职务的不同委员会分别负责不同的事务，例如规则委员会（Rules Committee）、商业行为委员会（Business Conduct Committee）、筛选委员会（Selection Committee）、执行委员会（Enforcement Committee）和市场运营委员会（Market Operations Committee）。此外，还设立有管理委员会，负责对这些专业委员会的日常管理。董事会是 IPXI 的最高决策机构，董事会的决策通过管理委员会落实。

IPXI 的具体交易操作流程如下。

1. 提交单元发布方案（Unit Offering Scenarios，UOS）文件

希望在 IPXI 平台交易专利项目的专利权人（发起人），在线提出专利项目交易申请，说明拟交易的专利项目名称及重点专利情况等。在 IPXI 筛选委员会对专利项目申请初步审核通过后，由发起人提交正式的 UOS 文件。UOS 是对拟挂牌交易专利权进行审查的重要文件，包括专利权权属情况、许可情况、市场情况、诉讼情况、应用情况以及初步的拟许可意向等。

2. IPXI 筛选委员会审核并内部评议 UOS 文件

3. 发起人提交单位许可权（Unit License Right，ULR）合约文件

在 UOS 审核通过后，发起人提交 ULR 合约文件，ULR 合约文件是最核心的文件，通过该合约将专利权独占许可给 IPXI 的 SPV。

4. ULR 的评估和审核

IPXI 筛选委员会根据 IPXI 的质量标准对 ULR 进行内部审核、外部审查评估、内部重新评估等，并最终确定发行方式及价格。

5. 发布 ULR 合约

IPXI 将内容确定的 ULR 合约信息发布于 IPXI 交易平台上，供潜在交易会员进行交易，包括专利权名称、摘要、单位许可权数量、价格、适用对象等。

6. 用户购买 ULR 合约

购买者从 IPXI 交易平台上选择交易单元数量，并根据 IPXI 的要求向

指定的第三方金融机构付款。

7. 专利许可实施接洽

买方与专利许可人接洽，将购买的一定数量的专利实施许可权运用于本公司生产运营中。

8. 二级市场交易

没有用完的 ULR 可以再次放回二级市场进行交易。

IPXI 创设这种专利使用权证券化运营模式，主要通过 UOS 文件、ULR 合约和其独有的电子交易平台进行，该电子交易平台是基于其母公司 Ocean Tomo 的两件商业方法专利（US7987142、US8554687）构建的知识产权电子交易平台。

这种运营模式如图 3 - 9 所示。

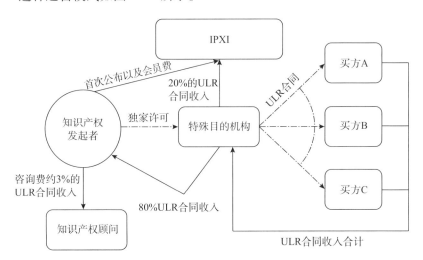

图 3 - 9　专利使用权许可证券化运营模式❶

关于 IPXI 交易平台的特色，前总裁 Pannekoek 先生从 3 个方面加以了总结：①最先签订许可的人会得到一个折扣优惠，比如正常价格是 1 美元一个 ULR，第一批签订者 70 美分就可以拿到，所以 IPXI 鼓励大家在最早的时间来签 ULR。②IPXI 有二级市场交易。比如丰田买了 100 万辆车的 ULR，但事实上后来没有用到 100 万辆，比如仅用了 75 万辆，则其余 25

---

❶　中国技术交易所. 芝加哥知识产权交易所专利许可使用权证券化模式探析［EB/OL］. (2015 - 08 - 05)［2016 - 07 - 10］. http：//files. ctex. cn/uploadatt//demo/20150805/1438755913815. pdf.

万辆的 ULR 还可以放在这个交易平台的二级市场上进行交易。③机构投资者可以根据一级市场和二级市场的交易情况，对相关的交易技术作出一个评价，包含技术和财务上的评价，从而让这个市场更加透明。

从 2013 年 6 月发布首款产品后，至 2015 年 3 月宣布关闭时，IPXI 共发布了 3 种专利使用权证券化产品：有机发光二极管技术 ULR 合约、预付储值卡 ULR 合约和与 IEEE 802.11n 标准相关的无线通信网络技术 ULR 合约，其中前两种产品的提供方分别为飞利浦和摩根大通银行，第三种产品由来自大学、公司、研究院等 8 家机构的专利构成。每款产品均是由大量的专利组合而成，计价方式、募集方式等均不相同。

例如由飞利浦独家提供的有机发光二极管技术 ULR 合约包含 600 余件专利组合，其中还包含 225 件 PCT 专利。合约规定每份 ULR 的发行价为 45 美元，每份 ULR 适用于 5 平方米 OLED 显示屏。募集方式包括分为 A、B、C 三部分，其中 A 部分 ULR 折价销售，发行价为每 5 平方米 OLED 显示屏 36 美元，当 A 部分售完之后，开始 B 部分 ULR 募集，其价格折扣会低于 A 部分享受的折扣，当 B 部分售完之后，进行 C 部分的募集，C 部分价格无折扣。

这种运营模式的最大优点是技术转让的高效、透明，大大降低专利权人的技术转让成本。通过上述的专利运营模式，IPXI 希望能够减少专利权人与潜在许可对象之间的知识产权摩擦，让交易双方以极低的交易成本各取所需。专利权人实现知识产权资产的货币化，被授权对象则可以根据自己的实际需求来付费。一旦不需要许可权了，还可以通过二级市场再卖出去。

有业内人士指出，IPXI 倒闭原因有二：①平台模式不适于技术交易，交易平台更适于简单大众快销品，而技术是更复杂的东西，需求也复杂，还需要专业的尽职调查来评估，交易平台解决不了这些问题，没有优势。②专利与技术项目的错位，现实商业活动中，最普遍、真实的需求存在于对技术项目的收购、投资，而不是针对某专利或专利组合的收购、投资。

第四节　专利作价投资

专利权作为一种财产权，权利人可以通过将其作为一种出资方式，与其他投资人共同组建公司来实现专利的价值。本节重点探讨专利出资入股的运营模式。

一、概　　述

针对当前我国专利数量大但转化运用率低的现状，我国政府出台了一系列政策鼓励专利出资入股，促进专利的转化运用。例如，2015 年 8 月修改的《促进科技成果转化法》第 16 条明确规定，科技成果持有者可以以科技成果作价投资，折算股份或出资比例的方式转化；第 17 条明确鼓励研究开发机构、高等院校采取转让、许可或作价投资等方式向企业或其他组织转移科技成果；第 18 条明确研究开发机构、高等院校享有对其持有的科技成果自主决定转让、许可或作价投资的权限。

专利是一种无形资产，其价值与技术先进性、权利保护范围大小、市场前景、剩余保护期限等密切相关，因此在作价出资之前一般需要特定的资产评估机构进行评估。在我国，专利权的价值需要由经财政部批准成立的无形资产评估机构进行评估。为确保专利具备足够的价值，有些地方行政管理部门对出资专利的剩余保护期限设定明确要求，例如发明专利权剩余有效期不少于 3 年，实用新型、外观设计专利权剩余有效期不少于 4 年。

根据法律以及实务操作要求，涉及专利出资成立新公司一般流程包括：①股东共同签订公司章程，约定彼此出资额和出资方式；②委托具有相关资质的专业资产评估机构对专利权进行价值评估；③验资并办理专利权变更登记及公告手续；④到工商部门办理登记注册，需出具相应的评估报告、有关专家对评估报告的书面意见和评估机构的营业执照、专利权转移手续等。

根据修改前的《促进科技成果转化法》，科技成果转化需要先经科技成果持有单位内部决策，然后执行评估、报批主管部门及相关部委等手续后再行完成出资及股权变更登记，整个程序比较烦琐。修改后的《促进科技成果转化法》大大简化了审批流程，缩短了审批时间，降低了成本，并且使得整个过程更加公开、公平和公正，提高了科技成果作价入股的成功率。具体流程如图 3 - 10 所示。

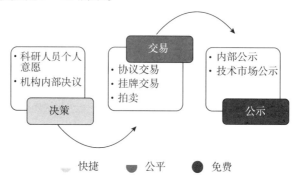

图 3 - 10　修改后的科技成果作价出资流程❶

　　专利作为出资方式最早在 1993 年版《公司法》中即有规定，但当时规定以工业产权作价出资的金额不得超过公司注册资本的20%。2005年修改后的《公司法》，规定全体股东的货币出资金额不得低于有限责任公司注册资本的30%，即工业产权作价出资的比例提高到了70%。在 2014 年《公司法》修改之后，删除了上述关于工业产权出资的比例规定，因此从理论上看现在专利技术出资可以达到100%。

　　以专利作价出资的，在与专利权人签订专利出资入股协议或公司章程中除明确专利权人所持专利技术的价值和占比之外，还应当载明专利的基本信息、双方的权利义务、违约责任、争议解决方式等内容。对于比较复杂的专利，还应当要求专利权人及时办理权利转移手续，提供有关的技术资料，并进行技术指导，使该专利技术顺利转移给入股的公司并被公司完全掌握。此外，还需注明专利出资人的股权退出方式，基于该专利技术进一步改进取得的成果分享方式，以及在出资期间涉及专利权维持的相关事宜，例如缴纳年费、无效宣告协助答辩等问题，以免为公司日后发展留下隐患。

---

　　❶　中国技术交易所. 以作价出资方式开展科技成果转化的模式研究与实践探索［EB/OL］.（2016 - 04 - 18）［2016 - 04 - 26］. http：//www. ctex. cn/article/zxdt/xwzx/hyxw/201604/20160400022599. shtml.

专利作价投资主要包括专利所有权出资和专利使用权出资两种方式，下面分别介绍。

二、专利所有权出资

专利所有权出资即以专利的所有权作为股东的出资，是较成熟的出资方式。专利持有人通过这种方式出资后，应当在规定的时间内进行专利所有权转移，专利权成为新成立公司的资产。

专利所有权出资入股是我国专利转化运用的基本形式。在实践中有以单件专利出资的，也有以多件专利组合进行出资。

安徽省马鞍山市中钢集团安徽天源科技股份有限公司（简称"中钢天源"）成立于 2002 年 3 月 27 日，是中钢股份有限公司控股的上市公司，主要从事磁性材料、磁器件等研发、生产和销售。中钢天源依靠自主创新，获得了一系列专利成果。"一种磷酸铁的制备方法及其产品"（专利号为 ZL201010253200.X）是中钢天源于 2010 年申请、2012 年获得授权的发明专利。

该发明专利技术如下：

一种磷酸铁的制备方法，其步骤为：

（a）向耐酸反应釜中用计量泵送入三价铁源溶液，然后再加入一定剂量的磷酸溶液，搅拌 1 小时；

（b）向耐酸反应釜中加入一定剂量的有机溶剂，在 15～98℃下保温陈化 0.5～24 小时；

（c）将得到的磷酸铁料浆经水洗、过滤、喷雾干燥，得到最终的磷酸铁产品；其中水、铁、磷酸、有机溶剂的重量份配比为：100∶1～20∶1～30∶1～500。

该专利方法的显著特点在于以有机溶剂代替现有的强碱制备磷酸铁。由于采用的有机溶剂性质较温和，对人身伤害小，有利于规模生产后操作环境的改善，填补了我国有机溶剂代替现有的强碱制备磷酸铁的空白。并且该专利方法还可以制备无定形和斜方晶系两种不同晶型的磷酸铁。

虽然该项专利技术是中钢天源的新型动力电池材料研发中的一项关键成果，但中钢天源并没有将其投入正式生产。为盘活专利资产，2013 年 11 月 8 日，中钢天源与铜陵市上市公司安徽安纳达钛业股份有限公司合资注册铜陵纳源材料科技有限公司（简称"铜陵纳源"），合资公司注册资本 1 200 万元，其中中钢天源以该项发明专利作价 360 万元出资，占股 30%。铜陵纳源致力于电池级磷酸铁与陶瓷级磷酸铁的研发、生产和销售，现已具备生产能力 5 000 吨/年，为中钢天源带来丰厚的利润。通过此次专利作价出资，中钢天源盘活了专利资产，实现了企业无形资产的价值。

另一个专利成果作价出资的案例是发明人朱戈宇创办企业爱轮之家。朱戈宇原本一直在通信行业工作，但在经历两次非常麻烦的更换轮胎经历后，开始琢磨如何快速、便捷更换轮胎。为改变只有到销售点、维修点或 4S 店才能更换汽车轮胎的传统做法，朱戈宇发明了一种可以实现上门服务的汽车轮胎更换方法和设备。他共获得了 1 件发明专利"移动式轮胎更换系统"（专利号为 ZL200710092961. X）和 2 件实用新型专利"轮胎拆装、平衡一体机"（专利号为 ZL200720188249.5）和"移动式轮胎更换系统"（专利号为 ZL200720188190. X）。

这些专利使得车辆使用者直接预约想要的轮胎规格和品牌以及换胎时间得以成为现实，同时上门换胎装置还可以方便地将换下来的废旧轮胎带回集中处理，这样既节约了车辆使用者的时间、燃油及不必要的车辆磨损，又避免了废旧轮胎这种不可降解的黑色垃圾对环境造成污染，同时还可以创造一定的社会效益和经济效益。

利用这些专利技术，2008 年 10 月，朱戈宇与其他 4 位合伙人一起创办了公司爱轮之家，专门提供轮胎移动配送和换修服务。该公司注册资本为 6 000 万元，其中朱戈宇以其 3 件专利作价 4 200 万元出资，占企业 70% 的股份。

经过几年的发展，爱轮之家已经发展起系列汽车服务产业，形成了多方位的高端汽车生活元素，建立了连锁移动轮胎养护网络，实现轮胎销售、换修一体化，销售额已达到 6 000 多万元，产生了巨大的经济效益。通过专利技术出资入股，实现了专利技术的成功转化。

对于已经成立的公司，在取得专利后，还可以利用专利增加注册资本。例如，安徽龙波电气有限公司以"户内高压真空断路器的操作机构"

等 5 件专利作价投资入股，增加了合资公司安徽万里龙波电气有限公司的注册资本 2 000 万元。淮北重科矿山机器有限公司利用"周边传动浓缩机的浮动轮组"等 3 件经过价值评估的专利，将其注册资本从原来的 150 万元增加到 500 万元。❶

这种以专利技术增加企业注册资本的专利运营方式，不仅可以展现企业整体形象，增强企业在竞争性投标、对外合作中的技术优势，而且还可以腾出部分货币资金进行企业日常运转或继续研发新技术。此外，通过专利技术增资后，企业通过无形资产摊销，降低企业每年利润分摊，能够在一定程度上降低企业经营成本。

三、专利使用权出资

我国《公司法》对于专利使用权出资问题并没有明确规定，在学界对于专利使用权是否可以出资问题一直有不同的看法。反对专利使用权出资的主要理由是这种做法不利于公司资产的稳定，难以保护债权人的利益。由于专利使用权基于与专利权人的协议，专利权并不转移，其权利本身仍然由专利权人掌控，专利的有效性、专利是否可能存在再许可或转让、出资人退出等都存在极大风险。也正是基于这些顾虑，深圳市在 1998 年出台的《深圳经济特区技术成果入股管理办法》第 4 条中明确禁止专利使用权出资的情形。

但在实践中早已存在专利使用权出资的案例。中国科学院山西煤炭化学研究所（简称"中科院煤化所"）于 1998 年 5 月获得"灰熔聚流化床气化过程及装置"发明专利，专利号 ZL94106781.5。该发明的优势在于在一个装置中同时实现了煤的破粘、脱挥发份、气化、灰熔聚分离、焦油及酚的裂解，而且对煤种的适应性强，能进行炉内脱硫，加工制造容易，操作控制简单。该专利保护的灰熔聚流化床气化装置结构如图 3 – 11 所示。

---

❶　任金如. 我省实现专利投融资新突破：一项发明专利作价 360 万元 ［EB/OL］. （2013 – 11 – 09）［2016 – 04 – 26］. http：//www. ahscb. com/html/2013 – 11/09/content_ 141404. htm.

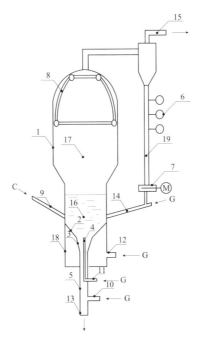

图 3-11　灰熔聚流化床气化装置结构示意图

1—炉体；2—锥形分布板；3—渐缩管；4—中心射流管；5—立式分离管；6—差压计；7—飞灰循环量调节阀；8—列管式锅炉；9—进料管；10、11、12—气化剂进气管；13—排灰管；14—气力输送管；15—煤气管；16—密相流化段；17—扩大管；18—圆柱形气室；19—立式循环管

该发明的优势在于在一个装置中同时实现了煤的破粘、脱挥发份、气化、灰熔聚分离、焦油及酚的裂解，而且对煤种的适应性强，能进行炉内脱硫，加工制造容易，操作控制简单。

1998 年 7 月，中科院煤化所与陕西华美新时代工程设备有限公司（简称"华美公司"）签订了"合作推广灰熔聚流化床粉煤气化技术协议书"，约定组建陕西秦晋煤气化工程设备有限公司（简称"秦晋公司"），以合作推广经营灰熔聚流化床粉煤气化技术工业成套设备，承包该技术的工程项目。其中华美公司以货币资金投资 75.6 万元，占股份 70%，中科院煤化所以灰熔聚流化床粉煤气化技术使用权入股，经华兴会计事务所有限公司评估后，该专利使用权折价 32.4 万元，占股份 30%。

中科院煤化所实现了以专利使用权出资入股，同时保留了专利所有权。秦晋公司获得了对专利的实施权，但在未得到中科院煤化所的书面许可的情况下，不能将该技术提供给任何第三方。

由于专利使用权出资后，专利权仍然掌握在专利权人手中，因此在办理专利使用权出资时尤其要注意符合相关程序，并约定好专利权人（出资人）和投资公司双方的权利及义务。除了专利出资协议一般约定条款外，还需要特别约定如下内容：①出资专利的许可方式和许可范围；②出资人应当确保专利权在出资期间的稳定、有效，不存在第三人主张权利，提供实施该专利技术所需的技术资料、技术服务以及专利被无效或部分无效后出资人承担责任的方式和内容；③被投资公司负有的保密事项，可向第三方许可相关技术的范围，新产生改进技术成果的权属以及利益分享方式等。

近年来为鼓励专利的转化运用，各省市纷纷出台政策促进专利出资，同时在专利出资入股的方式上也不断探索。例如，2011 年上海市出台了《上海市工商行政管理局关于积极支持企业创新驱动、转型发展的若干意见》，其中第 12 条要求拓展出资方式，明确要求"扩大知识产权出资范围，开展专利使用权、域名权等新类型知识产权出资试点工作"。2014 年底湖南省出台了《关于支持以专利使用权出资登记注册公司的若干规定（试行）》，要求以创新思维对待专利成果资本化、产业化问题，就专利使用权出资定义、形式、入股比例及条件、监管工作等方面作出了界定。

由于实践中排他许可和普通许可难以确保被投资公司的利益，湖南省出台的这一规定中明确了专利使用权出资仅限于在中国境内的独占许可出资方式，双方签订独占专利实施许可合同，包括专利权人在内的任何第三方都不得具有该专利技术的使用权。

此次湖南省出台的关于专利使用权出资的规定可以说是一次政策创新，其政策初衷是希望解决科研院所、大专院校的专利成果转化率低的老大难问题。由于实施时间不长，目前还没有看到关于这方面成功案例的报道，在实践中到底效果如何，我们将拭目以待。

第四章 市场占有型专利运营

专利池和专利标准化运营的共同点在于通过消除专利实施中的权利障碍，降低交易成本，促进专利技术的应用，抢占市场，专利开放表面上是放弃专利的垄断，但其实质仍然在于抢占市场。本章将重点从市场占有的角度介绍专利池、专利标准化以及专利开放这几种专利运营模式。

第一节 专利池

专利池是实现多件专利组合运营的重要方式，很早之前就曾经出现，当前在我国正在快速发展，属于一种"古老而又充满活力"的专利运营模式。

一、专利池的概念

专利池，又称专利联盟，通常是指多个专利权人为了特定商业目的将一些关联的专利通过协商进行集中管理的组织，有时也指基于这种安排的专利集合。

对于一件产品来说，不同原材料和部件、不同生产制造过程可能涉及大量的专利，而且即使同一部件或生产方法还可能涉及基础型、改进型等不同的专利。对于产品制造商来说，希望以尽可能低的价格、尽可能简单的方式得到制造该产品所有的专利许可，而从专利权人的角度，则希望以更高的价格许可给更多的人，实现自身利益最大化。专利池通过整合实施某项技术所需的必要专利，并通过整体打包的方式进行许可以降低交易成本，受到专利权人和产品制造商的欢迎。

专利池的建立通常基于一系列协议，包括专利池成员之间的结池协议、专利池成员与专利池管理人之间的委托管理协议和专利授权协议以及专利池对外的专利许可协议。

结池协议是专利池的基本协议，内容涉及成员的权利和义务、专利入池标准、专利池收益的分配、专利池的管理方式和机构等内容。成员的权利和义务主要是专利池内部成员之间的专利许可方式、相关费用承担等。专利入池标准受各国反垄断法的影响，一般只包括必要专利，而不应当包括替代性专利。对于某一技术主题的专利池来说，通常需要专门的机构进行技术评估以确认是否应该将其纳入其中。专利池成员所拥有的入池专利数量将成为其分享专利池收益的重要依据之一。

成熟的专利池通常有专门的管理机构。依据管理主体不同，专利池的管理包括由专门的专利池管理公司进行管理、委托给某一个成员进行管理等不同方式。不管采用哪种方式进行管理，通常成员与专利管理者之间需要签订委托管理协议和专利授权协议，明确专利池对外许可的范围、对象、收费方式以及收费标准等。

专利池对外许可协议一般包括许可原则、许可费率、许可方式等内容。专利池通常采用整体打包方式对外许可，并且对任何被许可人均应遵循公平、合理、无歧视原则（Fair, Reasonable, and Non‐discriminatory, 简称"FRAND 原则"）。

二、国内外专利池发展

专利池最早出现在美国，根据美国政府对专利池的态度，专利池发展大致经历了自由发展、限制发展和规范发展 3 个阶段。❶

1. 19 世纪中期至 20 世纪初期为美国专利池的自由发展阶段

1856 年成立的缝纫机联盟是第一个专利池（涉及的缝纫机参见图 4 - 1）。当时艾豪·辛格公司（Singer & Co）、威乐 & 威尔逊公司（Wheeler & Wilson）和格鲁夫 & 贝格公司（Grover & Baker）以及发明人伊莱亚斯·豪（Elias Howe）掌握着缝纫机的主要专利，3 家公司为避免相互之间进行专利诉讼，决定成立缝纫机联盟，并邀请伊莱亚斯·豪加入联盟。缝纫机联

---

❶　徐健，苏琰. 专利池的运营与法律规制［M］. 北京：知识产权出版社，2013：4 - 9.

盟很快实现了相关专利整合和批量许可，减少了专利诉讼，促进了缝纫机行业的快速发展。由于专利池对市场的控制力很强，19 世纪末至 20 世纪初美国出现了大量专利池，比较著名的有：1890 年成立的控制齿耙生产专利的国家制耙公司、1903 年成立的关于汽车专利许可的特许汽车制造商联盟、1908 年成立的控制电影技术专利的电影专利公司、1909 年成立的控制卫生搪瓷用品专利的卫生陶瓷用品制造商协会（标准卫生协会）、在美国政府的敦促下于 1917 年成立的飞机制造联盟等。早期的这些专利联盟除了进行专利聚集、统一对外实施专利许可之外，通常还涉及干预产品定价、排挤竞争对手等垄断行为。

图 4-1　缝纫机联盟涉及的缝纫机（美国历史博物馆）❶

2. 20 世纪初期至 70 年代为美国专利池限制发展阶段

随着 1890 年美国《谢尔曼法》的实施，美国越来越重视反垄断法对专利垄断的限制，专利池的合法性受到极大的挑战。特别是在美国联邦最高法院分别于 1912 年和 1945 年认定标准卫生协会的专利池和美国玻璃容器协会的专利池违反《谢尔曼法》，专利池的发展受到越来越严格的限制。

3. 自 20 世纪 80 年代至今美国专利池进入了规范发展阶段

进入 20 世纪 80 年代，一方面全球经济和科技的快速发展，一体化趋势明显增强，另一方面专利数量爆炸式增长，专利丛林现象凸显，人们认

---

❶　中国技术交易所. 专利池的构建与发展趋势分析 [EB/OL]. (2016 - 03 - 18) [2016 - 04 - 26]. http: //files. ctex. cn/uploadatt//demo/20160318/1458261798435. pdf.

识到专利池在消除专利障碍、降低交易成本等方面的优势后，专利池的发展再度受到政府和企业重视。1995 年美国司法部和联邦贸易委员会联合发布《知识产权许可的反垄断指南》，明确了对专利池垄断行为的追究原则，美国司法部依据该指南认可了多个专利池的合法性。从此之后，其他国家也对专利池限制逐步放松，专利池在美国乃至其他国家快速发展，但前提是专利池的运行需要符合反垄断的要求，例如不得同时包含替代性专利、对外许可应当符合 FRAND 原则、许可费率不可过高等。

归纳起来，美国合法的专利池需要符合如下要求：①有独立的第三方评估；②只能以互补性专利入池；③不能限制权利人在池外进行许可；④不得披露被许可人保密的具体经营信息；⑤许可条件应遵循 FRAND 原则；⑥有入池专利的退出机制；⑦防御性设计只能针对同样标准的必要专利。❶

据统计，自 1993 年以来，全球较为著名的专利池超过 30 个，例如 GSM、DVD – 6C、MPEG – 2、IEEE 1394、WCDMA、CDMA 2000、WiMAX 等，这些具有较大影响力的专利池的成员主要集中在美国、德国、韩国、日本、英国、芬兰、荷兰等发达国家。从技术领域上看，这些专利池主要以计算机技术和信息技术为基础，涉及计算机工业、通信设备制造业、软件工业和消费电子工业等行业，且大部分均与技术标准绑定在一起。此外，还有一些公益性的专利池，例如 SARS 专利池、艾滋病专利池、金色水稻专利池等。

我国专利池的建设起步较晚，基本是从 2000 年之后开始。截至 2014 年底，比较成熟的全国性专利池有 AVS、TD – SCDMA、WAPI、CBHD、IGRS（闪联）、中彩联专利联盟、空心楼盖专利联盟、顺德电压力锅专利联盟、佛山陶瓷专利联盟、中国地板专利联盟等，地方性专利池有中国镀金属抛釉陶瓷专利制品产业合作联盟、广东伦教梳齿接木机专利联盟、深圳 LED 专利联盟、广东省恩平市电声行业专利联盟、中国地板专利联盟、四川广汉石油天然气装备制造产业专利联盟，以及 2008 年 6 月到 2013 年 1 月北京市成立的 8 个重点产业知识产权联盟。但总体来说，我国现有的专

---

❶　中国技术交易所. 专利池的构建与发展趋势分析［EB/OL］.（2016 – 03 – 18）［2016 – 04 – 26］. http://files.ctex.cn/uploadatt//demo/20160318/1458261798435. pdf.

利池或专利联盟以企业间协作为主（例如专利谈判、专利侵权应诉等），大部分缺少核心专利，对外实施专利许可的较少，除了深圳彩电专利联盟、AVS、深圳 LED 专利联盟成立了专门的专利池管理机构外，其余大多数都没有独立的专利联盟管理实体。

为深入实施专利导航试点工程，促进知识产权与产业发展深度融合，2015 年 4 月国家知识产权局发布了《产业知识产权联盟建设指南》。根据该指南的定义，产业知识产权联盟是以知识产权为纽带、以专利协同运用为基础的产业发展联盟，是由产业内两个以上利益高度关联的市场主体，为维护产业整体利益、为产业创新创业提供专业化知识产权服务而自愿结盟形成的联合体，是基于知识产权资源整合与战略运用的新型产业协同发展组织。产业知识产权联盟的主要任务包括：①加强产业关键领域知识产权运营；②支撑成员单位创新发展；③服务知识产权创新创业。在加强产业关键领域知识产权运营方面，主要包括建立订单式知识产权研发体系、构筑和运营产业专利池、推进知识产权与标准的融合、共同防御知识产权风险等。产业知识产权联盟可采取企业法人、社会团体或合作组织等形式。❶

可见，上述文件中所指的产业知识产权联盟不仅包括以专利池为核心的专利运营内容，更强调成员单位之间出于专利联合防御需要而采取的加强合作机制、创新发展机制建设，这是由我国企业当前创新的能力、专利运营水平所决定的。

截至 2016 年 1 月，全国共有 56 家产业知识产权联盟在国家知识产权局备案（参见本节附录），其中大部分联盟的专利池仍在组建之中。

三、基于标准的专利池

在"技术专利化，专利标准化，标准许可化"的策略下，国外一些大型科技企业不断将其专利写入标准之中，专利的威力大大增强。近年来国外著名的专利池中，绝大部分是基于标准建立的专利池，国内早期的专利池 AVS、TD－SCDMA、WAPI、CBHD、IGRS 也均属于这类专利池，但总

---

❶ 关于印发《产业知识产权联盟建设指南》的通知［EB/OL］.（2015 － 04 － 28）［2016 － 04 － 26］. http：// www. sipo. gov. cn/tz/gz/201504/t20150428_ 1109295. html.

体上这类专利池数量不多。下面简要介绍 DVD 系列专利池和 AVS 专利池。

（一）DVD 系列专利池

DVD（Digital Versatile Disc，即"数字通用光盘"）是 VCD 的后继产品，其单面单层容量是 VCD 的 7 倍。DVD 问世后，国内大量生产 VCD 播放机的厂家很快跟进，转产 DVD 播放机。据统计，2003 年我国 DVD 播放机产量已经占全球的 70%。

1995 年年底，日立、松下、三菱、飞利浦、先锋、索尼、汤姆逊、时代华纳、东芝和 JVC 等 10 家公司成立了 DVD 论坛（DVD Forum），拟定 DVD 技术标准，组建 DVD 专利池。1997 年，10 家公司分裂为 3 个集团，即 6C 集团（松下、日立、JVC、三菱、时代华纳、东芝）、3C 集团（飞利浦、索尼、先锋）以及 1C（汤姆逊）。

6C 专利池设置有专门的专利管理机构，东芝公司的全资子公司——6C - LA 公司。各成员公司将拥有的必要专利委托给 6C - LA 公司统一管理。6C - LA 公司按照同一费率对外进行一站式打包许可。据分析，6C 专利池中至少有 221 件必要专利。3C 专利池中专利量较少的索尼和先锋将其相关专利委托给专利量最多的飞利浦，由飞利浦负责对外统一许可。3C 专利池在入池专利的管理上较为松散，入池专利数量非常大，存在部分非必要专利甚至有已经过保护期或因未缴纳年费而失效的专利。❶

2002 年前后，6C、3C 等专利联盟纷纷来中国要求收取专利费，由于当时中国企业普遍对专利缺乏认识，更不知如何应对国外企业的收费要求，一些 DVD 播放机生产商甚至在尚未搞清楚这些专利池的真相之前就草草交钱了事。据统计，自 2002 年 4 月之后，中国的 DVD 播放机生产企业每出口一台 DVD 播放机需要向 6C 支付 4 美元的专利使用费，向 3C 支付 5 美元的专利使用费，向 1C 支付售价的 2%（最低 2 美元）的专利使用费，以及向杜比公司、MPEG - LA 支付约 3.5 美元的专利使用费，这些专利许可费累计 14.5 美元。高昂的专利费极大增加了企业的生产成本，直接导致一大批生产商破产倒闭，中国 DVD 产业遭受到巨大打击。

前车之鉴，后事之师。此次 DVD 系列专利池收费事件至少给我国产业

---

❶ 杨飞. 拨开 DVD 专利迷雾（一）——对"3C 专利许可"的质疑［J］. 中国集成电路，2010（4）.

界如下启示。

① 作为生产型企业，尤其是出口企业，应做好专利预警分析和专利评议工作，摸清楚所生产产品可能涉及的专利，特别是与技术标准相关的专利。在自身产品可能侵犯专利权时，采取相应应对策略，例如是否可以通过启动无效宣告程序宣告该专利无效、形成替代方案等。

② 当企业遇到被控侵权时，要充分利用现有法律制度进行反击。例如，对于专利池可以从原告是否违反反垄断法、是否违反 FRAND 原则、专利池中是否存在非必要专利或无效专利等角度入手进行反击。在上述 DVD 专利收费风波之中，不管 6C 还是 3C 所抛出的大量所谓必要专利中均存在可通过无效程序无效的专利，但我国许多企业均选择接受。面对这种尴尬的局面，2005 年 12 月，以北京大学张平教授为代表的 5 位知识产权专家以个人的名义向国家知识产权局专利复审委员会提出公益无效申请，希望认定飞利浦在 DVD 领域的一件专利无效。2006 年 12 月，该案最终和解，飞利浦将该专利从许可专利清单中撤出，不再在中国主张权利。企业搞专利运营，应该学习这些工作技巧。

③ 从专利运营的角度看，专利池与标准化战略相结合具有更大的威力。DVD 6C、3C 集团采用专利池结合标准化战略，并在中国 DVD 市场发展壮大之后再征收专利费（所谓的 "放水养鱼" 策略），大大提高了专利的收益。

DVD 系列专利池收费事件可以说是让中国企业经历了惨痛的教训，也正是从这次事件后，我国政府、学界乃至企业界才真正认识到我国企业所面临的严峻形势，特别是认识到专利尤其是专利池在企业竞争中的作用。可以说，DVD 系列专利池收费事件给我国企业上了一堂专利实战课。

（二）AVS 专利池

DVD 系列专利池收费事件也影响着音视频领域，为规避 MPEG2、MPEG4 和 H.264 等国际标准中的大量专利，防止电视等产业重蹈 DVD 产业的覆辙，在原信息产业部的主导下，2002 年 6 月数字音视频编解码技术标准工作组（简称 "AVS 工作组"）正式成立，联合国内企业和科研机构制定满足我国信息产业需要并具有自主知识产权的数字音视频的压缩、解压缩、处理和表示等共性技术的基础性标准。

为保证标准的独立性，优先采用开放的自由技术、免费的专利技术或者同意加入 AVS 专利池的专利。对于不能解决的技术难题，通过联合科研院所、企业进行技术攻关，形成具有自主知识产权的技术方案。在整个标准的制定过程中，共收到 200 余件标准提案。经过筛选，采用了来自 9 家单位的 42 件提案，共涉及约 60 件专利申请。❶

AVS 标准工作组采用专利池的方式管理涉及 AVS 标准的必要专利，通过专利池管理委员会实现对专利池中专利的一站式许可，被许可人不需要与每个专利权人分别进行专利许可谈判。

AVS 专利池的许可费为每台设备 1 元人民币，远低于 MPEG 和 H. 264 等国外标准的收费标准，极大地促进了 AVS 专利技术的普及推广。同时，由于我国具有庞大的市场，AVS 标准涉及的产品量大，专利权人同样可以获得可观的专利许可费，例如在电视芯片方面，AVS 专利池每年收费近亿元。

AVS 专利池诞生在 DVD 收费事件之后，基本上可以算是我国第一个真正意义上的基于技术标准建立的专利池。经过 10 多年的发展，AVS1 标准发展到 AVS3（云媒体编码）标准，几乎涵盖所有的音视频技术领域，构建了"技术—专利—标准—芯片—系统—产业"的完整产业链。随着 AVS 标准的普及推广，AVS 专利池中的专利技术得到广泛普及推广，有效消除了国外企业再次像 DVD 行业那样通过相关专利池和技术标准对我国音视频产业的打压风险，促进了我国音视频产业健康发展。

AVS 专利池能够取得成功主要有如下几点值得借鉴：①具有健全的专利池管理机构和完善的入池专利管理机制；②采用了低廉、简单的收费机制和利益分配机制，较好解决了专利权人和标准实施者的利益平衡。

四、基于企业联合的专利池

我国大部分专利池均属于基于企业联合的专利池。这类专利池建立的主要目的是企业联合应对国外专利权人的专利威胁，大多数以防御型为主。较为典型的这类专利池有中国彩电专利池、深圳 LED 专利池等。

---

❶ 黄铁军，高文. AVS 标准制定背景与知识产权状况［J］. 电视技术，2005（07）：4 - 7.

为应对 Lucent、Zenith、汤姆逊、索尼在内的多家 ATSC 专利所有人向中国彩电企业征求高昂的专利费，2007 年 3 月由 TCL、长虹等 10 家中国彩电骨干企业，以每家出资 100 万元的形式，联合成立了深圳市中彩联科技有限公司（简称"中彩联"）。在与外国企业进行专利谈判的同时，2009 年 11 月中彩联联合工信部、深圳市知识产权局、深圳市南山区共同组建了中国彩电专利预警信息服务公共平台，收集关于彩色电视方面的主要专利，共计超过 7 000 余件，以方便企业检索，规避侵权设计。2010 年 1 月，中彩联宣布中国彩电专利池正式运营，该专利池入池专利超过 2 000 件，可以初步实现对外进行专利许可或与外国专利权人进行交叉许可，但是目前国内彩电产业整体上仍缺少原创设计和核心技术，该专利池能否与国外专利持有人真正有效抗衡还有待实践检验。

另一个基于企业联合的专利池实例是深圳 LED 专利池。LED 技术具有广阔的应用前景，在我国已初步形成了涉及芯片、封装、应用等环节的庞大产业链，但是 LED 核心专利基本被美国科瑞（Cree）和 Lumileds、日本日亚化学（Nichia）和丰田合成（Toyoda Gosei）、德国欧司朗（Osram）等五大巨头企业垄断。为应对日渐增长的外国企业巨头的专利诉讼压力，2010 年 8 月在深圳市 LED 产业标准联盟的主导下深圳 LED 专利池宣告成立，该专利池系我国首个 LED 方面的专利池。在成立之初，共有 7 家企业的 203 件专利获得审核通过。该专利池的核心成员为深圳市航嘉驰源电气股份有限公司和深圳市邦贝尔电子有限公司，这两家公司所拥有的入池专利共计有 67 件（含专利池中仅有的 2 件核心专利），占全部专利的 33%。深圳 LED 专利池的建立，不仅可以通过对内实行交叉许可维护中国 LED 企业在国内市场的份额，而且还可以通过专利许可帮助企业争取国外市场。

基于企业联合的专利池主要功能在于建立企业间专利战略合作机制，对内实现信息共享和专利交叉许可，并通过整合现有的专利和财力，实现对外共同的专利预警、专利谈判和专利诉讼应对等。与基于标准的专利池相比，当前我国出现的大部分基于企业联合的专利池还处于专利池运营的初级阶段。正是在这种现状下，近年来国家知识产权局大力推进产业知识产权联盟建设，希望以此推动企业专利池建设，提升企业专利转化运用能力。

附录：备案在册的产业知识产权联盟名单❶

序号	推荐单位	联盟名称
1		北京市智能卡行业知识产权联盟
2		北京市音视频产业知识产权联盟
3		北京食品安全检测产业知识产权联盟
4		中关村能源电力知识产权联盟
5		北京新型抗生素行业知识产权联盟
6		北京市抗肿瘤生物医药产业知识产权联盟
7	北京市知识产权局	北京射频识别技术知识产权联盟
8		北京市经济技术开发区云计算知识产权创新联盟
9		北京智能硬件产业知识产权联盟
10		北京现代农牧业知识产权联盟
11		北京汽车产业知识产权联盟
12		北京轨道交通机电技术产业知识产权联盟
13		北京热超导材料产业知识产权联盟
14	辽宁省知识产权局	营口市汽车保修检测设备行业专利联盟
15	吉林省知识产权局	化工新材料产业知识产权联盟
16		新医药技术创新知识产权联盟
17		膜产业知识产权联盟
18		江苏省物联网知识产权联盟
19		泰州市特殊钢产业技术创新与知识产权战略联盟
20		南京光电产业知识产权联盟
21	江苏省知识产权局	特殊船舶及海洋工程配套产业知识产权联盟
22		江苏省石墨烯产业知识产权联盟
23		江苏省机器人及智能装备制造产业知识产权联盟
24		大气污染防治知识产权联盟
25		海洋工程装备和高技术船舶产业知识产权联盟
26		中国船舶与海洋工程产业知识产权联盟

---

❶ 数据来源：关于公布备案在册的产业知识产权联盟名单的通知［EB/OL］.（2016 – 01 – 26）［2016 – 07 – 10］. http：//www. sipo. gov. cn/tz/gz/201601/t20160126_ 1233819. html.

序号	推荐单位	联盟名称
27	浙江省知识产权局	湖州市电梯产业知识产权联盟
28	山东省知识产权局	新型健身器材产业技术创新专利联盟
29		山东省石墨烯产业知识产权保护联盟
30		国家化工橡胶专利联盟
31		山东省化工产业知识产权保护联盟
32		济宁市智能矿山知识产权战略联盟
33		济宁市工程机械产业知识产权战略联盟
34		宁津县电梯产业知识产权联盟
35		枣庄高新区锂电新能源产业知识产权创新联盟
36		山东省新型防水材料产业知识产权保护联盟
37		中国盐碱地产业知识产权保护联盟
38		地下埋设物智能化管理知识产权联盟
39	河南省知识产权局	南阳市汽车零部件产业知识产权联盟
40		中国冶金辅料（保护渣）产业知识产权联盟
41		漯河市食品产业知识产权战略联盟
42	湖南省知识产权局	轨道交通装备制造业专利联盟
43	广东省知识产权局	LED产业专利联盟
44		电压力锅专利联盟
45		中国彩电知识产权产业联盟
46		深圳市工业机器人专利联盟
47		深圳市黄金珠宝知识产权联盟
48	重庆市知识产权局	超声治疗医疗器械产业知识产权联盟
49		重庆市摩托车产业知识产权联盟
50	四川省知识产权局	四川省高效节能照明及先进光电子材料与器械技术创新和知识产权联盟
51		四川省生猪产业知识产权联盟
52		四川省眉山"东坡泡菜"产业专利联盟
53		四川省自贡市硬质材料产业专利联盟
54		宜宾市香料植物开发利用产业知识产权联盟
55		四川省广汉石油天然气装备制造产业专利联盟
56	中国电子材料行业协会	光纤材料产业知识产权联盟

第二节　专利标准化

"超一流企业卖标准，一流企业卖技术，二流企业卖产品，三流企业卖苦力"，可见标准是控制市场的最高级手段。在规范的市场中，产品只有符合特定的技术标准才可准入，如果某一企业通过专利控制了标准，实际上也就控制了整个市场。专利标准化是高级的专利运营模式。

一、标准与专利

我国《标准化工作指南》规定，标准是指为了在一定的范围内获得最佳秩序，经协商一致制定并由公认机构批准，共同使用的和重复使用的一种规范性文件。从产品生产来看，标准是对生产过程条件或产品本身各项性能、质量参数或使用条件的要求，包括生产过程标准、产品质量标准、产品使用标准等。标准的统一有利于确保产品质量，提高产品兼容性、替代性等。根据标准的影响力，标准可分为企业标准、行业标准、国家标准、国际标准。

专利意味着权利人在一定的时期内对其发明创造的垄断，这种垄断是借助于国家公权力来禁止他人实施其专利技术来实现的。可见，标准与专利本是两个完全不同的制度产物，其运行制度机理完全不同，但是当标准与专利相结合后，专利标准化则成为一种专利运营手段。

专利标准化运营就是将专利技术融入标准之中，借助于标准的普遍使用性或强制性，提高专利的经济价值和市场控制力。专利一旦与标准相结合，则专利随着标准的普及而被强制性地要求使用，其经济价值和市场控制力也将得到更大程度的体现。

二、国内外相关规定

专利的标准化涉及专利和标准的运用。标准通常涉及公共利益，而专利具有私有财产权性质，如果二者关系处理不好则会损害公共利益或专利权人利益。虽然不同的国际标准化组织均有其各自的专利政策，但是绝大多数仍然遵循两个重要的原则：一是标准组织成员的单位应当披露各自的专利信息，二是专利许可时应满足 FRAND 原则。例如，国际标准化组织（ISO）、国际电工委员会（IEC）、国际电联（ITU）三大国际标准组织发布了《共同专利政策实施指南》，要求各成员披露各自的专利信息及其所知悉的关于非成员的专利信息，并对成员自身的专利技术作出免费许可或按照 FRAND 原则进行许可。

为规范我国国家标准中采用专利技术的有关问题，国家标准化管理委员会和国家知识产权局共同制定了《国家标准涉及专利的管理规定（暂行）》（简称《暂行规定》），并于 2014 年 1 月 1 日起施行。

《暂行规定》的核心内容是规定了标准涉及的专利的信息披露和专利实施许可的要求。在专利信息披露方面，根据《暂行规定》，在国家标准制定或修订的任何阶段，参与标准制定或修订的组织或者个人应当尽早向相关单位披露其拥有和知悉的必要专利，并鼓励没有参与制定或修订的组织或者个人披露其拥有和知悉的必要专利。在专利实施许可方面，根据《暂行规定》，标准中涉及的必要专利的专利权人或者专利申请人需作出专利实施许可声明，声明是同意在公平、合理、无歧视基础上免费许可还是收费许可任何组织或者个人在实施该国家标准时实施其专利，或者不同意许可。

对于非强制性国家标准，专利权人或者专利申请人应当同意在公平、合理、无歧视基础上的免费许可或收费许可。强制性国家标准一般不包含专利。如果某一强制性国家标准必须包含某一专利技术，且专利权人或者专利申请人拒绝作出许可的，则由国家标准化管理委员会、国家知识产权局及相关部门与专利权人或者专利申请人专门协商解决。

上述《暂行规定》明确了在国家标准涉及专利时关于专利信息披露、专利许可声明以及对相关问题的处理，明确了专利权人在专利标准化运营中的职责和权利，对于平衡专利权人与公众之间的利益起到很好的促进作用。

特别值得一提的是，国务院法制办公室 2015 年 12 月 2 日公布的《专利法修改草案（送审稿）》中提出了标准必要专利默示许可制度，即参与标准制定的专利权人在标准制定过程中不披露其拥有的标准必要专利的，视为其许可该标准的实施者使用其专利技术，在此情形下专利权人无权起诉标准实施者侵犯其标准必要专利。

这一制度的提出源自我国专利司法审判实践。2008 年 7 月，针对辽宁省朝阳市兴诺建筑工程有限公司按照建设部颁发的行业标准《复合载体夯扩桩设计规程》设计、施工而实施标准中的专利的行为是否构成侵犯专利权问题，最高人民法院给辽宁省高级人民法院的答复函中指出："鉴于目前我国标准制定机关尚未建立有关标准中专利信息的公开披露及使用制度的实际情况，专利权人参与了标准的制定或者经其同意，将专利纳入国家、行业或者地方标准的，视为专利权人许可他人在实施标准的同时实施该专利，他人的有关实施行为不属于专利法第十一条所规定的侵害专利权的行为。专利权人可以要求实施人支付一定的使用费，但支付的数额应明显低于正常的许可使用费；专利权人承诺放弃专利使用费的，依其承诺处理。"上述答复函中所说的视为专利权人许可他人，即为此次《专利法修改草案（送审稿）》中的标准必要专利默示许可制度的雏形。

三、专利标准化运营步骤

专利标准化运营的基本思路是企业在取得具有一定的市场前景的专利权后，通过将专利技术融入标准之中，实现企业利润最大化。企业专利标准化运营战略应该融入企业产品研发的各个阶段，在企业产品研发、生产和销售阶段，均需要考虑专利标准化问题。

专利标准化运营通常包含专利布局、标准制定和标准推广 3 个阶段。

1. 专利布局

在专利布局阶段，企业需要取得足够数量的核心专利，即标准必要专利。例如，高通之所以能够成功地牢牢控制着 3G 通信标准，主要原因在于高通掌握着 3G 的核心专利。此外，在标准必要专利的周围进一步部署一些外围专利，既是对标准必要专利的补充和加强，也是标准化专利更持久获利的重要手段。如果企业研发在时间或科研实力方面相对比较落后，可以通过直接收购或企业并购等方式获取核心专利。

2. 标准制定

在标准制定阶段，应确立制定标准的类型，包括行业标准、国家标准、国际标准。对于行业标准，企业应积极参与标准化制定，并将专利技术融入技术标准之中。企业的专利标准化运营通常依赖于企业或行业组织建立技术标准的过程。

企业要想将自身专利技术融入国际标准，既可以直接参与国际标准制定，也可以先成为国内行业或产业标准，再得到国际组织认可，成为国际标准。不管哪种方式，都需要企业熟悉国际组织标准的制定和修订程序、知识产权政策，还要积极进行标准提案、参与标准讨论、审议等各种标准化活动。为确保今后标准的有效运行，国际组织（例如 ISO、IEC、ITU 等）在制定标准时都有一套完整的知识产权信息披露制度，尤其是专利信息，特别是提案者自己的专利，通常必须自己主动披露，并给出许可方式的声明。

3. 标准推广

在标准推广阶段，通过标准的使用推广，企业直接或间接获得专利收益，从而实现专利标准化运营的目的。在这一环节，专利权人通常需要遵循 FRAND 原则对所有被许可人进行专利许可。但在实践中，由于专利权人通常在建立标准时提出的许可费偏高，而且涉及多件专利甚至大量不同条件下、针对不同产品的许可，因此针对不同的被许可人，有时很难评定专利权人是否违反 FRAND 原则。

实施这种运营模式的企业主要有如下几种途径：①掌握某一行业的核心技术，在技术上处于绝对领先，例如高通；②在市场占有率上具有绝对优势，其他企业只好跟进，例如 Wintel 联盟；③借助权威机构，例如行业协会、标准化组织或政府等机构将自身专利技术融入行业标准、国家标准或国际标准之中。

企业的专利技术一旦被包含进入了标准（例如行业标准、国家标准或国际标准等），对于企业来说，至少具有如下好处：①便于专利侵权举证；②有利于专利技术的推广应用。但不利的是，专利权人在提交标准提案时需要披露有关专利信息，并承诺按照 FRAND 原则进行免费许可或收费许可，且往往不能行使禁止权（例如在美国申请禁止令）。

四、开创型技术专利的标准化

开创型技术专利是指某一项或多项专利技术是该领域的技术基础。一旦企业拥有这种专利之后，再通过专利标准化运营将会获得超高利润。这方面专利标准化运营最为成功的典型莫过于美国的高通，下面重点介绍其运营模式。

高通成立于 1985 年 7 月，经过 30 年的发展，成为统治全球通信市场的帝国。高通 2014 财年营收为 264.9 亿美元，净利润 79.7 亿美元，公司市值一度曾超过 1 000 亿美元。目前高通的业务主要包括芯片业务和专利授权业务，其中芯片业务年营业额占总营业额的 2/3，专利授权业务只有 1/3，但是在利润方面，其芯片业务只占 1/3，而专利授权业务占 2/3。高通的全球专利申请量及经济收益趋势参见图 4 - 2。

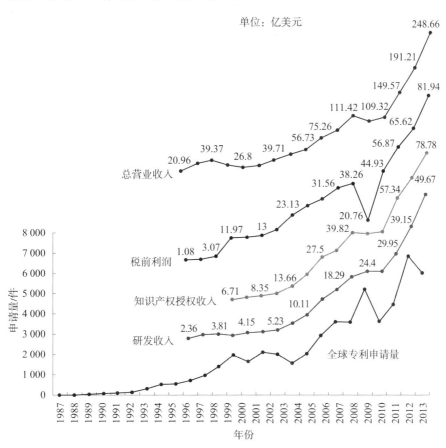

图 4 - 2　高通的专利申请与经济收益趋势❶

❶　李萍，淦述荣，周子彦，张悦. 高通公司专利转化分析暨对我国国防专利转化的启示 [EB/OL]. （2015 - 05 - 25）［2016 - 05 - 28］. http：//www. sipo. gov. cn/zlssbgs/zlyj/2015/201505/t20150525_ 1122333. html.

高通能够获得丰厚的利润很大程度上得益于其成功的专利标准化运营。从专利标准化运营的角度，高通的发展经历了如下几个阶段。

1. 第一阶段：创业起步阶段（1985~1990年）

1990年前后，高通进行了大量的基础研究，初步掌握了CDMA的核心技术，申请了10件左右的涉及CDMA的核心专利，并于1989年实现了CDMA首次历史性的通话。

2. 第二阶段：成为美国通信标准（1991~1994年）

1994年前后，高通改进CDMA技术，先后申请了大约100件美国专利，同时开始在中国、欧洲进行专利布局，并于1993年将CDMA技术写入美国电信标准协会的第二代通信技术标准中，与GSM并列。

3. 第三阶段：成为国际通信标准（1995~2000年）

此后高通提升了CDMA技术的通信质量，并完全具备可商用化的程度。与GSM技术相比，CDMA技术通话更清晰、保密性更高，且高速移动下不掉线、信号传输速率更高。虽然CDMA技术具有上述优势，但是现有GSM网络运行良好，设备厂商和运营商都不轻易愿意采用CDMA全套设备。为了抢占GSM的市场，高通自建基站、自己制造芯片和终端设备，自己当运营商，以便在世界各地演示CDMA技术。

在高通的持续努力下，许多国家电信运营商开始从GSM网络转向高通开发的CDMA技术。包括美国的CDMA2000、欧洲的WCDMA和中国的TD‐SCDMA。在这些通信标准的制定之中，高通当然少不了将其大部分专利技术嵌入其中。截至2000年底，全世界CDMA用户已经达到5 000万户。

在此阶段，高通在美国提交了大约1 000件专利，并在世界主要的国家和地区进一步完成CDMA的专利布局。这些专利后来成为高通向各厂家收取3G专利费的主要武器。

4. 第四阶段：成为高通帝国（2000年之后）

此时的高通掌握了CDMA核心技术，能够设计开发芯片，不仅做运营商和基站，还做终端，并于1998年9月推出全球第一款CDMA智能手机。此外，基于CDMA制定的3G通信标准已经成为国际通信标准，CDMA彻底战胜了GSM技术。高通已经完全掌控了整个移动通信生态链的上、中、下游。

然后高通除了保留芯片设计和生产（实际上芯片生产也是采用OEM），将基站和手机业务分别卖给爱立信和日本的京瓷。这样高通除了芯片设计业务之外，剩下的就是进一步在世界各国申请专利，并向各 3G 手机厂商授权专利许可。

在此阶段，高通每年申请专利的数量大幅度增长，尤其是在 2005～2006 年开始部署 4G（LTE）专利之后，高通在美国每年专利申请均超过 1 000 件，2013 年之后每年更是超过 3 000 件。

随着 3G 通信的普及，高通手机芯片在全球手机芯片市场占据越来越重要的位置。由于高通掌握着 3G 通信的核心技术，即使各手机厂商不购买高通的芯片，但只要生产的是 3G 手机，仍然需要向高通缴纳不菲的专利费。高通虽然不直接生产手机，但实际上控制着手机。

通过短短 30 年的奋战，高通借助专利标准化运营，利用专利统治了整个通信领域。高通专利标准化运营成功之道可以概括为如下几点。

1. 准确把握技术发展趋势，掌握了核心技术，并进行周密专利布局

高通前瞻性地选择了 CDMA，并在其大力推广下，基于 CDMA 技术的通信系统成为 3G 的唯一发展方向，代表性系统有 WCDMA、CDMA2000、TD－SCDMA，但这些系统都绕不开高通牢牢掌握的 CDMA 核心技术：软切换和功率控制技术。在掌握这些核心技术后，高通还在全世界主要的国家和地区进行周密的专利布局，将能够申请专利的所有技术均申请了专利。据统计，截至 2014 年底，高通仅在美国共申请了超过 2 万件专利，同时共申请了约 18 000 件 PCT 专利申请，并在近 30 个国家和地区提交专利申请。借助这些专利，高通牢牢掌控着 3G 的核心技术，即使是进入 4G 时代，其仍然掌控着大约 12% 的核心专利。这些专利布局为高通日后在世界范围内开展专利标准化运营打下了坚实的基础。

2. 依托国内国际标准化组织，不遗余力推广自己的通信标准

在 2G 时代，高通积极运作，终于使 CDMA 技术得到美国电信标准协会认可，成为与 TDMA 并列的第二代通信标准和国际通信标准。进入 3G 时代后，以高通为首的 3GPP2 组织制定了 CDMA2000 通信标准，但影响力大不如 3GPP 主导的 WCDMA，因此高通很快又加入到 3GPP 组织中。为推广 CDMA 标准，高通一方面抓住韩国希望建立全新通信系统的需求成功争取到首个支持 CDMA 技术的国家，另一方面自身敢于投入大量的人力和财力用于建立运营设备、芯片及终端设备、测试设备等全套设备的制造，在全世界进行体验式推广，加之技术本身先进，这一通信标准很快为许多运

营商和设备生产厂商所接受。

3. 被许可人免费反授权的许可模式增强了高通标准专利的对外扩展力

反向授权协议是指，凡使用高通芯片的手机公司，必须将所持专利免费授权给高通，并且不得以此专利对抗高通的其他客户。这样，对于手握专利不多的企业来说，只要使用高通的芯片，就可避免被高通其他客户起诉。高通的这种专利许可模式在一定程度上为专利少的新型企业提供了专利保护伞，大大鼓励了它们使用高通芯片，进一步增强高通标准专利的对外扩展力。由于这种模式事实上确实存在排除、限制市场竞争之嫌，因此高通先后在欧洲、韩国、中国遭受反垄断调查，甚至被处以高额罚款。

掌握核心专利技术、标准化推广专利技术并建立反向专利授权机制是高通成功的密码。

五、改进型技术专利的标准化

与开创型技术专利相比，改进型技术专利对其领域的控制力相对较弱，一般很难形成绝对的技术优势，但如果运营得当，同样可以实现标准化运营。下面以海尔集团（简称"海尔"）防电墙技术的标准化为例进行说明。

海尔等电热水器生产商一直在致力于解决电热水器的用电安全问题。经过多年研究，海尔于 2001 年申请了 4 件涉及防电墙技术的专利，并于 2002 年推出第一台带防电墙的电热水器。防电墙的基本原理是，水虽然是导体，但本身仍然具有一定电阻，通过延长绝缘管内作为导体的水路的长度来增加水路的电阻值，当该电阻值增大到一定数值之后，分配到使用者身上的电压低于安全电压，这样即使漏电了仍然不会造成人身伤害，这种方法也称为"水电阻衰减隔离法"。防电墙技术不仅解决了热水器元件的漏电问题，同时还解决了环境漏电而导致的逆向漏电问题。

事实上，在海尔提出防电墙技术之前，类似技术在国内很早就有厂商在研究，并提出了类似的专利申请。发明人吴勇斌最早于 1993 年即提出了采用水电阻衰减的原理实现电热水器防漏电问题，之后发明人张建华、吴勇为、梁丁阳、路英梅等人在 1996～1999 年分别提出了类似的电热水器专利申请。在海尔于 2001 年提出防电墙技术之前，国内大约共有 8 件有关主题的专利申请。图4－3是中国专利数据库中历年关于防电墙技术的专利统计数据。

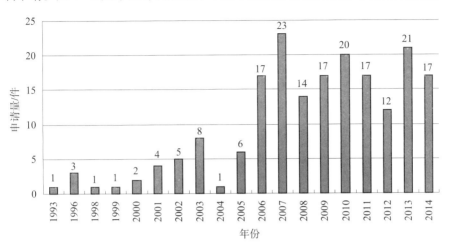

图4－3 历年关于防电墙技术的中国专利申请统计

从图4－3中可以看出，自2001年海尔申请4件专利申请之后，关于防电墙技术的专利申请逐步增加，到2006年防电墙技术被提交到标准化部门之后，各大电热水器生产厂商纷纷申请了与防电墙技术相关的专利，专利申请大幅度增加。截至2014年，共有约190件中国专利涉及防电墙技术。从技术上看，这些专利的技术原理基本类似，主要改进集中在绝缘水管的结构布局等方面，均属于改进型专利。

表4－1是专利申请总量在前10位的申请人列表。

表4－1 防电墙技术专利申请人统计表

申请人	专利申请总量/件
海尔	17
陈菲	7
福建省江南电器制造有限公司	6
珠海格力电器股份有限公司	5
A. O. 史密斯（中国）热水器有限公司	4
陈秋华	4
蒋国平	4
宁波帅康热水器有限公司	4
浙江康泉电器有限公司	4
中山市韦斯华电器发展有限公司	4

从表 4 - 1 可以看出，海尔有 17 件专利申请，远多于其他电热水器生产厂商。

从 2002 年开始，海尔大力宣传这种带有防电墙的电热水器，积极与中国消费者协会、全国家用电器标准化委员会合作，致力于将这种防电墙技术作为这类热水器的国家标准，并向 IEC 推荐为国际标准。

在海尔的积极努力下，关于防电墙的标准提案于 2002 年在第 66 届 IEC 大会上被采纳。在国家标准层面，2006 年 1 月，在珠海召开的全国家用电器标准化技术委员会厨房器具分技术委员会年会上审定通过了涉及用电环境内容的电热水器安全标准，2006 年 10 月正式通过了电热水器的国家安全标准（GB 4706.12—2006 中附录 AA），2007 年 7 月 1 日正式实施。该标准的实施在一定程度上打击了 A. O. 史密斯、阿里斯顿等外国品牌，海尔推出的带防电墙技术的电热水器成为首个满足上述国家标准的产品。

然而，正在海尔大力宣传推广防电墙技术的同时，海尔关于防电墙技术最早申请的实用新型专利（2001 年申请）于 2005 年被宣告无效。

作为国内知名的家电企业，海尔很早就非常重视知识产权保护，早在 1992 年海尔就成立了知识产权办公室，坚持不做无专利的产品，并建立了一套现代化的专利管理机制。截至 2014 年，海尔在中国共提交了约 15 000 件专利申请，涉及冰箱、电视、洗衣机、热水器等几乎所有家电领域。海尔凭借自身的技术优势，积极参与国内和国际相关技术标准的制定和修改工作。海尔防电墙热水器、环保双动力洗衣机、海尔 e 家等逐步从国内标准走向国际标准。❶

从此次防电墙技术的推广看，海尔成功实现了改进型技术的"技术专利化，专利标准化，标准全球化"策略。虽然防电墙技术在 20 世纪 90 年代已经出现，但在 2002 年海尔推出第一台带防电墙的电热水器之后，特别是随着防电墙技术进入国际标准和国家标准，带防电墙的电热水器因其安全性而越来越受到广大用户的青睐，海尔的市场优势得到进一步加强。

在海尔的专利标准化运营案例中，海尔并非防电墙技术的原创者，但

---

❶ 喻子达，张玉梅. 海尔的知识产权与标准化战略［J］. 信息技术与标准化，2006（6）：45 - 48.

某种意义上说海尔此次的专利标准化运营仍然是很成功的。海尔这次成功的标准化运营主要有利因素如下：①防电墙技术本身具有广阔的应用前景；②海尔研发团队对新技术的敏感性和较强的研发实力；③海尔超前的专利意识和较强的专利布局能力；④海尔对专利技术标准化战略的认识和专业运作能力。

对于改进型专利标准化运营，做好外围专利布局是成功的关键。虽然海尔防电墙的基础专利被无效了，但由于它还拥有大量的外围专利，这些外围专利同样在一定程度上阻击了竞争对手，保护了自身产品的市场占有率。对于大多数中小企业甚至小微企业来说，要掌握某项技术的核心专利并非易事，但是围绕核心专利大量布局外围专利同样可以获得好的收益，这种外围专利战略是非技术领先型企业的重要策略。这一策略曾被日本企业大量采用。第二次世界大战后，特别是 20 世纪 70 年代后，日本企业面对国外企业的基础专利，通过大量布局外围专利，同时辅以国家或行业技术标准要求，最终以众多外围专利成功地实施了"以小克大"的专利战略。

另一方面，我们还应该看到海尔此次防电墙技术的专利标准化运营也存在一些问题，例如专利缺乏全球化布局。虽然在海尔的努力下防电墙技术被 IEC 采纳并作为推荐标准，但是由于海尔并没有将相关专利布局到其他国家，这在很大程度上影响其获得更大的收益。

第三节　专利开放

通常情况下，企业通过拥有大量的专利实现控制市场的战略目的。然而，在行业或产业还没有充分发展起来时，如果专利过于集中，则会影响行业或产业的发展，从而从根本上影响专利价值的发挥。在这种情况下，掌握大量专利，特别是大量核心专利的行业领先型企业，通过完全开放或有限开放专利促进新型技术的推广，吸引更多的企业参与到该行业中来，共同将该行业发展壮大，作为行业的领先企业可抢占市场先机，由此从中受益。

因此，我们认为在特定的情况下专利开放也是一种市场占有型专利运营模式。

一、软件领域的专利开放

关于软件领域的专利开放，首先介绍 IBM 的专利开放策略。

2005 年 1 月，IBM 宣布向开放源代码社区开放 500 件美国软件专利及所有的非美国版本，开放对象包括从事源代码的开发、销售和使用的所有企业、组织和个人。IBM 此次开放的 500 件专利涉及 14 项技术，包含数据库和操作系统之间的互通性、语言处理、接口、电子商务管理、互联网通信等。

2005 年 4 月，IBM 向高级结构化信息标准组织（OASIS）提出专利开放计划；2005 年 10 月，IBM 再次开放涉及以 Web 服务、电子表格和文档格式为中心的医疗和教育相关的专利及其软件标准；2005 年 11 月，IBM 联合索尼、飞利浦及 Linux 软件经销商 Novell 和 Red Hat 组建"开放发明网络"（Open Invention Network，OIN），其目的是收购 Linux 专利并免费提供给所有 Linux 开发者。

IBM 自己宣称其专利开放的目的是建立一个全行业"专利共享"（Patent Commons）的基础，但 IBM 深谙专利运营之道，系列专利开放动作的最终商业目的在于通过扩大其基础性专利技术在商务服务领域的应用，促进专利技术向标准转化，通过对标准的掌握实现企业更大的利益。

为实现这一目的，IBM 大力推广其特有的刀片服务器标准和医疗教育开放软件标准，同时还联合惠普、Computing Associates、英特尔和 NEC 于 2000 年资助成立了独立的非营利性组织开源实验室（OSDL）以致力于 Linux 商业标准的制定。

通过开放专利，促进开源 Linux 及其服务器、教育、医疗软件标准化，IBM 可以建立并销售其个性化的产品和服务，进而通过硬件销售、数据库、应用软件、咨询和服务等相关业务获利。

为软件领域专利开放作出较大贡献的还有谷歌。2007 年 11 月 5 日谷歌正式向外界展示了基于 Linux 平台的开源操作系统——安卓（Android），同时宣布建立一个全球性的联盟组织——"开放手持设备联盟"（Open Handset Alliance，OHA）。该组织最初由 34 家全球顶尖的手机制造商、软件开发商、半导体制造商、电信运营商等企业组成，旨在共同开发和改良安卓系统。截至 2012 年 OHA 已经发展壮大到 86 个成员。借助于这个联盟，谷歌积极倡导免费和开源特性，安卓系统迅速发展。

为促进软件领域的技术创新，谷歌始终坚持专利开放策略。2013 年 3 月，谷歌宣布了一项重要举措——"开放专利不主张承诺"（Open Patent Non – Assertion（OPN）Pledge）。根据 OPN 承诺，只要这些开源软件依赖于某些专利，则均可适用，但如果一方对谷歌产品或者服务提出专利诉讼或者直接从这种法律诉讼中获利，则该承诺就会终止。谷歌的上述专利开放行动极大地减少了耗费大量金钱且无意义的专利诉讼，促进了该领域进一步的技术创新。

软件领域频现专利开放运营模式的主要原因在于该领域专利保护的特殊性。这种特殊性主要包括专利密集度高导致专利丛林现象严重；软件专利具有更大隐蔽性；权利要求的边界具有更高的模糊性等。因此，软件领域的企业推广专利技术存在更大的困难。为此，一些企业或组织纷纷组建专利开放组织，试图通过专利开放促进特定的技术推广。开源软件组织 OIN、OHA 等无不是通过开放专利促进自身软件系统的普及推广，形成事实的标准，进而抢占市场。在专利激烈竞争的时代，免费开放专利已成为国际软件巨头娴熟的专利策略，其看似与专利保护背道而驰，但这种策略通过与产品升级换代策略相结合，可以实现通过单纯地加强专利保护难以到达的效果。

国内一些大型科技公司也逐步开始学习运用这种策略。例如，百度通过多年在智能语音核心技术上的积累，拥有 400 余件语音技术专利，为共享语音技术成果、共促语音产业发展，2015 年 11 月百度联合海尔、京东等 7 家单位作为发起人成立了智能语音知识产权产业联盟。之后，百度率先将首批满足专利池标准的 100 多件语音基础专利放入池中，并免费开放给所有联盟成员使用。同时百度鼓励其他联盟成员将满足专利池标准的专利放入专利池中，并开放许可给联盟成员使用，由此实现开放式创新与开放式知识产权许可的有效结合。❶

---

❶　百度开放百项智能语音专利　牵头成立产业联盟［EB/OL］.（2015 – 11 – 27）［2016 – 04 – 26］. http://net. chinabyte. com/32/13630032. shtml.

二、新能源汽车领域的专利开放

新能源汽车，例如纯电动车、混合动力车、氢燃料汽车等，越来越受到各国的重视。美国、日本、欧洲各国政府也根据本国情况纷纷制定了大量的政策和措施，旨在推动新能源汽车的开发和消费。一些科研实力较强的企业纷纷投入巨资研发新能源汽车，并将其研发成果进行周密的专利布局。

2012 年工信部出台的《节能与新能源汽车产业发展规划（2012—2020年）》明确提出，到 2015 年我国节能与新能源汽车累计产销量将达到 50万辆，而实际情况是全国新能源汽车产销量仍在 2 万辆左右。即使是曾经一度被认为看到纯电动汽车产业曙光的特斯拉汽车由于销售量不大，企业一直处于严重亏损状态。受到电池技术的限制，电动汽车，特别是纯电动汽车始终只是作为传统汽车的一个补充，例如主要在景点、宾馆或娱乐场所内部采用。

因此在新能源汽车领域，一方面生产商手握大量的核心专利，另一方面新能源汽车发展缓慢，市场容量小，专利价值无法实现。在这种情况下，为了新能源汽车时代尽早到来，近几年来主要的新能源汽车生产商纷纷采取开放专利的运营模式。

率先采用这种专利运营模式的公司是总部设于美国加利福尼亚州硅谷的特斯拉。该公司自 2003 年成立后，一直致力于电动汽车的研发和生产，是世界上第一个采用锂离子电池的电动车公司。特斯拉 2013 年全球销量为2.2 万辆，2014 年 3.5 万辆，2015 年 5 万辆。

面对着产销量还不到传统汽车 1% 市场的电动汽车，特斯拉 CEO 埃隆·马斯克（Elon Musk）很快意识到特斯拉的竞争对手不是其他电动车生产商，而是传统汽车，因此在 2014 年 6 月马斯克作出一项惊人的举动：宣布与同行分享特斯拉的所有技术专利，以推动电动汽车技术的进步。特斯拉已经取得 200 余件美国专利，加上提交的国际专利申请，总共有约 700件专利技术，主要涉及电池的控制技术。马斯克的上述决定通过其在公司博客上发表题为《我们所有的专利属于你》的博文对外宣布。在该博文中马斯克说，为了电动汽车技术的发展，特斯拉将开放其所有的专利；任何人出于善意使用特斯拉的技术，特斯拉不会对其发起专利侵权诉讼。此后，新能源汽车生产商纷纷仿效专利开放策略，通过专利开放吸引、鼓励其他厂商加盟。

附马斯克博文翻译。

我们的专利全部属于你[❶]

在今天以前，在位于 Palo Alto 的特斯拉总部大堂里，特斯拉的专利贴满了整面墙，它只属于我们。而今天，在开放精神的感召下，为了电动汽车技术的未来，它们不再是我们的专属，我们会将它们开放给所有人。

特斯拉从建立伊始，就秉承着促进可持续交通发展的使命。如果我们只顾着自己的发展道路，而为后来者埋下知识产权的地雷的话，那我们的行为将会与我们最初的信念背道而驰。在此我郑重声明：特斯拉将不会起诉任何善意使用我们技术的人。

当我创立我的第一家公司 Zip2 的时候，那时的我觉得专利真是个好东西，并努力获取它们。但这已经是很久以前了。回想这些日子，它们除了扼杀你的进步，让你在一系列法律事务上忙得焦头烂额以外，创新的激情早已不复存在了。在 Zip2 之后，我意识到了，专利什么的都是浮云，所以从那之后我开始尽量避免为它过多忙碌。

在特斯拉，我们出于许多顾虑而申请的专利：我们害怕其他的大型汽车企业对我们的技术进行复制，再加上它们庞大的生产和销售网络，从而打垮特斯拉。这个想法是愚蠢的，我们已经不能再错了。事实是这样的：各大汽车厂商的电动车计划占其计划

---

❶　译文引自：Elon Musk 发文宣布特斯拉正式开放专利［EB/OL］. （2014 - 06 - 13）［2016 - 06 - 05］. http：//www. leiphone. com/news/201406/elon - musk - all - our - patent - are - belong - to - you. html.

总量的百分比几乎为零，电动车目前的市场份额连 1% 都不到。

许多大的汽车厂商生产电动汽车的规模都非常的小，有些甚至根本不生产零排放的汽车。

我们来看一组数字：每年大概有 1 亿辆新车从车间驶出，目前全世界大概有 20 亿辆车。对特斯拉来说，靠我们的一己之力是无法解决全球碳危机的。实际上，我们的竞争对手并不是其他厂商生产的电动汽车，而是满大街跑的多如牛毛的燃油汽车！

我们始终相信，特斯拉以及其他电动汽车企业，甚至全世界，都将从这个快速发展的科技平台上获益，形成一个多赢的局面。

领先的技术并不需要专利的限制，与其像守财奴一般护着自己一些小小的成就，还不如敞开胸怀来吸引更加优秀的人才。我们相信，开源的理念是世界上最优秀的理念，我们的开放不仅不会削弱特斯拉的实力，这反而会让我们更加强大。

2015 年 1 月 6 日，在国际消费类电子产品展览会（CES）上，丰田宣布直到 2020 年之前将免费开放其 5 600 余件汽车氢燃料电池专利使用权，这些专利分别涉及燃料电池组约 1 970 件专利、高压储氢罐约 290 件专利、燃料电池控制系统约 3 350 件专利，制造和销售燃料电池车的制造商、燃料电池零部件供应商以及建设及运营加氢站的能源公司均可免费使用其燃料电池专利。但需要注意的是，在使用这些专利时，使用者需向丰田提出申请，就具体使用条件等进行个别协商，并需要签订合同。由于电动汽车、氢燃料汽车谁将是未来新能源汽车的主流仍不明朗，因此丰田此次专利开放在很大程度上是被逼无奈之举，其目的在于与特斯拉争夺未来新能源汽车的发展方向。

从上述汽车厂商专利开放操作来看，特斯拉开放的程度最高，基本不附加任何条件，但由于特斯拉拥有的专利相对较少，主要集中在电池的控制技术，如果真要生产特斯拉的电动汽车的话可能还需要涉及其他厂商掌握的核心专利技术。丰田此次开放专利略显保守，不仅时间上限定在 2020 年之前，而且需要向丰田提出申请，具体条件需要单独协商。但从技术方面来看，由于丰田在氢燃料汽车方面有近 20 年的研究历史，所掌握的专利数量众多，基本涉及氢燃料汽车的方方面面，因此丰田此次专利开放行动在更大程度上降低了氢燃料汽车行业进入门槛。

虽然专利开放模式与常规的专利运营模式似有不同，但从市场占有角度来看，它完全是一种更高层次的专利运营模式。实施专利开放运营模式的企业一般都是新兴行业中的领先型企业，它们一般掌握有行业内大量的核心专利技术。在行业并不成熟、市场规模小的阶段，通过专利开放，可以大幅度降低行业进入门槛，吸引更多厂商加入到该行业中来，由此促进行业发展。领先型企业借助专利申请公开前的保密阶段和其他企业消化吸收新公开专利技术的时间差，在持续研发投入下仍然可以保持行业领先地位。相反，如果领先型企业固守掌握的大量核心专利，行业发展不起来，那么其专利价值也难以实现。新能源汽车领域专利开放潮与谷歌在 2007 年推出 AOSP 计划时开放安卓系统的原始码及其相关专利的战略类似。当年谷歌开放源代码及其相关专利，迅速扩大安卓系统的阵营，相反苹果公司采用封闭的 iOS 系统并积极捍卫专利技术，但是最终结果是安卓系统借助开放而一路攻城略地，谷歌也由此收益颇丰。

此外，通过开放专利，还有利于建立行业标准，进而在未来行业发展中继续保持领先地位。虽然开放了现有的专利，但由于这些企业已经在行业中居于领先地位，在设备制造、配套设施、供应商、用户等方面已经有多年的积累，且在业界已经具有一定的知名度，因此开放专利更加有利于后来者跟进，更加有利于行业标准的建立和推广，领先企业通过对标准的掌控将继续掌握着行业的未来。

第五章　技术推广型专利运营

　　大学和科研院所主要职能包括人才培养、科学研究和服务社会。这类机构在取得专利技术之后，为充分发挥上述功能，促进科学技术进步，通常需要通过某种模式进行专利技术转移转化。由于这类机构的专利技术转移转化以技术推广为其主要目的，获得的经济收益也主要用于支撑进一步的科学研究、人才培养，因此本章将这类机构的专利转移转化活动统称为技术推广型专利运营。

　　自《拜杜法案》颁布实施后，斯坦福大学首创的 OTL 模式几乎成为美国乃至世界上发达国家的大学进行专利技术转移转化的标准模式。我国大学和科研院所开展专利运营起步较晚，目前尚未形成统一的模式。从实践来看，大学和科研院所的专利运营模式大体可以分为如下 4 种[1]：点对点的与企业直接合作模式、点对线的技术孵化模式、点对面的中介平台服务模式、点对体的技术创业模式，其中与企业直接合作模式和技术创业模式均属于校企合作模式。[2]

　　由于中介平台服务模式类似于国外 OTL 模式，本章重点介绍 OTL 模式和校企合作模式，技术孵化模式将在本书第八章中介绍。

---

　　[1] 梅元红，孟宪飞. 高校技术转移模式探析——清华大学技术转移的调研与思考 [J]. 科技进步与对策，2009，26（24）：1 - 5.
　　[2] 与企业直接合作模式包括大学与企业合作和科研院所与企业合作，为了表述方面，本书将这两种合作模式统称为校企合作模式。

第一节　OTL 模式

一、概　　述

OTL，英文全称为"Office of Technology Licensing"，直译为技术许可办公室，是斯坦福大学 1970 年首创的技术转移机构，负责斯坦福大学专利申请和科技成果的转移转化工作。

OTL 的主要工作职责是专利营销，通过专利营销促进专利技术的进一步开发和保护，OTL 工作人员一般要求既有技术背景，又懂法律、经济和管理，还要擅长谈判，他们通常被称为"技术经理"。

技术经理的主要职责是，与学校的科研人员和发明人密切合作，随时沟通，为发明创造成果的知识产权管理提供服务，对技术成果进行评估，与相关领域的现有技术进行比较，判断其是否是当前专利热点领域，以及是否应当就该技术成果申请专利，对技术的商业价值进行评估，预测潜在的市场前景；将经过评估后认为合适的技术成果推荐给有需求的企业，并与有意向的企业进行技术许可合同的磋商和谈判。总之，OTL 的核心业务是针对学校科研人员的发明创造成果进行价值评估，帮助对其科研成果进行市场营销，并提供知识产权保护与技术许可方面的法律服务。

OTL 专利运营一般包括如下步骤：①发明人在完成发明后向 OTL 提交技术材料，OTL 将之记录在案，并指定一位技术经理专门负责；②技术经理在与各方接触并掌握大量信息的基础上，独立决定是否要将此发明申请专利；③对于取得专利权的技术，进行市场营销，联系对该专利技术感兴趣的企业或新组建企业，对于部分具有重大商业化前景的技术，组织资金进行技术孵化；④技术经理与感兴趣企业或投资方展开专利许可谈判，签订专利许可协议；⑤后续关系管理，包括收取和分配许可费、监督企业运行情况等。

更详细的 OTL 工作流程参见图 5 - 1（该图中"许可经理"即上文中的"技术经理"）。

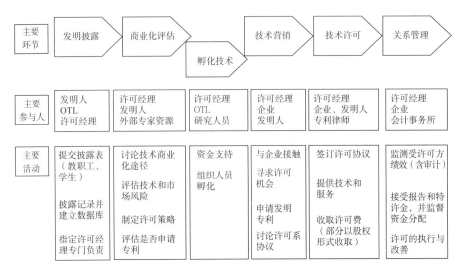

图 5 - 1　OTL 详细工作流程❶

　　OTL 获得的收入一般在发明人、实验室/系/学院、大学和 OTL 等主体之间分配，具体分配比例关系由各大学自己制定政策，不同大学的分配比例关系不尽相同。

　　如本书第一章中所述，美国于 1980 年通过的《拜杜法案》以及后续一系列法律政策，明确了非营利组织（包括大学）和小型企业可以取得在执行政府资助的研究项目过程中产生的发明的专利权，同时联邦政府保留"介入权"（March - in Right），即如果大学未能使某项发明商业化，则联邦政府具有决定该项发明由谁来继续商业化的权利，以及联邦政府还具有非独占的使用权。该法案还规定了发明人应分享专利许可收入，但对具体应得份额未作规定，大学应该将技术转移所得、全部专利许可所得返还到教学和研究中去。这一法案使用面广、操作性强，对美国大学的专利政策和专利管理产生了深远的影响，极大地加强了美国大学和研究机构在科技和经济互动发展中的作用，甚至有人认为《拜杜法案》的实施是美国从制造经济进入知识经济的标志。

---

　　❶　创新体系中的大学及其技术转移的方式［EB/OL］.（2016 - 06 - 25）［2016 - 06 - 25］. http://syue.com/Paper/Economic/Other/24923.html.

在《拜杜法案》颁布实施后，各大学纷纷建立专利技术转移机制，斯坦福大学的OTL模式由于其创新的制度设计和经营方式，迅速成为美国乃至世界上其他国家大学专利技术转移的标准模式，"OTL"成为与斯坦福大学技术许可模式类似的技术转移模式的代名词。

在美国的带动下，英国和德国在20世纪80年代也相继出台类似法律法规推动大学技术转移工作，法国、日本则在90年代中后期出台类似法规。英国、德国、日本等国家大学和科研机构也纷纷仿效斯坦福大学建立类似的OTL。

不同国家大学和科研机构的OTL虽然在基本流程上类似，但具体运营方式上仍然存在较大差异，下面以美国斯坦福大学、英国牛津大学以及我国的上海生命科学研究院、清华大学为例分别介绍。

二、斯坦福大学模式

斯坦福大学由OTL负责管理其专利和技术的许可。OTL的工作人员中包括行政管理、企业联络、技术许可以及财务、信息化等支持人员。技术许可人员（技术经理）有20多人，他们都具有理学或者工学学士学位，有至少两年以上在企业工作的经验，而且工作成员有着不同的专业技术背景，在法律知识、知识产权管理和商务谈判等方面具有专业素质，还有一些工作人员具有丰富的企业创业经验和对技术的高度敏感性。OTL这种跨领域的综合能力正是其能有效实现斯坦福大学的科技成果向产业转移的力量所在。

根据斯坦福大学的规定，创造该科技成果的大学教职工，可以为实施技术转化的企业提供顾问之类的技术服务，或者以技术专家的身份担任转化技术的企业的独立董事，但不得在转化技术的企业里兼任董事长、首席执行官、首席财务官、首席技术官等有固定职位的工作，否则，学校将会劝其退出大学教师的职位。为企业提供技术服务的，该类服务一般不超过5年。❶

---

❶ 专利入股 斯坦福大学为什么没有校办企业［EB/OL］.（2015－06－17）［2016－07－15］. http：//ip. people. com. cn/n/2015/0617/c136655－27167874. html.

　　斯坦福大学对于技术授权许可所得收入的分配政策如下：许可总收入的15%作为OTL的运转成本（管理费用），再减去为该项技术成果申请专利的前期费用，剩余的收入作为技术成果授权许可的净收入；技术授权许可的净收入的1/3分配给技术的直接发明者，1/3的收入支付给直接发明人所在的学院，另外1/3的收入交给发明人所在的系。

　　在专利技术转移方面，斯坦福大学的通常做法是专利许可加上技术服务。根据联邦政府的规定，为了防止垄断行为的发生，专利许可一般采用非独占许可，且需同时许可给3~5家企业以便进行市场化开发应用，但对于那些前景不明、风险较大、缺乏潜在被许可人的技术，也会选择独占许可以便鼓励企业投入更大的财力。

　　下面以PageRank技术为例介绍斯坦福大学对新设企业的独占许可案例。

　　1996年，斯坦福大学计算机科学系的两位研究生拉里·佩奇（Larry Page）和谢尔盖·布林（Sergey Brin）参与了国家科学基金（NSF）资助的数字图书馆项目。他们在教师的指导下开发出名为PageRank的网页排序算法，并向OTL作了披露。基于该技术的网络搜索引擎可以按照网页获得链接的数量和重要性对网页进行反向搜索，将搜索结果以逻辑形式排序后呈现给用户，与当时流行的通过词句比对进行搜索的模式相比，能够让用户在互联网上更为迅速、准确地找到有用的结果。从1997年开始，OTL向包括InfoSeek、Excite、AltaVista及Deutsch Telecom等众多当时主要从事网络搜索服务的公司推销该技术，但这些公司都没有开发的兴趣。

　　佩奇和布林对自己的技术充满信心，于是尝试性地打造了一个名为Back Rub的搜索引擎，供校内师生员工使用，之后改名为Google。这个搜索引擎很快就流行起来，吸引了越来越多的用户。到1998年7月，随着技术的不断改进和用户的巨量涌现，校内设施和条件已无法支持该搜索引擎继续运行，佩奇和布林决定离校设立公司，通过商业模式继续支撑Google搜索引擎的发展。

　　OTL于1998年1月已就该技术提交专利申请（后于2001年

9月获得授权），因此佩奇和布林的创业必须获得 OTL 的许可。OTL 认为两人不仅在该技术的理解和把握上无出其右，而且有着清晰的推广应用的愿景，许可给他们无疑是最好的选择。1999 年3 月，OTL 与刚成立不久的谷歌签订了独占许可协议，由于资金匮乏，谷歌向斯坦福大学提供部分公司股权代替现金支付许可使用费。

依托硅谷良好的创业环境，谷歌随后经历了传奇性的飞速发展。2010 年，Google 搜索引擎在全世界的市场占有率已经达到85.8%。2004 年 8 月谷歌在纳斯达克挂牌上市后市值一路飙升，2005 年斯坦福大学在规则允许其股权交易时售出所持股权，共获得3.36 亿美元。❶

针对专利侵权行为，斯坦福大学积极应对专利诉讼，利用法律武器保护自身利益。Globespan Virata 公司是 2001 年 2 月由擅长 DSL 物理层解决方案的 Globespan 公司和在网络处理器和软件方面有专长的 Virata 公司合并而成的。2003 年，该公司对美国得克萨斯州的得克萨斯仪器公司（Texas Instruments Inc.）提起针对一项互联网宽带接入应用技术"非对称数字用户线路"（ADSL）的反垄断诉讼。ADSL 技术是由斯坦福大学 John Cioffi 教授为首的团队在实验室研发成功的，得克萨斯仪器公司于 1988 年获得这项ADSL 技术的所有权。针对该诉讼，斯坦福大学和得克萨斯仪器公司于2003 年 8 月反诉 Globespan Virata 公司侵犯了其有关 ADSL 的专利技术。2006 年 1 月，专利诉讼案审理终结，法院认定该案所涉及的专利权是都有效的，Globespan Virata 公司侵犯了斯坦福大学和得克萨斯仪器公司的 3 项有关 ADSL 的专利权，判决 Globespan Virata 公司赔偿斯坦福大学和得克萨斯仪器公司 1.12 亿美元的经济损失。

通过类似的知识产权诉讼，斯坦福大学 OTL 逐步认识到了专利司法保护的重要性，通过专利诉讼获得的专利侵权赔偿成为其重要的创收来源，斯坦福大学由此被认为属于 NPE 中的大鳄。

作为 OTL 专利技术转移模式的首创者，斯坦福大学在专利运营方面具

---

❶ 林举琛. 中美高校的专利技术转移及产业化比较研究——以斯坦福、加州理工学院、北京大学为例 [J]. 科技创新与知识产权, 2011 (16).

有如下特点。

1. 以技术推广为主要目的

受美国相关法律制度影响，为化解利益冲突，斯坦福大学一般不主动参与筹资或是创立新公司，而是授权许可给初创公司，并且尽量将专利技术许可给更多企业。可以接受企业的股权作为投资回报，但一般不参与经营管理，且在股权可转让时通常卖出股票。

2. 给技术经理充分授权

一项技术或发明提交给 OTL 后，指定的技术经理全权、全程负责技术的评估、是否申请专利以及营销和转让等，发明人一般不参与和企业之间的专利许可谈判、签订许可协议等环节。

3. 采取"三三三制"收益分配方案

即 OTL 办公室提取许可收入的 15% 作为管理费，并在扣除某些支出后，发明人、发明人所在系和发明人所在学院各得 1/3。

4. "许可 + 技术服务"为主要运营模式

与我国高校的技术转移方式大多是通过校办企业直接参与研究成果的产业化过程不同，斯坦福大学专利运营的主要模式是对外专利授权，并提供必要的技术服务，教职工不得在企业从事固定岗位工作。对于需要进一步孵化的技术，在许可前还可通过校内孵化基金进行前期孵化。

5. 积极参与侵权诉讼，维护自身权益

斯坦福大学只产专利，不生产产品，但对于侵犯其专利权的行为，斯坦福大学仍然积极维权，甚至对许多大公司提起专利侵权诉讼。通过专利诉讼，斯坦福大学获得了可观的收入。正因为如此，有人认为斯坦福大学与加州大学、麻省理工学院一样均是大学中著名的"Patent Troll"。

截至 2013 年 12 月底，斯坦福大学 OTL 累计公布了 6 000 多项发明成果，执行了超过 2 600 多项发明的技术转化，其中有近 1 500 项转化的发明得到市场的高度认可，年收益基本稳定在 6 000 万美元左右，累计获得了约 13.4 亿美元的技术许可收入，其中 8.94 亿美元归入斯坦福大学和发明人的账下，并且还以技术入股的形式持有约 90 家公司的股票。通过不断的技术创新和专利运营模式创新，斯坦福大学逐步成为美国大学中专利运营成绩突出的龙头。

三、牛津大学模式

牛津大学是英国的著名大学，汇集了一支庞大的世界一流的科技人才队伍，创造出了众多高水平的科研成果。为了把这些专利产业化，使之成为现实的生产力，牛津大学从组织架构到运作机制等方面进行了总体设计，主要是通过牛津大学下属的 ISIS 创新公司（Isis Innovation Ltd.，简称"ISIS 公司"），把大学的学术研究活动与商业运作有机地结合起来，创造了大学科技成果转化的所谓"牛津大学模式"（也称为"有限公司模式"）。

ISIS 公司成立于 1988 年，是牛津大学的全资子公司，该公司的管理体制为牛津大学董事会领导下的总经理负责制，其主要任务是把牛津大学的科研成果市场化，为牛津大学提供科研成果转化服务。

目前，ISIS 公司拥有员工 90 多人，其中一半以上人员为项目经理，其他人员从事专业技术、金融、法律、会计等工作，大多数员工具有博士学位。ISIS 公司内部分为 3 个部门，分别是技术转移部、咨询部和企业部。技术转移部主要协助牛津大学研究人员商业化其研究成果，包含专利申请、许可授权、创办衍生公司等。咨询部主要是帮助牛津大学的研究人员寻找业务机会并对其进行管理，同时帮助客户接触到牛津大学世界级的跨学科专家，这两个部门主要面向大学内部提供服务。企业部则主要是为公共部门及企业提供技术转移和创新管理的咨询服务，不仅为技术提供方及技术寻求方建立联系，还为政府、科技园、投资者及研究资助机构提供建议和咨询。

牛津大学在推进科研成果转化工作上已经建有一套较为健全合理的组织机制、转化机制、投入机制和回报机制。所有的科研成果首先由大学研究服务部通过许可的方式转让给 ISIS 公司，ISIS 公司根据不同类型科研成果商业化的特点，选择采用特别许可（Licence）、衍生公司（Spin – out）或者联合投资（Venture）等方式将科研成果商业化，完成科研成果的转化工作。对成果转化后产生的、属于牛津大学的经济效益，全部回馈到牛津大学、研究人员、学院（系）以及 ISIS 公司等。

ISIS 公司具有非常明晰的收益分配方案。在扣除相关成本之后 ISIS 公司抽取 30%，剩下的收益分配给研究人员、牛津大学和相关院系。具体分配比例如表 5-1 所示。

表 5-1　牛津大学专利技术转移收益分配表❶

总收入	科研人员	大学基金	院系基金	ISIS 公司
72 000 英镑以下	60%	10%	0%	30%
72 000~720 000 英镑	31.50%	21%	17.50%	30%
720 000 英镑以上	15.75%	28%	26.25%	30%

ISIS 公司为大学和研究人员提供的服务活动可以分为以下几个阶段：①寻找有市场开发前景的大学研究成果阶段。②对研究成果进行市场分析阶段。ISIS 公司根据研究成果的技术领域，指定一个项目经理和成果发明人员组成工作小组，在公司市场营销、法律及其他有关方面专业人员的协助下，对研究成果进行市场分析和评估，提出报告，经小组和公司两级审议，最终确定研究成果的商业化方案。③研究成果保护阶段。研究成果获得肯定后，由 ISIS 公司和成果发明人共同制定临时保护措施，确定权益和责任，并由 ISIS 公司出资组织申请专利等保护措施。④成果商业化阶段。主要包括知识产权特许、成立衍生公司两种形式，也有采用联合投资的方式。⑤收益分配阶段。对科研成果转化取得的收益，牛津大学制定了透明的政策和规则，并规定了具体的分配比例。

对于牛津大学具有良好商业化前景的技术，ISIS 公司负责对其进行成果保护（例如申请专利）和商业策划，寻找投资人成立新公司。ISIS 公司不会参与投资，也不参与新公司的管理。在这个过程中，科研人员做科研，并进行技术指导和服务，大学作为知识产权所有者，ISIS 公司来进行商业策划、整合资源，投资人来投入资本，成立新公司，各方发挥各自的作用。

与一般 OTL 模式相比，牛津大学的模式除了具有一般 OTL 专利运营的基本流程和操作模式，同时公司化运营更加灵活，运营方式和服务内容更加多样化。ISIS 公司不仅为牛津大学内部教职工服务，同时还为公共部门

---

❶ 中国科研成果商业化需将知识产权下放到大学 [EB/OL]. (2015-03-18) [2016-06-08]. http://industry.caijing.com.cn/20150318/3842602.shtml.

甚至全球的客户提供技术转移和创新管理的咨询服务，服务范围包括了全球 60 多个国家。2012 年，ISIS 公司认为开拓中国大学技术转移市场趋于成熟，在中国大陆设立了第一个代表处。此外，ISIS 公司采用根据总收入额不同比例的分配政策更加有利于鼓励发明人和技术许可机构。

ISIS 公司每年达成许可协议超过 100 份，在其成立以来的 20 多年时间里相继建立了 110 多家新创公司，其中有多家公司运作成效显著并已在伦敦证券交易所成功上市。2014 年，ISIS 公司的营业收入总额为 1 450 万英镑，拥有的 PCT 专利申请在英国排名第四位，在全球排名第十六位，已经成为全球专利技术产业化的佼佼者。

四、上海生命科学研究院模式

中国科学院上海生命科学研究院（简称"上海生科院"）成立于 1999 年 7 月，是中国生命科学领域规模最大、实力最强的综合性国家研究机构。

为促进专利技术转移转化，自 2002 年起，上海生科院借鉴国际先进经验，开始了专业化的知识产权管理和技术成果转化工作的探索：成立由分管副院长直接领导的知识产权与产业化中心，制定了全面的知识产权、成果转化及企业合作的规章制度和工作流程，例如规定成果转化收益按照 5:4:1 的比例在发明人员、单位、转化人员之间分配，希望以此来调动各方面的积极性。

2007 年，在原来知识产权与产业化中心的基础上，上海生科院成立了知识产权与技术转移中心（简称"知产中心"），希望建立市场化、专业化和具有国际水平的知识产权与技术转移工作体系。该中心采取完全市场化运行机制，给予充分的用人自主权和财务自主权，并将技术许可或者技术转让净收入的 10% 分配给知产中心的转化人员，用于补充运转经费和奖励。按照与国际接轨的专业化运作模式，加强对专利申请、评估和培育的全过程管理，将提高专利质量和技术的商业价值作为工作重心，在此基础上进行专业化的市场营销。

为克服国内多数研究所和大学通常把知识产权和技术转移分别独立管理的问题，上海生科院将上述两项工作同时交给知产中心管理，建立了由"发明→评估→增值→专利→发展→市场→许可/转让→谈判→合同"等步骤组成的专业化工作链。通过从发明形成专利的过程加强管理，从增加商业价值的角度对专利进行培育，实现了从发明披露到最终转化的全程管理，避免管理脱节，保证专利质量，提高效率，统一调动技术转化的积极性。

在专利权获取方面，知产中心全程参与是否申请专利的评估、专利申请文件准备、审查意见答复等全过程。在接到一个新的发明披露信息后，通过文献和市场信息的检索、调查与分析，初步评估可能获得的专利权保护范围以及商业价值，以判断是否需要提交专利申请。对价值很低或不宜申请专利的发明创造则主动放弃申请。对于申请专利的发明，从专利申请文件的撰写到审查意见答复直至授权，知产中心通过监督专利代理事务所的工作，对专利申请过程的每一个环节进行严格的全程管理和质量监控。

申请专利后，知产中心下一步工作是对该专利技术进行市场营销和商业谈判。知产中心首先针对专利技术进行详细的行业、产品、技术的市场状况和竞争优劣势分析，以及行业中具体公司的经营状况和需求分析；其次，有针对性地对目标公司进行推介；再次，协助感兴趣的公司对专利技术进行评估，促使其作出进入谈判的决定；然后，对专利技术进行价值评估并针对目标公司特点设计交易结构，与其进行涉及合同主要条款和细节的商业谈判；最后，签订并执行合同。在整个过程中，知产中心会经常与科研人员和发明人沟通意见，但最终决定由知产中心作出。

根据现有的资料，上海生科院的知产中心是国内第一家与国际OTL最为类似的专利运营机构。由于受国内大学和科研院所的科技成果行政化管理传统的影响以及中国专利运营发展处于起步阶段的现实，这家中国式OTL从一开始即面临着诸多与国外大学OTL不同之处。

1. 在运营人才方面

不管是大学和科研院所从事专利技术转移转化人才还是企业从事专利运营人才均是极度缺乏，因此上海生科院采取了国外引进与自己培养相结合的用人机制。早在2003年初，上海生科院即从美国聘请了一位从事多年的知识产权管理和技术转移工作的专家担任顾问，为上海生科院培训技术转移的专业人才。2007年成立知产中心之后，在中心主任的带领下面向国内聘用一批具备较好的基础条件的人才加以深度强化培训，并在技术转移的工作实践中有针对性地培养、锻炼，构建专业化专利运营团队。

2. 在专利质量管理方面

知产中心需要在专利质量管理上投入更大的精力。大学和科研院所传统专利管理机制存在严重的重数量、轻质量，重申请、轻转化的倾向，知产中心在发明人向其披露发明信息后，对发明的商业价值评估、是否申请专利以及专利申请的代理质量（包含专利申请文件的撰写质量、审查意见答复质量）等环节均需要投入更多力量，进行深入、细致的全程管理。

3. 在收益分配上

受当时国家政策影响更加注重保护单位的利益，知产中心收益比例较低。由于大学和科研院所的专利属于国有资产，在《促进科研成果转化法》修改之前，在收益分配上各级部门均极为谨慎。为了促进大学和科研院所科技成果转移转化，2015 年 8 月修改后的《促进科研成果转化法》放宽了这方面的限制，明确将个人收益提高到不低于 50%，并规定单位享有所有权和处置权。

2007 年以来，上海生科院多次成功实现了专利技术对外许可，包括将一件蛋白抗肿瘤药物的专利授权许可给法国赛诺菲－安万特；向葛兰素史克转让治疗自身免疫性疾病的化合物；在亚洲以外的地区将一种新的基因工程抗虫技术应用于 4 种农作物的技术许可给世界最大的农业生物技术企业——美国孟山都。2007～2011 年每年的技术转让合同金额和到账金额均居中国科学院各大科研院所的首位。上海生科院与国内外企业签订的合同金额从 2006～2007 年的 3 505 万元，增加到 2008～2009 年的 2.10 亿元，再进一步增加到 2010～2011 年的 6.96 亿元；到账金额从 2006～2007 年的 2 174 万元，增加到 2008～2009 年的 3 727 万元，再进一步增加到 2010～2011 年的 6 323 万元，增长趋势和幅度十分明显，知产中心专利运营取得了显著成效。

2010 年，在上海生科院知产中心的基础上成立盛知华公司，意在进一步培养专业人才和团队，将知识产权专业化管理的成功模式向中科院的其他研究院所、大学和研发型企业辐射，提高我国知识产权管理的整体水平。2010～2013 年，上海生科院的知识产权管理和技术转移工作即由盛知华公司操刀，这种运作模式实际上与我们前文叙述的大学的专利运营模式有相似之处。2014 年以后，盛知华公司与上海生科院脱钩，成为独立运行的市场主体，上海生科院的知识产权管理与技术转移转化业务又退回到了知产中心成立前的状态。这种机构的反复变化，从一个侧面也反映了我国科研机构知识产权运营管理存在较大的改革空间，迫切需要找到合适的体制机制，提高管理、运营效率。

关于盛知华公司的具体专利运营模式介绍参见本书第八章第二节。

五、清华大学模式

清华大学是我国一所著名学府，每年产出大量的专利等知识产权成果。仅 2015 年一年，清华大学提交的国内专利申请就达到 2 130 件，获得专利授权 1 810 件，并于 2015 年和 2016 年连续两年在中国大学专利奖排行榜中，以绝对优势高居榜首。在国际专利申请量和授权量上，2010 年以来，清华大学在国外的专利申请量年均 400 余件，授权量年均 300 余件，其中 2014 年在美国获得专利授权量名列全球各大学第二位，2015 年列第三位。

为加强知识产权管理，促进专利技术的转移转化，清华大学成立了校级知识产权领导小组，该小组统一负责领导学校知识产权和技术转移工作。该领导小组成员包括学校主管科研、产业和校地合作的校领导、总会计师、技术转移研究院、资产处、科研院、校办等部门的负责人。

在专利运营方面，清华大学建立了较为完善的制度体系，涉及专利技术研发、专利申请、专利奖励、专利技术推广、专利技术投资等全流程。此外，清华大学还建立了较为齐全的专利技术运营机构，包括技术转移研究院、成果与知识产权管理办公室、科研院、国际技术转移中心、清华控股有限公司以及地方院、派出院等。从 OTL 运营模式角度来看，清华大学的技术转移研究院和成果与知识产权管理办公室更接近 OTL 模式。下面重点介绍这两个机构。

为推动重大创新成果的产业化，建立充分面向市场、多要素深度融合的科技成果转化机制，有效提高科技成果的转化率和成功率，清华大学于 2014 年 6 月成立了技术转移研究院（简称"技术转移院"），其主要职责是将清华大学现有的科技成果通过市场机制转移到企业实施运用。

根据清华大学技术转移院官网介绍，● 其具体工作包括：①评估和筛选学校有市场化前景的科技成果；②对筛选出的科技成果进行知识产权保护；③将成果进行市场推广，寻找合作企业；④与合作企业进行商务谈判，签订许可协议；⑤跟踪合同执行情况，维护学校与企业长期的合作关系。

清华大学的技术转移工作流程如图 5 - 2 所示。

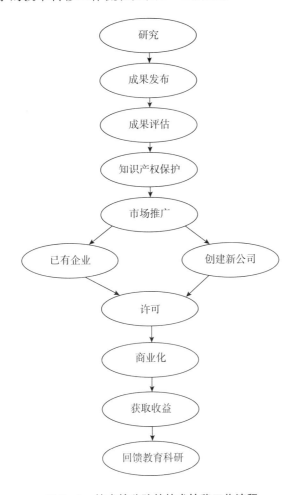

图 5 - 2　技术转移院的技术转移工作流程

● 技术许可 ［EB/OL］. ［2016 - 07 - 10］. http：//ott. tsinghua. edu. cn/publish/jszyyjy/935/index. html.

2015 年 10 月，清华大学学习国外知名大学技术许可办公室的运行模式，将原隶属于科研院之下的成果与知识产权管理办公室独立出来，成为学校知识产权管理领导小组的办事机构。成果与知识产权管理办公室主要负责清华大学所有的科研成果与知识产权的保护和许可、转让等，具体包括科技奖励、专利管理、技术转移和综合法务等 4 项工作。

技术许可对象可以是已经存在的企业，也可以是新创建的企业。许可方式包括普通许可、排他许可、独占许可等不同方式。许可收益将按照学校相关政策在成果完成人（团队）、完成人所在学院（系）和学校之间进行分配。2015 年，清华大学成为"三权"（所有权、处置权和收益权）下放试点改革单位之一，当年制定了相关政策，如许可转让收益的 70% 分配给成果完成人和为成果转化作出贡献的团队或者老师，学校和院系各取 15%。

此外，清华大学科研院的科技开发部和清华大学国际技术转移中心（ITTC）也分别承担着部分专利技术转移转化工作。例如，科技开发部主要负责清华大学对外专利许可合同审核和管理、科研成果收集与推广，但不负责具体的转化工作。ITTC 则是清华大学与国际化企业合作的窗口，该中心于 2002 年 9 月被原国家经贸委和教育部联合认定为国家级技术转移中心，在专利运营方面，主要从事专利技术的国际经营，与国外相关机构的技术转移合作实现国际技术资源与产业界的双向对接，以及参与清华大学重大技术成果产业化的平台建设等。为有效地实施专利技术转移，该中心于 2002 年 6 月发起设立一个经营性实体——科威国际技术转移有限公司（COWAY）。

清华控股有限公司主要负责清华对外投资，比如以专利技术入股成立控股公司，该公司代表清华持股。

由此可见，从工作流程上看，清华大学 OTL 模式与国外大学的 OTL 模式基本类似，但在机构上显然复杂得多，到目前为止还没有像斯坦福大学、牛津大学那样建立统一的、专业化专利运营机构，这也许是国内大部分高校和科研院所专利运营的一个普遍特点。

近年来，清华大学在专利运营方面可谓可圈可点。自 2012 年开始，清华大学组织校内有关单位，共筛选出 400 余件有实施转化前景的专利，先后对"燃煤烟气脱硫石膏改良碱化土壤"等重点项目开展深入的专利布局策划和预警分析，全程参与部分专利进入标准或专利池的推进工作。特别是通过其校办企业——清华同方威视技术股份有限公司完成的大型集装箱和车辆检查系统专利技术产业化取得了非常好的效果。

第二节　校企合作模式

一、概　述

校企合作模式主要包括校企直接合作模式、校企联合研发模式和校企联合产业化模式 3 种。

校企直接合作模式是我国高校和科研院所进行技术转移转化最广泛的模式。我国绝大多数高校和科研院所均设立有类似于科技开发部（开发处）或专利管理处的机构，这些机构的主要职责在于制定学校或科研院所的知识产权保护和管理方针政策以及具体负责专利申请、登记、注册、评估和管理等事务，同时还部分承担专利技术的推广和转化应用的职能，但很少有像国外 OTL 那样全流程关注专利的转移转化。由于技术转移主要靠科研人员或管理人员直接与企业联络，合作规模和技术交易额普遍较小，以单个具体专利的简单许可或转让为主，因此实现转移的技术大多是相对简单的专利技术。

与校企直接合作模式相比，校企联合研发模式和校企联合产业化模式在专利技术的创造和转移转化方面更具系统性，校企合作更加深入，可实现更加复杂技术的转移转化。下面重点介绍这两种运营模式。

二、校企联合研发模式

校企联合研发模式包括高校或科研院所与企业建立联合研究所、联合研究中心、联合实验室等，通过这种联合研发机构能够很好实现校企优势互补，企业发挥熟悉市场的优势和资本优势，高校或科研院所发挥研发力量强的优势，技术转移效率高。在这种运营模式下，高校或科研院所一方面可以选择某些前沿领域的一些基础性问题进行长时间研究，另一方面还可以针对企业实际发展需要，有针对性地开展应用型研究，由此所产生的专利成果更具有实用性。

　　清华大学与富士康之间的合作是这类运营模式的典型代表。2002 年 4 月清华大学与富士康签订《清华 - 富士康纳米科技研究中心建设合同》，富士康捐赠 3 亿元人民币，与清华大学共同建立清华 - 富士康纳米科技研究中心。

　　清华大学派出由范守善院士领衔的科研团队进行纳米技术开发，富士康方面提供资金支持，并派出专业的知识产权服务团队，为纳米中心的研究成果进行专利挖掘和布局。10 多年来，该中心充分发挥清华大学的科技与人才优势和富士康的产业化优势，共同推进了知识产权保护、原料生产、产品设计、设备研发、生产工艺的开发，培育全新的纳米产业，促进了纳米科技的基础和应用研究，并有效地开展了科研成果的产业化。

　　在合作过程中产生的知识产权成果由清华大学和富士康共同拥有，并由富士康负责产业化实施。从目前已经公开的数据来看，自 2002 年清华大学与富士康开始合作以来，两者即开始共同申请中国专利，自 2004 年之后开始共同向国外申请专利，包括美国、日本等国家。截至 2015 年，清华大学与富士康共同申请了 1 200 余件中国专利，约 1 300 件美国专利，在全球共申请了近 3 000 件专利。图 5 - 3 是清华大学与富士康自 2004 年以来在中国、美国以及全球专利申请总量统计。

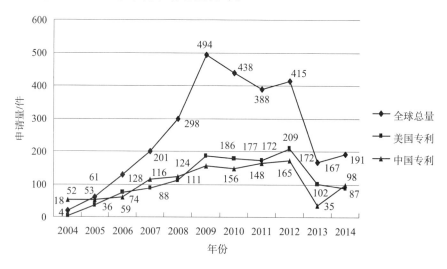

图 5 - 3　清华大学与富士康历年共同专利申请统计

　　从图 5 - 3 可以看出，清华大学与富士康的共同专利申请主要集中在中国和美国，每年在这两个国家提交的专利申请量占申请总量的 80% 以上，自 2009 年开始在日本和韩国进行专利布局，但在其他国家和地区的专利申请较少，且没有提交 PCT 专利申请。

清华－富士康纳米科技研究中心是清华大学与富士康的合作共建的产学研创新平台，它充分整合清华大学的多学科人才以及富士康的产业化经验，实现了从基础研究的发现过渡到信息产业的创新。在这种合作模式下，清华大学在纳米基础研究方面具有极强的科研实力，并主导着整个研究方向，同时富士康具有较强的产业化实力和专利布局能力，能够及时对清华大学具有商业化前景的研究成果在世界范围内提供完备的专利保护，并实施产业化。从开始合作以来，清华－富士康纳米科技研究中心已陆续成功研发出纳米金属耳机、碳纳米触摸屏、碳纳米喇叭、纳米阻燃材料等商品化产品，富士康也已经将其中的某些科研成果如碳纳米管阵列生长技术、碳纳米管拉膜技术以及碳纳米管触摸屏技术成功地产业化了，由此形成了一种科研成果从创造到保护到转化再到创造的良性循环。❶

与校企通过具体项目直接合作模式不同的是，由于清华大学与富士康建立的是长期稳固的合作关系，这对于促进双方在某一技术领域的长期积累、构建顺畅的产学研协作机制和专业化人才培养均具有十分重要意义。清华大学与富士康的这种合作模式极大地提高了大学专利质量、提升专利技术转移转化率，堪称校企合作中产学研结合的经典，对于其他高校和科研院所具有很好的借鉴意义。

三、校企联合产业化模式

在校企联合产业化模式下，高校或科研院所以专利技术入股，与现有企业合作或成立新的公司进行专利技术产业化运营。对于一项复杂的技术，高校或科研院所通常需要经过长期科技攻关，在取得知识产权之后、正式投产之前一般还需要较大的投入，甚至可能还需要进行长时间的多次试验性生产以改进、完善相关技术。对于这类技术的产业化，高校、科研

---

❶ 中国技术交易所. 专利的校企合作模式——以清华和富士康为例［EB/OL］. (2015 - 02 - 15). http：//wenku. baidu. com/link? url ＝ - Vx8cYNrlJujkmFWfHotEM79NZrnoRzl08adrSKiy2tnBUaOkP3Lsz_bHoxdy2YWv1wRkleIh_ DQ0a85eWdHoAcKzxP72zu3dhfjDvPZzei.

院所或企业仅靠自身力量通常都难以完成转移转化，因此校企联合产业化模式是校企合作模式中最复杂的模式，也是专利实现其技术价值和经济价值的最直接的模式。

下面以中国科学院大连化学物理研究所（简称"大连化物所"）的甲醇制烯烃（DMTO）技术为例重点介绍联合产业化模式。

低碳烯烃是重要的石油化工原料，早在"六五"期间，我国就把由非石油路线制取低碳烯烃列为重大项目，给予了重点和连续的支持。

以天然气（或煤）制取低碳烯烃的技术是由非石油路线制取低碳烯烃技术的重要方向。根据该技术核心中间反应环节——甲醇制烯烃过程不同，该技术主要有 MTO（甲醇制乙烯、丙烯）和 MTP（甲醇制丙烯）两大类。

大连化物所成立于 1949 年。自 20 世纪于 80 年代初开始，大连化物所即率先开展了利用天然气（或煤）制取低碳烯烃的研究工作。20 世纪 90 年代完成以小孔 SAPO 分子筛为催化剂的 MTO 流化反应技术，于 1996 年获得中国科学院科技进步特等奖。以上述成果为基础，大连化物所进一步开发出具有自主知识产权的 DMTO 技术，并于 2004 年与陕西新兴煤化工科技发展有限责任公司、中国石化集团洛阳石油化工工程公司（LPEC）三方合作建成了世界上第一套万吨级工业性试验装置，2005 年 12 月正式投入试验运行。在试验性装置设计和运行中，具有 40 多年经验的中国石化集团洛阳石油化工工程公司负责 FCC 硫化工程技术的设计和运行，对于完善 DMTO 的核心技术——反应再生部分应用的硫化工程技术起了重要作用。

在 DMTO 开始大规模产业化后，大连化物所又研发出新一代甲醇制烯烃技术（DMTO - II），2010 年 5 月与合作企业完成工业性试验，2013 年 5 月陕西蒲城清洁能源化工有限责任公司采用 DMTO - II 技术建设 67 万吨/年煤制烯烃项目开工，并于 2015 年 2 月全流程打通。

在大连化物所开发 DMTO 技术同时，上海石化、清华大学以及美国埃克森美孚、德国鲁奇、法国道达尔等公司均在加紧开发 MTO 技术。除了大连化物所研发出的 DMTO 技术之外，上海石化研发出的 SMTO、德国鲁奇MTP 技术以及清华大学提出的 FMTP 也均在 2009 年前后完成中试或工业化生产，且相互之间具有很强的替代性。

国内甲醇制烯烃技术主要技术分支以及工业化发展情况如表 5 - 2
所示。

表 5 - 2 国内甲醇制烯烃技术工业化发展情况❶

工艺	工艺细分	研发机构	中试或工业化
MTO	SMTO	上海石化	2007 年燕山石化甲醇制烯烃中试装置
			2010 年中原石化建设 60 万吨甲醇制烯烃工业装置
	SDTO	大连化物所	暂无
	DMTO	大连化物所	2004 年联合陕西新兴煤化工科技发展有限责任公司建成世界首套万吨级工业试验装置
			2010 年神华包头煤制烯烃项目年产 60 万吨烯烃，为世界首套煤制烯烃工业化装置
	DMTO - Ⅱ	大连化物所	2010 年与陕西浦城清洁能源化工有限责任公司在陕西渭南建设年产烯烃 67 万吨的甲醇制烯烃项目
MTP	MTP	德国鲁奇	2009 年大唐国际在多伦建设年产 46 万吨煤制丙烯项目
			2010 年神华宁夏煤业集团有限责任公司年产 50 万吨煤制烯烃项目
	FMTP	清华大学	2009 年与安徽淮化集团有限公司建成丙烯年产量 2 万吨的 FMTP 工业性试验装置

大连化物理所从项目研究的初期就注重知识产权的保护，而且在后续
的研究工作中，一直将知识产权工作与 DMTO 的研究工作齐头并进。截至
2015 年初，DMTO 项目的研究成果已经提交了 60 余件专利申请，其中包
括 7 件国外专利申请。在 DMTO 技术方面，大连化物所布局了基本完备的
专利保护体系。

如上文所述，甲醇制烯烃领域实际上竞争非常激烈，国内和国外不少
研究机构和企业均在加紧技术研发，并且在中国早已开始了专利布局。截
至 2014 年底，各申请人在中国提交的专利申请如表 5 - 3 所示。

❶ 王丹，李慧，史芸，宋欢. 甲醇制烯烃技术中国专利申请状况分析 [J]. 中国发明与专利，2014 (12).

表5-3　甲醇制烯烃领域主要申请人中国专利申请数量统计表

序号	申请人名称	专利申请数量/件
1	中国石油化工股份有限公司上海石油化工研究院	224
2	中国石油化工股份有限公司石油化工科学研究院	62
3	大连化物所	60
4	神华集团有限责任公司	44
5	埃克森美孚化学专利公司	35
6	中国神华煤制油化工有限公司	25
7	国际壳牌研究有限公司	20
8	浙江大学	20
9	巴斯福股份公司	18
10	中国科学院过程工程研究所	18
11	中国石油化工股份有限公司北京化工研究院	17
12	中石化炼化工程（集团）股份有限公司	16
13	巴斯夫欧洲公司	15
14	复旦大学	13
15	中国科学院化学研究所	13
16	北京低碳清洁能源研究所	12
17	大连理工大学	12
18	清华大学	12
19	中国科学院山西煤炭化学研究所	12
20	中国石化上海石油化工股份有限公司	12

从表5-3中可以看出，在甲醇制烯烃技术方面，中国石化上海石油化工研究院占有绝对优势，大连化物所以约60件申请排名第三位。

为推广DMTO专利技术，2008年大连化物所将其拥有的DMTO知识产权全部注入陕西新兴煤化工科技发展有限责任公司，该公司是2004年由陕西省投资集团、泰国正大煤化有限公司和陕西煤业化工集团有限责任公司共同发起成立。大连化物所加入后，公司进行了重组并更名为"新兴能源科技有限公司"（简称"新兴公司"）。重组后的新兴公司成为一家由大连化物所、陕西煤业化工集团和泰国正大煤化有限公司共同组建的中外合资公司，其中大连化物所以甲醇制烯烃类技术专利所有权出资作价5 727万元，占该公司注册资本的45%。

新兴公司依托大连化物所在 DMTO 方面强大的研发实力，并通过与中国石化集团洛阳石油化工工程公司合作，很快形成了完整的具有较强商业化能力的 DMTO 技术，有力地推进了 DMTO 专利技术的产业化进程。2010 年 8 月，神华包头 DMTO 工业装置投料试车一次成功，这是世界上首套大型甲醇制烯烃工业装置的成功，标志着我国率先实现了甲醇制烯烃的核心技术及工业应用零的突破。2013 年 5 月，多方合作的陕西蒲城清洁能源化工有限责任公司世界首套 DMTO－Ⅱ工业示范装置开工。2014 年延长靖边、中煤榆林、宁夏宝丰、山东神达 DMTO 工业装置相继投产运行。

截至 2015 年底，大连化物所利用 DMTO 专利技术，通过新兴公司已经与 10 多家有技术需求的企业签订了技术许可使用合同，DMTO 系列技术已经累计实现技术许可 20 套工业化装置，技术许可合同额近 20 亿元，对应烯烃产能 1 126 万吨/年，预计拉动投资 2 500 亿元，全部投产后新增产值约 1 500 亿元，实现新增就业约 17 000 人。目前，已经投产了 8 套工业装置，烯烃产能合计达 460 万吨/年，新增产值约 500 亿元/年，利税超过 100 亿元。❶

DMTO 技术是大连化物所具有自主知识产权的煤制烯烃技术，这项技术的产业化实施为我国提供了一种新的烯烃原料路线，对于满足我国传统的油制烯烃的缺口是一种有效的补充。除了其本身的技术先进性和很好满足现实需求之外，从研究型机构专利技术产业化运营角度来看，大连化物所此次 DMTO 专利技术产业化运营模式对于我国大学、科研院所等研究型机构是一种很好的借鉴，其成功原因至少与如下因素相关。

1. 构建完备的专利保护体系

大连化物所具有很强的专利保护意识，不仅建立了健全的知识产权组织管理机构，还有完备的制度体系，例如设立科技处和知识产权办公室，制定知识产权管理办法、专利奖励办法等制度，并为提高发明专利申请质量、提升核心专利应用价值，实行专利申请分级管理制度。截至 2015 年初，大连化物所累计申请专利 5 564 件，其中发明专利 5 251 件，累计专利授权 2 199 件，其中发明专利授权 1 925 件，累计 PCT 专利申请 210 多件，

---

❶ 贺莎莎，谢小芳. 坚持不懈实现世界首次甲醇制烯烃技术产业化［N］. 大连日报，2015－12－09（A02）.

获得国外专利授权 80 多件。1992 年提交了我国关于甲醇制烯烃技术的首件专利申请，在 2006 年 DMTO 技术投料试车成功后，就 DMTO 技术提交了大量的专利申请，对其进行了周密的专利保护。

2. 构建科学的对外投资管理体系

大连化物所为促进科技成果转移转化，内部建立了较为完备的对外投资管理体系，包括设立有经营性资产管理委员会、中科化物（大连）科技发展有限公司等，同时还制定了外派企业高管人员管理办法、对外投资及收益管理办法。根据该所规定，该所可向其控股企业外派高管，在外派期间保留外派人员的人事编制，外派任期满后，结合考核结果和外派高管本人意愿，外派高管可选择在驻在企业连任或回到研究所工作；对于以无形资产投资新设立公司，无形资产的 50% 股权用于奖励科研团队。根据新兴公司网页显示，目前该公司董事长刘中民即为该所外派高管。通过这些制度能够有效激发科研团队对产业化企业的技术服务和指导的积极性。

3. 构建行之有效的产业化运营模式

此次 DMTO 专利技术产业化采取了资金、技术服务和生产条件三要素有效配合的合作模式。在此次产业化运营中，新兴公司实际上是由大连化物所控股的专业化的专利运营公司。资金、技术服务和实验性生产条件等要素通过新兴公司得到有效协调。大连化物所研发团队擅长催化剂技术创新，能够提供优质的专业技术服务，但并不熟悉在工业化过程中具体设备和生产过程，而这些正是中国石化集团洛阳石油化工工程公司擅长的，新兴公司为 DMTO 项目提供了充足的资金，保障了大连化物所、中国石化集团洛阳石油化工工程公司顺利地开展 DMTO 项目产业化试验。资金、技术服务和生产条件等要素有效配合，确保了此次 DMTO 专利技术成功的产业化。

在校企联合产业化方面，另一个经典案例是北京大学王选教授带领的团队研发的激光照排和出版系统。1987 年 5 月，经王选教授团队的技术攻关，世界上第一张整页输出的中文报纸——《经济日报》的诞生，标志着王选教授团队研制的汉字激光照排系统取得了成功。此后，王选教授团队进一步改进激光照排系统技术，并进行周密的专利布局，同时通过方正集团实施激光照排系统专利技术的产业化。

截至 2015 年底，方正集团在中国申请了 3 400 余件专利，其他国家或地区共申请了约 600 件专利，其他国家和地区主要包括美国、日本、欧洲、韩国等。考虑到激光照排系统专利技术转化的复杂性，方正集团组建了科研、开发、生产、测试、销售、培训、服务"一条龙"的转化团队，北京大学专利技术的产业化正是通过"一条龙"的转化团队来实现的，其中"龙头"是北大方正技术研究院，依托北京大学雄厚的科研人才，它成为方正集团取之不尽的技术创新源泉，"龙身"是北大电子出版新技术国家工程研究中心和北京北大方正电子有限公司，"龙尾"是方正集团及其下属众多的分公司和分销商，构成国内首屈一指的销售服务网。方正集团"一条龙"的转化体系，把有市场观念的科学家和有科学头脑的企业家完美地结合起来，有效地实现了专利技术的产业化。❶

经过近 30 年的推广，国内 99% 的报社、90% 的出版社和印刷厂采用了方正集团的激光照排系统。方正字库是目前国内市场占有率第一的字库，在国内有近 90% 的报社、出版社、印刷厂每天都在使用方正字库，而海外的中文的报刊中，方正字库的占有率也已经达到 80%。❷

北京大学激光照排系统专利技术的成功产业化使人们告别了"铅与火""纸与笔"，迎来了"光与电"。良好的技术前景和广阔的市场，再加上产学研的完美结合，这些是北京大学激光照排系统专利技术成功产业化的主要原因，也是我国早期校企联合产业化专利运营的成功典范。

---

❶ 陈美章. 关于大学专利技术产业化的思考（上）［J］. 知识产权，2005，15（03）：3－7.

❷ 方正：国产自主创新的脊梁 ［EB/OL］.（2015－01－16）［2016－07－10］. http：// www. cctime. com/html/2015－1－16/201511617435 9974. htm.

第六章　营销获利型专利运营

如第一章第三节中所述，专利运营主体包括 PE 和 NPE 两类。PE 由于生产的需要，专利运营的目的包括获取经济收益、市场控制权、所需技术或专利融资等。与之不同的是，NPE 专利运营的目的是，通过对外专利许可、转让的方式获取经济收益。因此，本章将 NPE 的不同专利运营模式统称为营销获利型专利运营。

在 NPE 中，有一类主体因其专利运营方式比较特殊，且往往要价较高，企业界为表达不满，将其称为"专利流氓"。由于本书只希望尽可能客观地介绍不同运营主体的不同运营模式，并不作道德评判，因此为表述方便，本书将这类专利运营主体称为特殊 NPE，其他 NPE 称为普通 NPE，相应地前者的专利运营模式称为 NPE 的特殊模式，后者的专利运营模式称为 NPE 的一般模式。

第一节　普通 NPE 的运营

一、概　　述

产品生产的产业链主要包括研发设计、生产制造、营销服务等环节，其中研发设计、营销服务环节的附加值高，生产制造环节的附加值低，构成产业链的"微笑曲线"。有些企业将生产制造环节外包，聚焦研发设计和营销服务，例如苹果公司并不制造 iPhone，但是每销售 1 部售价 600 美元的 iPhone 4，可以从中获得 360 美元的利润。有些企业只聚焦营销服务，例如沃尔玛公司，不进行产品的研发设计，也不进行产品的生产制造，只是建立强大的终端营销能力和渠道控制能力。

还有一些企业专注于研发设计，例如，1990 年 3 月 Mike Farmwald 博士和 Mark Horowitz 博士创建的一家存储器公司 Rambus 公司，掌握内存领域领先的核心技术，英特尔、东芝、日立、NEC、富士通、美光、三星等国际知名企业都使用了 Rambus 公司的技术，但是 Rambus 公司自身并不从事产品的生产制造和营销服务。这类企业中主要包括两种人：第一种是研发人员，专注于搞研发，使得企业在某一领域持续保持技术领先，例如 Rambus 公司共有 500 多员工，其中 300 多人属于研发人员；另一种是法律专家，专注于搞专利，使得企业的技术能够合理合法地许可给生产企业使用，而不是被生产企业盗用，通俗地说，就是把技术包装成专利，然后租出去或卖出去。其专利运用的目标均清晰、明确。

专利技术研发的投入很大，回报周期很长，失败的风险很高。有的企业看到这些情况，开始进一步明晰重点。它们放弃了独立研发，集中精力通过购买或合作等方式从其他企业或研究机构获得专利，再进行专利运营。例如，成立于 1982 年总部设在意大利都灵市的 Sisvel 公司，它在美国、日本和中国设置有分支机构，运营着包括与 MPEG 音频、DVB－T、CDMA2000 技术相关的多个专利池，并将这些专利许可给包括苹果公司、微软、诺基亚和东芝等国际企业在内的 1 000 多家企业。Sisvel 公司并不开展具体的研发工作，其拥有的专利有些源于合作伙伴，例如 MPEG 音频相关的专利由飞利浦和法国电信在内的 6 家企业提供；有些源于市场上购买，例如 Sisvel 公司近期收购了诺基亚 450 件专利，其中超过 350 件是关于无线标准专利，Sisvel 公司希望利用这些专利打造有关 LTE 无线系统的专利池。

Rambus 公司和 Sisvel 公司等企业或通过顶尖的研发能力，或通过深厚的法务底蕴，或通过丰富的专利运营实践经验，帮助实体企业提升技术水平、改善产品质量、优化产品结构、盘活专利资产、规避法律风险，建立"研发—推广—再研发—再推广"的良性循环。在此过程中，收取一定的服务费用，或者通过专利的转让、许可获利，可以认为是普通的 NPE。

从商业模式上看，普通 NPE 的运营模式主要包括规模专利组合、标准专利组合和优质专利组合 3 种，下面分别介绍。

二、规模专利组合

规模专利组合的运营主要包括 3 个步骤：①获取专利。一般情况下是在市场上寻找并购买有价值的专利或专利申请。②对获取的专利进行优化组合，提升专利价值，形成 1 + 1 大于 2 甚至远大于 2 的优化效果。③获取收益。将优化组合后的专利通过许可和转让等方式进行运营，获得较高的溢价。例如，高智公司是美国一家专利运营公司，其员工主要为信息、生物、材料、医疗等前沿领域的科技专家，以及风险投资家、专利律师、金融和商务精英。高智公司不从事任何实际产品的制造和贸易，其唯一感兴趣的是专利，期望实现从获取专利到经营专利的规模化运营。高智公司设立"发明投资基金"（Invention Investment Fund，IIF）用来收购具有市场开发潜力的发明创造或专利经营权，之后在高智公司内部进行二次开发或重新组合，再对外进行专利许可、转让。

在获取专利的环节中，专利运营主体主要面临 3 个问题。

1. 专利收购的资金来源

以一个优质专利平均 20 万美元，运营主体需要 500 个专利组成的专利池计算，那么运营主体至少需要 1 亿美元的资金。一般情况下，运营主体往往没有这么充足的资金，即使有这些资金，也无法承担专利运营的风险。因此，运营主体在成立伊始，往往采用融资的方式，获得专利运营所需要的资金。

2. 如何评估有价值的专利

专利的价值往往体现在两个方面：第一是当前潜在侵权产品的数量，体现了专利的当前价值，显然，当前潜在侵权产品越多，销售额越大，专利的价值就越高；第二是未来潜在侵权产品的数量，体现了专利在未来几年后的价值，也就是说虽然目前没有侵权产品出现，但是预期在一段时间后，尤其是预期三五年后能够有井喷数量产品的黑马专利往往具有很大的吸引力。专利当前价值的评估可以体现在侵权分析报告中，而专利未来价值的评估则可以体现在技术价值分析报告中。

3. 由谁出面收购专利

专利作为一种商品，具有明显类似于文物收藏品的性质。各主流国家的专利法都遵循禁止重复授权原则，使得专利具有唯一性，即没有两个保护范围一模一样的专利，就像没有两个一模一样的文物收藏品。而且由于专利往往涉及专业的技术领域，潜在的法律有效性风险、复杂的市场环境使得相同的专利在不同的买家眼里具有较大的价格差异，专利的价值难以评估确定，即使非常专业的评估机构都无法给出专利的准确估价，有时甚至和实际成交价相差 10 倍以上。对于难以判断价值的专利，卖家最简单的出售策略是看人下菜碟。可以想象，如果像苹果公司或高智公司这样的著名企业出面求购专利，那么卖家必然给出一个远远高出其心理承受能力的天价。因此，大的运营主体往往通过注册空壳公司，并借助空壳公司的名义购买专利，从而获得较低的专利收购价。例如，高智公司主要在幕后操作一些"空壳公司"来收购那些闲置在市场上的专利。根据 Avancept 知识产权咨询公司 2010 年的报告，2001～2009 年大约有 1 110 家空壳公司或附属机构帮助高智公司完成了 811 项交易，涉及 7 018 件美国专利和 2 871 件美国专利申请。❶

在优化组合的环节中，运营主体的工作核心是进一步提升专利的价值。主要采用以下几种措施。

1. 二次开发专利

专利的发明人通常都是技术专家，对于法律和市场了解不够深入，往往导致专利权人具备非常好的技术，但是专利不能起到对技术充分保护的作用，形成"强技术、弱专利"的状态。例如，某个人工心脏项目在技术方面属于国际领先，但是只拥有 1 件发明专利和 3 件实用新型专利，且法律状态和权利要求的情况都不甚理想。这种情况下，专利运营主体以"强技术"作为基础专利，通过对基础专利进行二次开发，补充外围专利，形成保护力度更强、保护范围更广的专利组合，并打包运营。也就是说，运营主体通过二次开发，将专利从弱保护状态提升为强保护状态，从而大幅度提升专利的价值。

2. 提升自由实施度

一般情况下，实体企业最关心的知识产权问题是自由实施，即企业的

---

❶ 袁晓东，孟奇勋. 揭秘高智公司发明的商业运营之道［J］. 电子知识产权，2011（6）：19－25.

产品不受到侵犯他人知识产权的诉讼或诉讼威胁，例如 IBM 的专利战略第一条就是自由实施，高通能够获得丰厚许可费的重要原因也包括通过反向授权保证缴纳许可费的企业得以在市场上自由实施。自由实施意味着没有诉讼。诉讼一般主要有两个来源，第一是主要竞争对手，第二是非主要竞争对手的专利持有人。竞争对手是显性的，实体企业一般通过交叉许可或反诉等方式与竞争对手达成和解。例如，思科认为，一个产品要想防止他人侵权只需要 3 件专利，要想不侵犯他人的专利权，可能需要成百上千件专利，多出来的专利就是用来交叉许可的。但是一般的专利持有人是隐性的，在有几千个 NPE 的美国市场上，实体企业不清楚有哪些企业或个人手里握有自身产品的可能侵权专利，无法甚至也不愿意和潜在的侵权专利拥有者逐一谈判，获得专利许可，因为逐一谈判的时间成本、法律成本和经济成本都过高。这种情况下，一方面实体企业将面临较高的诉讼成本，另一方面专利权人也面临难以许可和转让的困境。因此，一些较大的专利运营主体通过从不同的专利权人手中购买并整理涉及某类产品的相关专利，形成涉及某类产品的专利组合，进而转让或许可给生产此类产品的所有实体企业，大幅降低了实体企业的诉讼威胁，提升了自由实施度。这种专利运营的核心在于将信息不对等的多个专利权人和多个实体企业之间的沟通简化成信息对等的一个专利权人和多个实体企业之间的沟通，从而有效降低了沟通成本。

在获得收益环节中，专利运营主体需要将专利许可或转让出去，换成能够维持持续专利运营所需要的资金。如果专利运营主体和实体企业之间就许可费或转让费无法达成协议，专利运营主体通常的处理方式是向法院提起诉讼，通过司法途径解决商业矛盾。2010 年底，之前曾经宣布不主动提起诉讼的高智公司，先后发起一系列侵权诉讼，要求各大科技公司与之进行合作。2011 年 3 月，RIM 宣布其成为获得高智公司所有专利组合许可证的公司，标志着高智公司启动诉讼战略运作模式已初见成效，也印证了高智公司通过专利诉讼来实现市场交易的战略目的已经达到。

三、标准专利组合

在规模专利组合的专利运营模式中，存在很多复杂的专利运营环节，也就带来较高的专利运营成本和专利运营风险。例如，专利价值评估的不准确性往往蕴藏着较大的专利运营风险；再如，对实体企业产品是否侵权的判定也存在较大的不确定性。因此，部分运营主体将运营的专利从市场上的一般专利聚焦到标准必要专利（SEP），希望降低专利运营风险。

所谓标准必要专利，是指包含至少一项在实施标准时不可规避的权利要求的专利。与一般的专利相比，标准必要专利有以下特点。

1. 估值较高

目前虽然存在所谓的"垃圾标准"，但是相对于一般的技术，能够写入标准的技术往往更具有市场前景，最起码提交标准的企业会把最符合市场前景的技术作为标准提案。作为保护符合市场前景技术的专利显然比一般专利具有更高的价值。另外，标准具有一定的强制性，相关领域标准覆盖下的产品会较多，也就意味着侵犯标准必要专利的产品较多，因此反映出专利的价值较高。最后，一般而言，标准具有相对较长的有效期，很多标准的延续期甚至在10年以上，而且很少出现标准制定后很快被废止的情况。只要专利还没有到期，标准的有效期就是标准必要专利的生命期，只要在标准有效期内，标准必要专利就是无法规避的壁垒，这也意味着标准必要专利较一般的专利而言，具有较长的专利运营周期，能够持续带来经济效益。

2. 确定性强，易于转让许可

对于一般专利而言，侵权判定的过程是产品与专利的对比过程。产品往往具有技术复杂性，专利往往具有法律复杂性，因此把技术上复杂的产品和法律上复杂的专利相互对比和印证的过程往往变得极其复杂，这从专利官司中高昂的律师费用中可见一斑。例如，在三星和苹果公司的专利世纪大战中，仅就三星手机是否落入苹果公司外观设计专利的保护范围内的问题，双方都无法达成一致意见。这也就意味着，对于一般专利，专利权人和潜在的受让人之间容易在产品侵权与否的问题上出现争执，尤其在专利权人强烈认为侵权而对方强烈认为不侵权时，谈判往往解决不了问题，而必然借助成本更为高昂的诉讼程序。但是，对于标准必要专利而言，侵权判定的过程被大大简化了。由于产品需要声明符合哪项标准，而标准必要专利恰恰是实现相关标准无法规避的专利，因此侵权几乎是必然的，侵权判定的过程简单、高效而且廉价。因此，在标准必要专利的转让许可过程中，由于侵权判定的确定性较易于达成转让许可协议。

3. 基本不需要二次开发

对于一般专利而言，一些运营主体会以核心专利为基础，补充外围专利，形成专利组合，加大保护力度，尽量避免实体企业绕开专利的保护范围。而且，即使进行了二次开发，也不能完全保证实体企业无法规避二次开发的专利组合。但是，由于实体企业几乎无法规避标准必要专利，运营主体也就不需要对专利进行二次开发，在节约开发成本并降低规避概率的同时进一步简化了运营过程。

4. 来源明确

标准必要专利的诞生条件较为苛刻，一方面需要技术上相对成熟，适应市场的需求，另一方面需要得到行业和标准认定机构的认可。因此，与一般专利来源广泛的特点相比，标准必要专利主要来源于重点企业和科研机构。例如，拥有 40 多年技术授权经验的 Via Licensing 公司（它是杜比实验室的独立子公司）管理的 AAC 标准专利池，其中的专利来源仅包括：AT&T、杜比实验室、德国弗劳恩霍夫应用研究促进协会、飞利浦、微软、NEC、日本 NTT、法国电信、松下和爱立信等 10 家企业和研究机构。

标准必要专利具备更高价值和更为简单的运营程序，这使得包括 MPEG LA、Via Licensing 公司、Sisvel 公司、3G Licensing Ltd、ULDAGE 等知名运营主体都重点关注标准必要专利的运营，有专家甚至称整个专利运营产值的 80% 都是标准必要专利运营带来的。专利运营主体将标准必要专利的运营重点放在遵循 FRAND 原则的前提下，制定恰当灵活的授权使用费规则，以求最大化专利运营收益。例如，Via Licensing 公司对其管理的多个标准，采用不同的授权使用费规则。表 6-1 是 Via Licensing 公司对于 AAC 标准专利池制定的根据销售数量确定的单台设备授权费。

表 6-1　LTE 标准专利池单台设备授权费表

销售数量	单台设备授权费❶
第 1 台到第 500 000 台	0.98 美元
第 500 001 台到第 1 000 000 台	0.78 美元
第 1 000 001 台到第 2 000 000 台	0.68 美元

❶　带有两个以上声道的消费者产品按照 1.5 台设备计算。

销售数量	单台设备授权费
第 2 000 001 台到第 5 000 000 台	0.45 美元
第 5 000 001 台到第 10 000 000 台	0.42 美元
第 10 000 001 台到第 20 000 000 台	0.22 美元
第 20 000 001 台到第 50 000 000 台	0.20 美元
第 50 000 001 台到第 75 000 000 台	0.15 美元
第 75 000 001 台或更多	0.10 美元

对于 LTE 标准专利池，根据产品形态和销售数量确定单台设备授权费，而对于涉及 Digital Radio Mondiale 标准专利池的专业产品，该公司则采用统一费率的形式，即终端用户产品价格的 2%，并且规定费用的上下限，即每个产品的最低费用是 100 美元，而最高费用是 2 000 美元。

毫无疑问，标准必要专利是专利中"核武器"，其在运营过程中必然需要受到一定的限制。通常情况，各国和各标准化组织要求标准必要专利的运营必须遵循 FRAND 原则，即标准专利的所有人应当公平、合理、无歧视性地将拥有的标准专利许可给所有的实体企业，否则将受到较为严厉的罚则。IDC 公司（InterDigital Group 公司）拥有无线通信领域与 2G、3G、4G 相关的多项标准必要专利，并向全球主要的通信设备制造商收取专利许可费，但是不同企业的许可费率并不相同。IDC 公司要求华为按照销售额的 2% 支付专利许可费率，该费率明显高于 IDC 许可给三星、苹果公司的许可费率。为了迫使华为接收 2% 的许可费率，2008 年 11 月起 IDC 公司与华为展开多轮谈判，并在美国针对华为提起"337 调查"和专利侵权诉讼。显然，在华为看来，IDC 公司的做法明显违背了 FRAND 原则，在 2011 年 12 月，华为向国内的法院提起对 IDC 公司的反垄断诉讼，法院审理后认为，IDC 公司许可给华为的费率是许可给苹果公司的百倍左右，是三星的 10 倍左右。法院支持了华为的观点，判决 IDC 公司构成垄断，赔偿华为公司 2 000 万元人民币，并要求 IDC 公司在中国的标准必要专利许可费率不得超过 0.019%。

四、优质专利组合

优质专利组合一般是指具有较强实力的科技公司的专利组合。科技公司，尤其是大型科技公司，其生命在于创新，创新成绩的集中体现是推出充分满足市场要求的新产品和新服务，而不是专利数量上的统计数据。正如苹果公司成为创新典范的原因在于 iPhone 手机，而不是在全球范围内获得的几千件专利。同样的道理，诺基亚因为无法提供具有竞争力的手机而走向衰退，即使它手中仍握有高达 3 万件的专利和专利申请。在这种背景下，科技公司开展专利运营活动的主要目的一方面是保证自身产品的自由实施，减小受到他人知识产权干扰的风险，另一方面是通过专利保护市场，消除自己的创新成果被其他企业简单"山寨"，而不是通过专利运营直接赚取多么高的经济收益。

一方面，随着行业的高速发展，一些领域的科技公司发现巨额研发投入带来了大量的专利无形资产，也带来了高昂的专利维护成本和专利管理成本；另一方面，科技公司也发现，通过转让、许可等手段，专利资产也具有较强大的变现能力。为了盘活无形资产，创造更多的现金流，挖掘沉睡的专利价值，科技公司逐步地将其专利剥离，或者成立独立的专利运营实体，或者与专利运营公司合作，开展专业化运营。例如，美国默克集团成立了默克专利有限公司，以其名义仅仅在中国申请的专利就超过 1 000件。富士康将整体无形资产管理、交易的任务剥离到麦克斯，其中包括了全球范围内超过 6 万件的专利和超过 6 万件的专利申请。邱则有成立了湖南邱则有专利战略策划有限公司，逐步接收邱则有个人拥有的近 2 000 件专利和相关专利申请的运营管理工作。著名半导体内存技术企业美光科技有限公司则是在 2009 年直接将其 4 500 件专利中的 1/4 出售给专门从事专利许可的 Round Rock Research 公司，间接获得高额许可费用。

就专利质量来说，科技公司的专利更为优质，有些专利甚至就是标准必要专利。专利运营主体在从科技公司获得这些优质专利后，一般不需要进行二次开发。同时，在专利运营主体和科技公司合作的过程中，作为专利组合的提供方，科技公司或多或少地都会在专利运营过程中留下自身的痕迹。以下通过无线星球公司和爱立信之间的合作为例来说明。

无线星球公司前身是移动软件公司 Openwave，2012 年 5 月它停止当时的产品和业务，转型成为授权和专利保护公司。2013 年 2 月，无线星球公司从爱立信购买了约 2 150 件专利和专利申请。交易后，无线星球公司的专利数量从 260 件飙升到 2 400 多件，其中 750 多件是有关于 2G、3G 和

LTE 技术的美国专利。并且自 2014 年 1 月开始，连续 5 年每年购入 100 件专利，合计 500 件专利。这些专利涉及的领域包括：电信基础设施和移动设备、信号处理、网络协议、无线资源管理、语音/文本应用等。收购这些专利之后，无线星球公司将其与自身的专利形成专利组合，并被注入无线星球公司的全资子公司 UP LLC 公司进行运营。根据无线星球公司和爱立信的协议，爱立信获取了优先回购权、优先收益权、利益调整权，并且要求 UP LLC 公司在专利运营过程中遵循 FRAND 原则以及无线星球公司不能与 UP LLC 公司产生内部竞争等一系列规定。无线星球公司从 UP LLC 公司运营爱立信转让的专利中获取收益，总收入 1 亿美元内的部分无线星球公司保留 80%，1 亿～5 亿美元部分保留 50%，5 亿美元以上部分保留 30%。

2014 年 3 月，无线星球公司和联想签署两项协议：第一项是许可协议，第二项是转让协议。许可协议包括了无线星球公司向联想许可现有的所有专利组合，以及未来添加的所有专利组合，还取消了之前所有的侵权活动指控，许可期限 2014 年 3 月至 2019 年 3 月。在转让协议中，无线星球向联想出售 21 个专利族，其覆盖包括移动设备技术在内的电信基础设施技术。许可协议和转让协议的总金额为 1 亿美元。无线星球公司与联想集团交易的顾问咨询费为 250 万美元现金和价值 210 万美元股票。转让给联想的 21 个专利族中，有部分专利是无线星球公司花费 1 000 万美元从爱立信额外购买的，与联想交易的 1 亿美元计入和爱立信协议规定的运营收入。

与无线星球公司类似，总部位于纽约主要从事手机技术及知识产权的创新、研发并将之商业化的 Vringo 公司，也曾经从诺基亚收购了超过 500 件专利、专利申请的组合，包括 31 件无线通信标准必要专利。Vringo 公司支付给诺基亚 2 200 万美元，另外，如果该专利组合能为 Vringo 公司带来超过 2 200 万美元的收入，那么 Vringo 公司需要向诺基亚支付更多的费用。

很显然，虽然无线星球公司和 Vringo 公司购买了爱立信和诺基亚的专利，但是爱立信和诺基亚依然在无线星球公司和 Vringo 公司的专利运营过程中体现自己的存在，甚至享受无线星球公司和 Vringo 公司的运营收益。

第二节 特殊 NPE 的运营

一、概　述

特殊 NPE 主要是指专利流氓。专利流氓的英文名称为 Patent Troll❶。这一名词最早出现在 1993 年《福布斯》杂志的一篇文章中，1994 年又出现在教育视频 *The Patent Video* 里，但直到 1999 年才由英特尔的副总裁 Peter Detkin 正式提出，并定义为"那些从他们并不实施、也不想实施而且多数情况下从未实施的专利上试图获取大量金钱的人"。Patent Troll 在汉语中的翻译众多，除了专利流氓之外，比较常见的还有专利怪物、专利渔翁、专利钓鱼、专利地痞、专利蟑螂、专利楚奥、专利巨魔、专利钓饵等。与专利流氓类似的称呼还有专利海盗（Patent Pirate）、专利敲诈者（Patent Blackmailer）、专利勒索者（Patent Extortionist）、专利鲨鱼（Patent Shark）等。

根据一般研究，特殊 NPE 的专利运营具备以下特点。

1. 非实施性

不制造与专利技术相关的专利产品或者实施相应的专利方法，而且多数情况下也不从事研发工作，甚至不在乎是否真正地将专利转化为可使用的产品或者可提供的服务。

2. 高收益性

充分利用专利诉讼成本较高，审判结果不确定的现实情况，使用保护范围宽泛的专利，从侵权诉讼或诉讼威胁中获取大量经济利益。

3. 不透明性

采用空壳公司隐藏真实行为，在和解时要求签订禁止披露协议，使得实体企业很难采取常规性防御策略。

由于上述特点，特殊 NPE 的专利运营行为虽然合法，但是很难得到产业界的认可，甚至有人士认为其行为阻碍了创新，应当对其进行规制。

---

❶ Troll 是挪威童话中居住在桥洞下要吃山羊的怪物。

从表面上看，特殊 NPE 与普通 NPE 类似，其专利运营目的均是为了将专利许可给实体企业，从而获得收益。而且，每当实体企业不希望被许可时，专利运营主体通常会使用诉讼手段，迫使实体企业和解。但是，进一步看，两类专利运营主体的运营逻辑依然存在本质区别。

普通 NPE 的专利运营逻辑在于努力改进业务模式和服务质量，以合理合法的方式让实体企业接受许可。一方面专利运营主体努力使运营的专利更接近于实体企业拥有的专利，构建包括标准专利和知名科技公司专利在内的优质专利组合，例如联想和无线星球公司的转让及许可合同就像联想和爱立信的转让及许可合同一样；另一方面，运营主体努力帮助实体企业实现自由实施，假如某个领域内存在 10 000 件专利组成的专利丛林，其中 7 000 件分布在实体企业的竞争对手手中，那么专利运营主体将专注于收购剩下 3 000 件专利，并将其打包许可给实体企业。这种情况下，实体企业并不排斥支付一定的许可费，以降低自身产品的侵权风险。

特殊 NPE 的运营逻辑与之相反，其关注点并不在于运营专利在技术上的优质还是劣质，也不在于帮助实体企业规避知识产权风险，而是在于从 10 000 件的专利丛林中找出任一件实体企业可能侵权的专利，向实体企业索要许可费。客观上说，实体企业发自内心地排斥支付许可费，因为即使支付了许可费，后面还有 9 999 件可能侵权的专利，侵权风险并没有实质性降低。而如果不支付许可费，根据相关法律规定，一件产品即使获得了 9 999 件专利的授权，只要侵犯了一件专利权，也有可能受到严重到禁售的处罚，从而使得实体企业丧失更大的利益。在这种情况下，实体企业受专利运营主体的胁迫缴纳专利许可费，而且几乎不能够从支付许可费的过程中获得任何有利于企业的服务。

特殊 NPE 的专利运营模式主要包括专利许可、专利诉讼和专利无效 3 种，下面分别介绍。

二、专利许可模式

有研究显示，在立案初期如果实体企业选择和解，则仅需花费约 50 万美元的和解费；若实体企业坚持应诉，单件专利涉及的诉讼费用合计约为 850 万美元。与之对应的情况是，特殊 NPE 早期立案费用仅为 10

万美元，如果实体企业坚持诉讼，则特殊 NPE 的诉讼费用合计为 500 万美元。实体企业败诉的可能性约为 30%，侵权损失赔偿金平均约为 1 200 万美元。

以此为基准简单推算可知，如果特殊 NPE 早期与实体企业和解，达成专利许可协议，以 10 次诉讼为例说明，那么特殊 NPE 将获得毛利 40 万元 ×10 = 400 万美元，在成本为 10 万美元 ×10 = 100 万美元的前提下，利润率为 400%，而每个实体企业将支出 50 万美元。如果特殊 NPE 与实体企业完成诉讼过程，仍以 10 次诉讼为例说明，特殊 NPE 将支出诉讼费 500 万美元 ×10 = 5 000 万美元，考虑到特殊 NPE 胜诉率为 30%，假设败诉情况下特殊 NPE 无须补偿实体企业的诉讼费用，即特殊 NPE 的获利为 0，那么特殊 NPE 将获利 1 200 万美元 ×10 次 ×30% = 3 600 万美元，毛利 -1 400 万美元，利润率为 -28%。

由此可以认为，特殊 NPE 的主要营利模式是，让实体企业的专利许可费远低于诉讼费，薄利多销，将获取的专利许可给尽可能多的实体企业。

以此逻辑为出发点，特殊 NPE 希望选择保护范围非常宽、侵权产品非常多的专利作为运营的客体。例如，Alliacense 公司曾经获得一组专利，技术主要涉及微处理器工业中使用的装置，能够提高内置微处理器的操作速度。几乎所有的终端电子产品都使用了微处理器，因此这组专利的保护范围几乎延伸到所有的终端产品，包括遥控设备、智能卡、数码相机、PC、笔记本电脑、工作站、视频游戏机、服务器或路由器、打印机、家庭影院系统、数字电视机、DVD 录像机/播放器、便携式媒体播放器、移动手持装置、蜂窝电话等。理所当然的，微处理器和终端产品的生产商就成为 Alliacense 公司的潜在被许可人，包括 AMD、英特尔、惠普、卡西欧、富士、索尼、尼康、爱普生、奥林巴斯、NEC、凯伍德、安捷伦、利盟（激光打印机）、施耐德电气、闪迪在内的 400 家大小公司都收到了 Alliacense 公司发出的警告函。❶

---

❶ Patent Troll 的故事（续四）［EB/OL］.（2009 - 06 - 15）［2016 - 06 - 10］. http：// blog. sina. com. cn/s/blog_ 608e169a0100dbh1. html.

为了尽快获得实体企业的许可费，一方面，特殊 NPE 会告知实体企业，专利许可费大大低于诉讼费用和相关支出，诱导实体企业使用尽可能少的费用化解专利诉讼危机；另一方面，特殊 NPE 会提出多级许可费率，对于较早支付许可费的企业给予更多的折扣，诱导企业尽快放弃"等一等，拖一拖"的观望状态。

在有些情况下，特殊 NPE 并不直接和实体企业对许可费进行谈判，而是先通过在法院提起专利侵权诉讼，然后再和实体企业谈判，达到以诉讼促许可的目的。在诉讼过程中，特殊 NPE 的主要目的是尽可能施加诉讼压力，一方面特殊 NPE 会主张实体企业故意侵权，要求 3 倍赔偿金，直接给予实体企业经济压力；另一方面特殊 NPE 会同时对实体企业的合作伙伴提起诉讼，通过合作伙伴将压力传导到实体企业。2015 年底，BlueSpike 公司在美国得克萨斯东区联邦地区法院马歇尔分院以发明名称为"数据保护方法与装置"的美国专利 US8930719 向小米提起专利诉讼，涉及侵权的产品包括小米手机 Mi4、Mi5、Mi5Plus 以及红米系列产品。同时，BlueSpike 公司还起诉了深圳通拓科技有限公司（简称"深圳通拓"），因为深圳通拓经营着跨境电商平台 Tomtop，而 Tomtop 上出售了小米的相关产品。显然，对深圳通拓的起诉不是 BlueSpike 公司的主要目的，而只是给小米更大压力的手段。

特殊 NPE 在诉讼过程中的另一个目的是尽可能地降低诉讼费用，一方面，特殊 NPE 多会使用风险代理律师，赢了官司同享收益，输了官司也不必支付高昂的律师费；另一方面，在拥有保护范围较大的专利时，特殊 NPE 会在一批次诉讼中尽可能同时起诉多个实体企业，从而节约诉讼成本。例如，Blue Spike 公司曾以其持有的 4 件与信号提取相关的专利，前后在得克萨斯州提起超过 70 起的专利侵权诉讼。

特殊 NPE 除了亲自上阵发起诉讼外，有时候为了维护自身形象，也会采用代理人的形式对实体企业发起诉讼。据美国国家公共电台（简称"NPR"）报道，2010 年 6 月，高智公司从独立发明人 Christopher Crawford 手中购买了一件发明名称为"计算机图形用户界面的弹窗帮助系统"的美国专利（US5754176B），然后将该专利卖给了 Oasis Research 公司（简称"Oasis 公司"）。随后 Oasis 公司将 18 家实体企业告上法庭，其中包括美国域名服务商 Godaddy 以及美国第二大移动运营商 AT&T。从 2011～2013 年，

18 家被告公司中陆续已经有 16 家公司选择了和解，向 Oasis 公司支付和解费以及一定比例的专利费。据 NPR 的记者按照被诉几家公司的规模估算，Oasis 公司最少拿到了 1 亿美元的和解费，其中 9 000 万美元流向了高智公司。

三、专利诉讼模式

特殊 NPE 的另一种营利模式为，在获得极高质量的专利的情况下，死心塌地地将诉讼进行到底，从而获得超高的收益，有的甚至高达数亿美元。此种模式下，最著名的经典案例是 NTP 公司起诉 RIM 侵权案。

NTP 公司成立于 1992 年，位于美国弗吉尼亚州，主要资产为约 50 件美国专利权和专利申请。2000 年，NTP 公司致信包括主要产品为黑莓手机的加拿大公司 RIM 在内的多家公司，希望这些公司接受 NTP 公司的关于无线电子邮件专利的许可，但是 RIM 没有响应。

2001 年 11 月，NTP 将 RIM 诉至美国弗吉尼亚东区联邦地区法院，声称 RIM 生产的黑莓手机侵犯了其 5 件专利。值得一提的是，NTP 公司当时没有任何员工，而且诉争专利也非 NTP 公司直接发明，而是 NTP 公司通过其他手段获得的。

2002 年 11 月，陪审团作出裁决，RIM 故意侵权，需要赔偿 NTP 公司因被侵权而导致的 3 300 万美元的损失。同时，由于 RIM 故意侵权，法官进一步增加了 5 300 万美元的惩罚性赔偿，并要求 RIM 支付 NTP 公司 450 万美元的律师费。更严重的是，法官要求 RIM 停止侵权行为，关闭位于美国的黑莓系统。

对此，RIM 采取了多种手段，试图将损失化解到最小。

① RIM 向上级法院提起上诉，希望能够推翻地区法院的结论，认定 RIM 不侵犯 NTP 公司的专利权。但是，联邦巡回上诉法院部分维持了地区法院的判决，而联邦最高法院拒绝受理 RIM 的继续上诉。

② RIM 积极向美国专利商标局申请专利无效来"釜底抽薪"，因为无效的专利必然不存在侵权行为。但在联邦巡回上诉法院作出判决后，美国专利商标局才作出该案系争专利全部无效的认定。而且 NTP 公司对美国专利商标局的认定明确表示不服，并就专利无效认定向联邦巡回上诉法院提起了诉讼。

③ 上诉期间，RIM 和 NTP 公司试图谈判解决专利争议，和解条件包括4.5亿美元的许可费，但因为其他原因，没有取得成功。

④ RIM 于 2005 年 11 月和 2006 年 2 月先后获得美国司法部和国防部的支持，司法部和国防部认为黑莓系统对于美国联邦政府和国家安全都是重要的，认为 RIM 的服务应当继续下去。

⑤ RIM 于 2006 年 2 月宣布，开发出新的软件解决方法，不会侵犯 NTP 公司的专利权。

但是这些努力并没有取得 RIM 希望的效果。2006 年 3 月，RIM 和 NTP 公司宣布和解，RIM 同意向 NTP 公司支付 6.125 亿美元的和解费，包括支付侵权的损害赔偿费用和未来永久使用的许可费用。

至此，经过 6 年的努力，NTP 公司凭借含金量极高的专利和强韧的毅力，终于迫使 RIM 支付了超过 6 亿美元的和解费。

与 NTP 公司类似，2015 年初，Smartflash 公司声称苹果公司侵犯了该公司与"通过支付系统的数据存储和访问管理"有关的 3 件专利，将苹果公司告上了法庭，要求赔偿 8.52 亿美元，并且要求获得 iTunes 销售的产品的部分（按比例）收益。最终，该案苹果公司败诉，得克萨斯州的联邦陪审团勒令苹果公司赔偿原告 5.33 亿美元。

由于要将专利诉讼进行到底，包括 NTP 公司和 Smartflash 公司在内的特殊 NPE 在专利选择和目标企业的选择中呈现出明显的特点。就专利的选择而言，首先，选择实体企业侵权较为明显的专利，毕竟在诉讼进行到底时，特殊 NPE 的胜诉率是较低的；其次，选择较稳定的专利，避免被实体企业无效，导致彻底的溃败；最后，尽可能地选择具有较高技术规避成本的专利，避免诉讼过程中实体企业通过主动规避的方式快速迭代产品。就目标公司的选择而言，特殊 NPE 更倾向于容易获得较高赔偿金额的实体企业，由于赔偿金额通常和侵权产品的产值密切相关，因此越是实力雄厚的跨国公司，越容易成为特殊 NPE 攻击的大肥羊公司。2009～2013 年，遭受包括特殊 NPE 在内的 NPE 诉讼最多的实体企业如表 6-2 所示。

表 6-2　2009~2013 年实体企业遭受 NPE 诉讼统计表❶　　　单位：件

排名	公司名称	2009 年	2010 年	2011 年	2012 年	2013 年	合计
1	苹果	27	35	43	44	42	191
2	三星	12	22	42	38	38	152
3	惠普	27	37	33	20	33	150
4	AT&T	16	22	34	24	51	147
5	戴尔	28	24	35	21	32	140
6	谷歌	16	14	40	26	31	127
7	亚马逊	14	20	39	22	30	125
7	索尼	24	21	31	23	26	125
9	Verizon	14	17	26	25	42	124
10	LG	12	24	28	26	27	117
11	HTC	12	23	30	23	27	115
12	微软	22	12	35	18	27	114
13	黑莓	11	13	29	19	29	101
14	东芝	16	13	21	16	23	89
15	Sprint Nextel	14	8	19	15	31	87

不管哪种营利模式，对于特殊 NPE 而言，诉讼往往是达成最终商业目的的重要手段，对有诉讼管辖权法院的选择也是特殊 NPE 需要做的重要工作之一。法院工作的一个特点是，即使在同一审判标准下，面对同样的证据，不同的法院也可能会给出不同的审判结果。因此，专利运营主体会选择亲专利权人的法院进行诉讼，以求获得最有利的判决结果。因此，法院选择成为特殊 NPE 开展运营工作的重要组成部分。

在美国，特殊 NPE 最喜欢的法院是得克萨斯东区联邦地区法院❷（简称"得州东区法院"）的马歇尔分院，其为得州东区法院的 5 个分院之一。2015 年上半年，美国专利一审案件收案 3 122 件，得州东区法院收案 1 387

❶ NPE 最喜欢的"肥羊"公司排名［EB/OL］.（2014 - 02 - 11）［2016 - 07 - 01］. http：//blog. sina. com. cn/s/blog_ 8cabc8390101hpno. html.
❷ 美国的专利诉讼案件属于联邦地区法院专属管辖。联邦地区法院共 94 个，得克萨斯东区联邦地区法院是其中之一。

件，占 44.4%。得州东区法院的专利案件大部分又集中于马歇尔分院。为了能够在马歇尔市提起诉讼，制造管辖连接点，大量的专利运营主体在马歇尔市租赁办公室，设置空壳公司，成为专利诉讼的发起人。据 2013 年 BBC 的报道，马歇尔分院平均每天都要消耗 200 万美元的诉讼费用。专利运营主体选择得州东区法院的原因在于得州东区的陪审团传统上更喜欢原告，更倾向于相信政府颁发的专利权证书，以保护专利权。根据普华永道的数据，从 1995～2014 年，得州东区法院原告胜诉率达到 55%，排名第一，远高于美国 33% 的平均胜诉率；赔偿额度平均 894.9 万美元，排名第五，也高于美国的平均赔偿额 539.1 万美元。尤其是在 2009 年，得州东区法院在 Centocor Ortho Biotech，Inc. v. Abbott Laboratories 案中判决被告赔偿 16.7 亿美元，创造了有史以来赔偿额度最高的专利侵权案。甚至有美国学者评论说得州东区的陪审团不仅是亲专利，而且是专利权人最好的朋友。❶

得州东区法院的亲专利性直观表现在以下两个方面。

① 加快诉讼进程的规则。按照得州东区法院的诉讼规则，法官在作出证据开示命令时，会要求双方当事人无须等待对方当事人提出证据开示申请，即应当准备出示其拥有、管理或控制的与起诉或答辩事由相关的所有文件、电子文档或有形材料，并且不得以任何理由申请证据开示的延期。在 Laser Dynamics Inc. v. BenQ 案中，由于被告未能在庭前证据开示阶段提交一系列的相关邮件，法官对被告处以 50 万美元的罚款。这种诉讼规则特别有利于专利运营主体，因为它们不实施专利，没有多少证据需要开示；相反，被告则往往承受高额的证据开示费用的压力，致使相当数量的案件被迫在庭审前和解。得州东区法院有的法官审判前和解率甚至达到 88%。

② 较低的无效中止申请比率。在美国的专利侵权诉讼中，如果美国专利商标局正在对涉案专利进行无效程序，被告可以申请中止侵权诉讼，法官可以行使自由裁量权决定是否中止。得州东区法院支持因无效程序提出的中止申请的比率是 1/3，而全美国的支持率超过一半。

---

❶ 蒋利玮. 美国专利审判哪家强　德克萨斯东区马歇尔［EB/OL］.（2016 – 06 – 12）［2016 – 07 – 01］. http://blog. sina. com. cn/s/blog_ 1626c5d8b0102wqgf. html.

四、专利无效模式

专利权的本质是一种财产权，与一般财产不同，专利财产的价值具有很大的跨度。一方面，当专利被无效时，其价值可能瞬间归于零；另一方面，当赢得专利诉讼时，其价值也可能是高达几亿美元的天文数字。在零和天文数字之间存在巨大的商业诱惑，很容易产生新的专利运营模式。先看一个关于 VirnetX 公司（简称"VirnetX"）、苹果公司和 New Bay Capital 公司（简称"NewBay"）的例子。

2010 年 8 月，VirnetX 在法院提起诉讼，认为苹果公司侵犯其 4 件与 VPN 技术相关的专利。

2012 年 11 月，法院认为苹果公司侵犯其中的 1 件专利，并判决苹果公司向 VirnetX 支付 3.682 亿美元赔偿金。

2013 年 7 月，NewBay 对 VirnetX 诉讼苹果公司的 4 件专利提起无效请求（IPR 程序）。

2013 年 11 月，NewBay 提出可以撤销 IPR 程序，条件是获取 VirnetX 最终诉讼收益的 10%。

一些美国媒体把 NewBay 这种试图通过 IPR 程序获利的公司称为"PT-AB Troll"。有人士参照 Patent Troll 的翻译，将 PTAB Troll 简单翻译成"无效流氓"。下文为表述方便，亦使用"无效流氓"一词。

不难发现，无效流氓自身并不持有专利，但是其能够通过专利无效程序获利。当无效流氓发现专利权人赢得或即将赢得大的判决时，就准备启动无效程序，同时通知专利权人要么破财消灾，要么等着专利被无效。

无效流氓存在的条件是非常苛刻的。当苹果公司成为 VirnetX 的被告时，通常的做法是两条腿走路，一方面在法庭上举证没有侵犯 VirnetX 的专利权，另一方面启动无效程序，努力证明 VirnetX 的专利是无效的。对于 NewBay 而言，能够让 VirnetX 拿出部分诉讼收益的主要因素中至少要包括找到比苹果公司更好的无效证据，只有这样才能让 VirnetX 清楚起诉苹果公司的专利很有可能在苹果公司无法无效掉的情况下被 NewBay 无效掉，VirnetX 为了保住自身的专利才可能向 NewBay 支付潜在的诉讼收益。除此之外，NewBay 还必须确保这些高质量的证据对苹果公司保密，否则苹果公司直接使用这些证据提起无效诉讼，连诉讼赔偿都不用支付给 VirnetX，NewBay 的诉讼收益分成更无从谈起了。

以无效他人专利为获利的起点，无效流氓客观上也存在多种获利模式。最简单的模式是，无效流氓可以帮助被诉侵权的企业获得无效证据，例如 NewBay 更简单的营利模式是和苹果公司合作，将高质量的无效证据出售给苹果公司。这样做不仅具有更为简洁的获利途径，又能够获得更正面的专利运营形象。比较极端的一些模式，例如无效流氓利用无效程序来操纵股价，例如 NewBay 可以先做空 VirnetX 的股票，然后提起无效程序，最后从中获利。事实上，在 NewBay 启动 IPR 程序时，VirnetX 的股价应声下跌达 25%。再比如，无效流氓还可以利用自己掌握的可以无效专利的有力证据，在公司上市审批前、申请专利权质押贷款过程中等关键环节施展拳脚。例如，在专利权人在利用专利作为质押物申请贷款时，无效流氓可以利用相关证据启动专利无效程序，迫使专利权人与其达成和解，从而收取有关费用。

五、对特殊 NPE 的制约

2013 年 6 月，美国总统经济顾问委员会、国家经济委员会和科技政策办公室共同起草并由总统行政办公室发布的《专利主张与美国创新》（*Patent Assertion and U. S. Innovation*）报告指出，专利流氓的诉讼干扰策略给专利创新系统带来了巨大的经济成本，阻碍了研发的投入，为社会带来了巨大的危害。危害既包括实体企业的直接损失，例如 2011 年专利流氓从侵权诉讼的被告和被许可人处共获得 290 亿美元，也包括股票减值、创新停滞、减少销量等因素带来的社会经济利益减少等间接损失，例如 2007 ~ 2010 年 4 年间，专利流氓诉讼带来的财富损失超过 3 000 亿美元。而且，专利流氓的诉讼对象不断扩大，2012 年专利流氓发出了超过 100 000 封律师函，威胁范围从世界 500 强企业到包括小咖啡店在内的初创企业。实体企业对专利流氓的威胁不胜其烦，尤其是初创企业，更缺乏应对专利流氓的专业知识和能力，在 116 家被调查企业中，40% 的企业认为因专利流氓而被迫改变其重要的产品。

美国政府很早就关注到专利流氓的活动，为制约专利流氓，美国众议院议员于 2012 年和 2013 年两次提出 SHIELD 法案❶，奥巴马政府于 2013 年 6 月宣布采取 5 项行政措施，并向国会提出 7 项立法意见，美国众议院也于 2013 年 12 月通过了由美国众议院司法委员会（Judiciary Committee）保护知识产权小组组长古德莱特众议员提出的《创新法案》（Innovation Act）。这些法案、措施、意见从各个角度论证了抑制专利流氓的方式，核心思路有以下两条。

1. 降低专利流氓的诉讼能力并提高实体企业的诉讼能力，落在实处主要体现为增加作为被告的实体企业获得包括律师费、诉讼费、专家证人费等补偿的可能性

一般情况下，原告和被告双方各自负担与诉讼有关的费用，但是美国专利法第 285 条规定胜诉方在"例外情况"下可获得合理的费用赔偿。在专利流氓与实体企业的诉讼过程中，专利流氓是职业原告，实体企业是职业被告，根据 2005 年美国联邦巡回上诉法院的判例，作为被告的实体企业，在被判决不侵犯专利权的情况下，如果能够证明作为原告的专利流氓有重大不当行为，或具有主观恶意及客观上的毫无根据，那么属于"例外情况"。在 2011 年的一起诉讼中，作为专利流氓的原告 Eon – Net LP 公司对许多被告发起了 100 多项诉讼，然后很快又向被告提出和解协议，和解金额远低于诉讼成本。法院认为，原告承担的诉讼风险很低，但给被告带来了高昂的律师费，这些无客观根据的诉讼是恶意提起的，是以高额诉讼成本要挟被告达成和解协议，属于"例外情况"，被告获赔各项费用约 50 万美元。

2014 年 5 月，美国联邦最高法院在两起案件中，进一步将美国专利法第 285 条的"例外情况"进行大幅松绑。一方面降低作为被告的实体企业的举证责任，实体企业只需要满足民事诉讼的一般举证原则即可；另一方面将"例外情况"的裁量权从严格的美国联邦巡回上诉法院交还给相对宽松的联邦地区法院。在 Highmark v. Allcare 案中，Allcare 公司虽然具有专利，但因明知没有 Highmark 公司确凿的侵权证据，仍然采取威胁的诉讼策略，被联邦地区法院判处赔偿 Highmark 公司律师费 469 万美元，诉讼费 21

---

❶ SHIELD 法案，全称为《保护高技术创新者免遭恶意诉讼法案》（Saving High – Tech Innovators from Egregious Legal Disputes Act）。

万美元，以及专家费 37.5 万美元。

美国联邦最高法院对例外情况的松绑对于抑制专利流氓而言是非常强有力的措施。实体企业据此不必再为远超过许可费的律师费和诉讼费而被迫接受专利流氓的威胁，更有动力站在职业被告的位置上和专利流氓死磕到底。专利流氓也必须改变过去大规模起诉的策略，投入更多的成本，认真挑选用于起诉的专利和起诉的对象，研究获得胜诉的可能性，或者大幅度降低和解所需的许可费，避免败诉的可能性。

2. 增加专利流氓获得专利权的难度，落在实处是提升与计算机或移动设备的软件相关的软件专利，尤其是商业方法专利的确权难度

专利流氓喜欢保护范围较大的专利，因为这种专利容易找到更多的潜在侵权企业。在各个领域中，软件专利和商业方法专利的保护范围较大，因此成为专利流氓的最爱。根据美国政府统计，软件专利侵权诉讼发生概率是化工专利的近 5 倍，而商业方法专利的侵权诉讼发生概率约为化工专利的 14 倍，其中专利流氓发起的侵权诉讼中，有 82% 是基于软件专利。可以预见，在提升确权难度后，专利流氓用以提起侵权诉讼的软件专利和商业方法专利数量将得到控制，而且即使已经获得授权的专利，也会因为确权难度升高而被法院判决为无效，显然有利于减少专利流氓对实体企业的诉讼威胁。

2014 年 6 月，美国联邦最高法院在 Alice v. CLS Bank 一案中，大幅度提高了对软件专利和商业方法专利获得授权的条件。Alice v. CLS Bank 案取得立竿见影的效果，3 个月内，美国新增专利侵害诉讼案件大幅减少，在已经提起诉讼的 15 件软件与商业方法专利侵权案件中，有 13 件争议专利被下级法院根据 Alice v. CLS Bank 案判决无效，其中不乏多件各方关切的案件。

除了核心思路外，美国还先后采取了多项其他措施制约专利流氓，例如，2006 年，美国联邦最高法院通过 eBay 案提高了专利流氓获得永久禁令的难度，增加了实体企业应诉的筹码，美国国际贸易委员会（ITC）通过 2013 年的 Laminated Packaging 案在"337 调查"中增加专利流氓起诉资格的限制，美国总统奥巴马于 2011 年签署的《美国发明法案》（*America Invents Act*）提高合并审理案件的要求，增加了专利流氓发起侵权诉讼的法律成本。美国联邦巡回上诉法院在 2011 年发布了《电子证据开示模范指

令》和 ITC 于 2013 年修改的《诉讼程序规程》（*ITC's Rule of Practice*），减少作为被告的实体企业出示电子证据的成本。

世界各国建立专利制度的目标基本都立足于通过赋予专利权人一定时间的排他权，促进科技进步。但是，如本节前文所述，部分特殊 NPE 的运营方式"搞过了头"，其行为与专利制度建立的初衷并不吻合，甚至在很大程度上阻碍了科技进步。可以预见，在经历过一段时间的猖獗之后，"专利流氓"势必会受到抑制并走向衰落。

第七章　风险防御型专利运营

风险防御也可以称为"自由实施"，其核心目的在于使得企业能够获得稳定的经营环境，规避专利侵权风险，专注于向市场提供产品或服务。在实践中，侵权风险主要来自竞争对手和 NPE。竞争对手的特点是威胁较大，既"要钱"又"要命"，但是因为竞争对手也提供产品和服务，因此可以通过交叉许可和反诉的方式制约。NPE 的特点是威胁较小，只"要钱"不会"要命"，但是因为 NPE 不提供产品和服务，因此无法通过交叉许可和反诉的方式制约。

根据竞争对手和 NPE 的不同特点，本章分别介绍企业在风险防御时可以选择的不同专利运营方式。

第一节　防御竞争对手

一、概　述

如本书第四章所述，中国生产的 DVD 畅销欧盟和美国市场，其产量一度占世界产量的 70%。但是，从 2002 年开始，6C 联盟（东芝、松下、JVC、三菱电气、日立、时代华纳）、3C 联盟（索尼、先锋、飞利浦）、汤姆逊先后与中国电子音响工业协会达成意向，收取每台 DVD 播放机 1～5 美元不等的专利使用费，使得 DVD 行业一片萧条，到 2004 年中期，DVD 企业已从鼎盛时的 140 多家锐减到 30 多家。

由 DVD 事件可以看出，企业在经营过程中必须考虑如何有效防范专利风险，避免缴纳高昂的专利使用费，甚至产品被禁售。企业进行风险防御的逻辑很简单，就是交叉许可和反诉。交叉许可的逻辑在于，如果竞争对手要求专利许可费,那么我可以不给他许可费,而是把我的专利许可给他。反诉的逻辑在于,如果竞争对手通过专利侵权诉讼,请求法院判决禁止销售我的产品和服务,那么我也向法院提起专利侵权诉讼,禁止销售竞争对手的产品和服务。

针对他人指控专利侵权,日本三菱常常利用交叉许可的手段应对。日立也非常重视运用包括交叉许可战略在内的专利许可战略。在专利许可谈判中,日立往往摆出强大的谈判阵营,包括技术人员、律师、研究人员、专利代理人及其知识产权管理机构的中枢"知识产权本部"负责专利管理业务的人员一同出席,以获得最佳的交叉许可条件。❶

输配电和工业电气行业中,正泰集团(简称"正泰")是我国的龙头企业之一,其产品已进入国际市场;而施耐德电气是位居世界 500 强企业之一的跨国公司;正泰和施耐德电气是直接的竞争对手。1994 年,施耐德电气开始利用专利优势,在境内外上演 20 多次针对正泰的专利侵权诉讼。每次诉讼都基本导致正泰的产品在当地被禁售,使得正泰大伤元气。2006 年 8 月,正泰抓住施耐德电气与德力西公司正在进行企业注资谈判的有利时机,拿起专利武器反击,以施耐德电气专利侵权为由,将施耐德电气和其经销商推上被告席,要求施耐德电气立即停止销售并销毁侵权产品,并赔偿 3.3 亿元人民币。正泰使用的是发明名称为"一种高分断小型断路器"的实用新型专利(ZL97248479.5)。在经历温州市中级人民法院、国家知识产权局专利复审委员会、北京市第一中级人民法院、浙江省高级人民法院等多道法律程序后,2009 年 4 月,正泰与施耐德电气达成和解协议,停止在双方在全球范围内所有的诉讼,不再互相追究专利侵权产品,施耐德电气还向正泰集团支付补偿金 1.575 亿元。

能够进行交叉许可或反诉的前提是企业手中必须有专利,而且是有大量的专利,对于电信领域尤其如此。在此原则的指导下,IBM 在 2015 年获得 7 355 件美国专利,连续 23 年位居首位,华为 2015 年提交国际专利申请 3 898 件,连续两年位居全球首位,以代工为主业的富士康到 2015 年底,在全球范围内累积获得 75 100 件专利,行业新军小米 2015 年也向国

---

❶ 冯晓青. 企业防御型专利战略研究 [J]. 河南大学学报(社会科学版),2007,47(5):33 – 39.

家知识产权局提交了 3 183 件发明专利申请。

通过申请获得专利固然是企业增强专利储备的重要途径，但是专利申请的周期较长，很多情况下远水解不了近渴，企业也会通过收购方式迅速提升专利储备，或者通过第三方反诉和反向授权等方式获得额外的专利保护伞，以应对竞争对手的威胁。

二、收购专利

收购专利主要包括：一般性收购、竞争性收购和剥离式收购。一般性收购即为通常意义的专利转让，具体参见本书第二章第二节，下面主要通过一些案例来介绍竞争性收购和剥离式收购。

竞争性收购的典型案例为苹果公司联盟和谷歌联盟抢购北电网络的专利。北电网络是加拿大电信行业巨头，由北方电讯（Northern Telecom Limited）及海湾网络（Bay Networks）在 1998 年合并而成，在电信设备、光网络、GSM/UMTS、CDMA、WiMAX、IMS、企业通信平台等领域都有深厚的技术沉淀。2009 年 1 月，因经营不善，北电网络在美国和加拿大申请破产保护。2011 年 6 月，北电网络抛售最后一批重要资产——6 000 件专利，其中涵盖无线通信及第四代移动通信技术、光纤与数据网络技术、语音技术、半导体技术，当然最重要的还是无线宽带和 LTE 领域的标准专利。

得到北电网络的专利，意味着至少瞬间拥有了北电网络的交叉许可和反诉能力，这让自身专利较为薄弱的谷歌给出了 9 亿美元的保底报价，同时也吸引了世界上几乎所有的著名信息和通信技术公司。竞拍开始时，各公司形成 5 个阵营：

第一阵营：苹果公司。

第二阵营：英特尔。

第三阵营：谷歌。

第四阵营：RIM、爱立信、微软、索尼和 EMC。

第五阵营：RPX 公司领衔的联盟，包括华为。

2011 年 6 月 27 日，英特尔出价 15 亿美元，RPX 公司领衔的第五阵营放弃竞拍。

2011 年 6 月 28 日，RIM 和爱立信领衔的第四阵营停止报价，转投苹果公司，形成由苹果公司领衔的 RockStar 联盟。

2011 年 6 月 29 日，英特尔停止报价，转投谷歌，形成谷歌领衔的 Ranger 联盟。

2011 年 6 月 30 日，RockStar 联盟最后胜出，以 45 亿美元成功购得北电网络 6 000 件专利。

RockStar 联盟的出资和专利分配情况如下：苹果公司出资 20 亿美元，获得北电网络 LTE 相关专利的所有权，以及一揽子可以用于打击 Android 的专利，大大提升了苹果公司专利防御厚度。RIM 和爱立信合计出资 11 亿美元，微软和索尼合计出资 10 亿美元，获得相关专利的使用权。EMC 出资 4 亿美元，获得部分专利的所有权。

剥离式收购的典型案例为谷歌收购摩托罗拉的专利。摩托罗拉成立于 1928 年，总部设在美国芝加哥，是全球芯片制造、电子通信的领导者，在无线电、宽频及网际网路，嵌入晶片系统，以及端对端整体网路通信解决方案等方面有极强的技术优势和专利积累。2011 年 8 月，谷歌以约 125 亿美元收购摩托罗拉，当时摩托罗拉的账面上有 30 亿美元现金以及近 10 亿美元的递延所得税，因此可以认为谷歌的实际收购价格是 85 亿美元。其中，谷歌给摩托罗拉拥有的 17 000 件专利和 7 500 件专利申请估值 55 亿美元。2012 年 5 月，收购彻底完成。

随后，谷歌开始剥离摩托罗拉的非专利业务，保留以专利为主的摩托罗拉核心资产。

2012 年 8 月 13 日，摩托罗拉宣布全球裁员 4 000 人。

2012 年 12 月 10 日，谷歌把摩托罗拉在中国和巴西的工厂以约 7 500 万美元的价格卖给新加坡的伟创力公司。

2012 年 12 月 20 日，谷歌把摩托罗拉机顶盒业务以约 24 亿美元现金加股票的方式，卖给美国的 Arris Group 公司。

2014 年 1 月 30 日，谷歌把摩托罗拉的手机制造业务以及 2 000 件专利以约 29 亿美元的价格卖给联想。

此番剥离之后，谷歌实际出价约 32 亿美元即获得了摩托罗拉的 15 000 件专利和 7 500 件专利申请。

谷歌 CEO 拉里·佩奇表示，摩托罗拉专利组合"将有助于 Android 系统免遭来自微软、苹果公司和其他企业的反竞争威胁。"

值得一提的是，不管哪种收购方式，都很看重收购的时间节点，力图实现在正确的时间完成正确的收购。在实践中，以下 3 个时间节点的收购比较常见：应诉时收购、上市前收购和进军海外时收购，下面分别介绍。

1. 应诉时收购

收购目的是为了防御竞争对手的专利诉讼和诉讼威胁，因此当企业专利储备不足，又遭遇竞争对手专利诉讼时，收购专利作为防御武器就成为企业可选择的一条道路，虽然有些临时抱佛脚。

2010 年，台湾地区的 HTC 正沿着国际化道路大踏步前进，美国市场的收入占其总收入的 50.6%，引起苹果公司的高度警觉。2011 年 8 月，苹果公司向美国国际贸易委员会发起了关于 HTC 涉嫌专利侵权的申诉，HTC惨败，美国从 2012 年 4 月对 HTC 手机正式实施进口禁令。为应对苹果公司咄咄逼人的专利攻击，HTC 报价 3 亿美元，收购 S3 Graphics 公司的 270件专利，其中包括曾裁定苹果公司侵权的两件纹理压缩技术专利。显然，以这两件专利为基础反诉苹果公司侵权，进而迫使苹果公司坐下来达成和解协议，取消 HTC 手机的出口禁令，成为 HTC 应诉时收购的主要目标。遗憾的是，HTC 的目标最终没有实现，最后 HTC 手机也基本退出了智能手机行业的厮杀。

2. 上市前收购

显然，专利诉讼是个烦心事，尤其在企业遇到"大事"的情况下，这个烦心事就显得更烦。上市企业知道这一点，当然竞争对手也知道。对企业而言，上市永远是个大事。因此，竞争对手会选择在某企业上市前发起专利诉讼，而为了应对和防止诉讼的发生，上市企业也会在上市前收购专利，此种案例不胜枚举。

2004 年 8 月，谷歌上市前，雅虎以谷歌侵犯其搜索技术专利提起专利侵权诉讼，最终谷歌同意向雅虎提供价值 3 亿多美元的公司股票以消除可能导致谷歌上市搁浅的法律诉讼。

总部位于美国门罗帕克的著名社交网络服务商 Facebook（脸书）主要由马克·扎克伯格创立，2004 年 2 月上线。2012 年 5 月，Facebook 上市前，雅虎以 Facebook 侵犯其 10 件专利为由提起专利侵权诉讼。为了对抗雅虎，也为了防止遭遇更多的专利诉讼，Facebook 紧急从惠普购买了 45 件专利，从 IBM 购买了 750 件专利。

著名社交网络及微博服务网站 Twitter（推特）主要由杰克·多西于 2006 年 7 月在美国旧金山创立。2013 年 11 月，Twitter 上市前，IBM 以 Twitter 侵犯其包括在线广告等在内的 3 件专利技术为由提起专利侵权诉讼。2014 年 1 月，Twitter 与 IBM 达成和解协议，购买其 900 件专利。

2015 年 4 月，阿里巴巴上市之前，吸取前人的经验教训，先行购买了 102 件美国专利，包括从 IBM 购得的 20 件专利，希望以此规避专利诉讼风险。

3. 进军海外时收购

对于中国企业而言，进军海外市场和上市一样，都是"大事"，尤其是进军美国市场时，专利成为必须考虑的问题。为进入美国市场，小米先后从英特尔购入 332 件专利，从微软购入 1 500 件专利，以增加专利储备，应对可能的专利诉讼和诉讼威胁。

专利收购模式的核心逻辑在于通过收购专利，迅速提升企业的专利储备和反诉能力，从而迫使竞争对手对专利诉讼采取更加审慎的态度，或者以收购的专利与竞争对手进行交叉许可，进而降低企业被控侵权的风险，提升产品自由实施度。

三、第三方反诉

收购专利模式无疑是企业进行风险防御的主要手段，但也存在一些问题。

1. 收购专利模式自身具有局限性

收购专利是被动行为，主动权掌控在专利权人手中，高价值的核心专利往往是专利权人的"非卖品"，就像高通不会出售 CDMA 的核心专利，苹果公司也不会出售 iPhone 的外观设计专利一样。因此，企业能够买到的专利往往是专利权人不希望继续持有的专利，或者说是专利权人眼中的低价值专利。以这种专利为基础，完成反诉威慑并实现交叉许可，从而降低侵权风险，显然具有一定的局限性。

2. 收购专利模式具有较高的门槛

通过专利收购抵御风险的核心逻辑在于"反诉"威慑，因此，企业收购专利时需要寻找尽量满足"反诉"条件的专利，这就需要企业具有相当的技术眼光和法律眼光，以从海量专利中甄别出符合自身需求的专利。同时，专利不是批量化的工业产品，每件专利都像古董一样，具有唯一性，因此收购专利的过程往往需要较长的等待时间和谈判时间。尤其是对中小实体企业而言，开发专利、维护专利的成本很高，应对专利诉讼的能力薄弱，缺乏收购专利所需要的雄厚资本，因此在被控侵权时，往往无法拿出有效的反诉武器。

这类企业可以求助于拥有大量专利储备的第三方机构，由第三方机构对竞争对手发起反诉，促使实体企业以更理想的条件与竞争对手和解，规避产品禁售风险或者降低许可费用，实现企业的战略目的。实体企业、竞争对手和第三方机构三者之间的关系如图 7-1 所示。

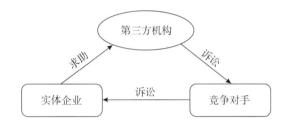

图 7-1 实体企业、竞争对手和第三方机构三者之间关系

韩国创意资本公司（Intellectual Discovery，简称"韩国 ID 公司"）和台湾工研院在某种程度上属于典型的第三方机构。

韩国 ID 公司成立于 2010 年，其总投资 1 318 亿韩元，包括 83 家会员企业，其知识产权基金达 4 700 亿韩元，获得了 5 000 多件专利，覆盖移动网络、云计算、纳米技术和电池等 20 个不同的技术领域。韩国 ID 公司的主要目的在于保护韩国企业，如果韩国企业成为专利诉讼中的被告，韩国 ID 公司会向被诉的韩国企业提供支持，通过反诉等手段抗衡竞争对手。据统计，韩国 ID 公司自成立以来共签订了 1 300 余件专利实施许可合同，依托其持有的海外专利，在 18 起国际专利纠纷中保护了本国企业的利益，使得韩国企业向海外支付的专利费用总计减少了 4 774 亿韩元。❶

台湾工研院成立于 1973 年，是台湾最大的产业技术研发机构，累积专

❶ 中国专利运营的大旗谁来扛？［EB/OL］.（2015-03-04）［2016-07-10］. http://www.iprchn.com/Index_ NewsContent.aspx? newsId=82454.

利超过 19 000 件。台湾工研院于 2011 年成立智财管理公司（简称"智财公司"），设有专门的反诉基金，其规模不小于 5 亿元台币（约合人民币 1.1 亿元）。其成立的宗旨在于，一旦台湾地区的企业遭遇国外企业的专利诉讼，台湾工研院将从其庞大的专利储备库中选取相关专利，反诉国外企业。2009 年，台湾工研院向美国法院起诉三星侵犯其 7 件专利权，迫使三星在一年内与台湾工研院达成和解，帮助台湾地区的厂商化解了与三星的专利诉讼危机。

从根本上看，第三方反诉模式可以认为是一种专利租赁模式，即专利储备较少的实体企业租用第三方机构的专利和配套的法律服务，以对抗竞争对手的专利诉讼威胁。对于租赁而言，其核心必然是租金的多少。

一方面，租金不可能太高，其上限不应当超过实体企业的应诉和解成本，否则实体企业直接和竞争对手和解即可，完全没有必要通过第三方从中斡旋。例如，甲企业是一家中国企业，A 企业是一家美国企业，甲企业出口到美国的产品恰好侵犯了 A 企业的专利权，于是 A 企业要求甲企业支付 100 万美元的专利许可费，否则将对甲企业提起专利诉讼，使得甲企业的产品无法进入美国市场，甲企业求助第三方机构，第三方机构发现 A 企业的产品恰好侵犯了第三方机构的专利权，于是第三方机构从甲企业收取一定的费用，为甲企业代言，要求 A 企业大幅降低对甲企业的专利许可费，否则将对 A 企业提起专利诉讼，使得 A 企业的产品无法继续在美国市场销售，于是在第三方机构的斡旋下，甲企业和 A 企业达成和解。在这个例子中，第三方机构从甲企业收取的费用可以认为是一种租金，租金的金额显然应当低于 100 万美元，从而使得甲企业化解专利诉讼威胁的总成本不超过 100 万美元，否则甲企业的选择将是支付 100 万美元，与 A 企业直接和解。

另一方面，租金不可能太低，其下限包括两个角度：第一个角度是租金应该能够覆盖第三方机构的专利获得成本，这也就意味着第三方机构能够盈利，能够可持续发展，而不是亏损并走向倒闭；第二个角度是租金至少应当与普通 NPE 的专利运营回报率持平，对于手握大量专利的第三方机构而言，除了为实体企业提供反诉服务以外，同时也拥有了对实体企业发起诉讼的专利资本。显然，如果说将专利租给实体企业进行反诉的租金远低于对实体企业的竞争对手发起诉讼而获得的许可费或和解费，那么第三方机构将没有动力继续以出租专利为主营业务。仍以甲企业和 A 企业为例说明。对于 A 企业而言，能够接受和解的条件是第三方机构的专利许可费至少要达到 100 万美元。假如第三方机构的专利许可费值 50 万美元，那么 A 企业的合理做法是从甲企业收取 100 万美元的许可费，然后向第三方机构支付 50 万美元许可费，从而获得 50 万美元的利益。因此，对于第三方机构而言，即使没有甲企业的求助，也能够从 A 企业获得 100 万美元的专利许可费。

从以上两个方面可以看出，第三方机构的运营存在价值悖论。从甲企业的角度来看，第三方机构需要将甲企业的专利租金控制在 100 万美元以内，从 A 企业的角度来看，第三方机构以普通 NPE 的姿态可以获得 100 万美元以上的专利许可费。因此，第三方机构多数情况下是政府或公共基金为主导，以维护本国或本地区企业的利益为主要目的，如上文的韩国 ID 公司和台湾工研院均是具有政府背景的第三方机构。

四、反向授权

目前，反向授权模式较为成功的只有高通，❶ 其主要做法是利用市场主导地位，建立专利授权机制，任何一个使用高通芯片的企业，需要把自身创新所获得的专利授权给高通，从而不能以自身专利向高通的任何其他客户发起专利诉讼或收取专利许可费。在反向授权机制下，如图 7-2 所示，A、B、C 均是某第三方的客户，第三方要求其客户将所有专利均授权给它，并且客户之间不得相互起诉。

反向授权在风险防御方面有其特定的价值。对于通信行业中新入行企业而言，技术和专利储备都远不能和老牌玩家相比，即使企业非常重视专利，也会因为时间原因，导致很难有较多的专利被授权。小米是一个典型的例子，目前已经提交了超过 5 000 件的发明专利申请，但是只有 300 多件专利被授权，绝大部分专利申请仍然在审批的过程中，完全无法与华为在中国的 30 000 件、在全球的 50 000 件专利相提并论。

对于类似于小米这样的企业，高通的反向授权提供了一种保护，使得

---

❶ 绍耕. 如何评价"专利反授权"的商业模式？［EB/OL］.（2015 - 01 - 06）［2016 - 06 - 10］. http://www.zhihu.com/question/26436185/answer/33554966.

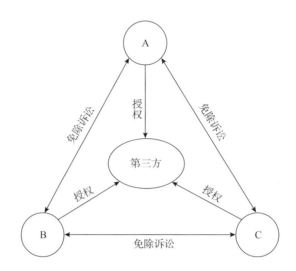

图 7 - 2　反向授权机制下客户与授权方之间关系

其能够避免通信行业内巨大的专利诉讼风险。依照反向授权协议，通信行业内的多数企业无法向小米收取专利许可费，也不可能要求小米的手机禁售。2015 年 7 月，小米进军印度市场，并拿下了 1.5% 的市场份额。但是，此前小米在印度被爱立信以专利侵权为由申请禁售，随后采用高通芯片的小米手机暂时恢复销售，而采用联发科公司芯片的小米手机依然被禁售，两者相比较，不能不说高通反向授权是恢复销售的主要原因。

也正因为反向授权的保护，新入行企业只需要向高通一家缴纳专利许可费，相当于租用了高通的专利，从而迫使竞争对手无法提起专利诉讼或收取专利许可费。因此，除了和高通确认专利许可费的具体数额外，不需要再进行更多的谈判，市场行为比较简单，有利于企业和行业的快速发展。尤其像小米这样的企业，在通信行业的专利丛林中保持高速野蛮生长，高通的反向授权无疑是一把强悍的保护伞。

显然，在反向授权模式中，如果行业内所有的企业都仅仅向高通支付相同的专利许可费，那么对于拥有超强研发能力，取得大量专利的企业来说，是不公平的，因为这些企业的研发和专利没有得到充分的尊重。为了解决这一问题，至少两种模式可供选择。

第一种模式是根据企业自身的专利情况，和高通签署不同费率的专利许可协议。专利实力强的企业，如华为，反向授权的许可费率可以少一

些。专利实力弱的企业，如小米，反向授权的许可费率可以多一些。这种
情况更能体现反向授权的保护伞作用，企业实际竞争的都是产品与销售的
硬实力，而不是专利强与弱的软实力。华为等专利实力强的企业能够从专
利中获得的收益仅仅是自身许可费率的下降，必须通过企业自身销售额的
提升来间接体现专利的价值，比专利实力弱的企业稍微多了一些定价优
势。假如华为有 1 000 亿美元的销售额，按照 2% 的费率，需要向高通缴纳
专利许可费为 20 亿美元，如果华为没有 26 000 件专利，那么许可费率有
可能按照 5% 计算，相应的许可费为 50 亿美元，这样看华为的专利价值为
30 亿美元。如果华为的销售降低到 100 亿美元，不论智能手机行业发展多
么迅速，同样的计算方法可知，华为专利的价值也将贬值为 3 亿美元。

第二种模式是在反向授权给高通的专利时，华为不仅要求只向高通缴
纳 2% 的专利许可费，还要求从与高通签署专利授权协议的其他通信企业
的专利许可费中进行分流，例如从其他公司向高通缴纳 5% 的专利许可费
中，华为从中分流 10%，而留给高通 90%。这种情况下，即使华为的销售
额下降到 0，彻底沦落成诺基亚，但是如果行业发展迅速，其他公司销售
额强劲增长到 10 000 亿美元，那么华为仍然能够获得 10 000 亿美元 ×5%
×10% =50 亿美元的专利许可费。这种模式实际上已经在向专利池的方向
倾斜，也必然会遇到专利池所遇到的问题，既然华为能够分流，那么其他
公司在反向授权后也能够分流，大家都分流，留给高通的利润将大大
减少。

不管采用哪种模式，反向授权都要求企业在行业内处于绝对老大的地
位，迄今为止，能够成功实现行业内反向授权的企业也只有高通，高通收
取的专利许可费甚至被称为"高通税"。既然实体企业已经交过"税"了，
高通也必须展现出能够帮助实体企业防御专利侵权风险的能力。

五、其他防御措施

除了前文介绍的收购专利、第三方反诉和反向授权外，实体企业还有
其他防御措施，例如防御性公开和集体谈判。

防御性公开，即将企业自己的技术公开，使用公开的技术很难被判定
侵权。防御性公开不是为了获得直接用于对抗未来诉讼的专利，而是通过

公开技术，构建起一个对抗未来专利权威胁的堡垒。防御性公开先后出现过如下 3 种方式：专利公开、技术公报公开和可信网站公开，三者的公开成本也依次降低。美国的宝洁在中国提交了大量的专利申请，但很多专利申请在公开后被放弃。据检索统计，至 2015 年底，宝洁在中国申请并公开的发明专利申请 4 498 件，其中视为撤回的 1 604 件，约占 35.6%，仍然维持专利权的 1 112 件，占 24%。美国的 IBM 从 1950 年开始每月自行出版技术公报，● 技术公报中公开的发明技术往往超过申请专利数量的 10 倍。这一文献公开战略显然是为了实现阻止他人申请相应的专利，其基本策略是消除产品开发、制造、销售过程中的阻力，由此实现自身活动自由。还有一种简单的办法，就是把公开使用的技术方案电子化，通过专注于IP. com 等专利防御性公开的商业网站把这些电子文件在互联网上发布。这种发布受电子签名保护，可以用作在司法上能有效对抗特定专利的对比文件。

集体谈判，即受到专利诉讼及威胁的多个企业联合起来，建立防御同盟，共同与专利权人进行专利许可费用的谈判，进而获得更合理的专利许可费率。2007 年 3 月，美国要求进口的数字电视必须符合 ATSC 标准，随后包括朗讯、真力时、汤姆逊、索尼在内的多家拥有 ATSC 标准专利的所有人开始要求中国企业支付专利费用。于是 TCL、长虹、康佳、创维、海信、海尔、厦华、上广电、新科和夏新等 10 家国内彩电业巨头各出资 100 万元人民币，注册成立了中彩联，负责和 ATSC 标准专利的专利权人进行谈判，抱团拒绝不合理的专利许可费，成功将许可费从每台 41 美元降低到每台 28 美元。

第二节　防御 NPE

一、概　述

在专利行业中，专利买卖多由手握大量专利组合的企业所主导，普通

● 冯晓青. 企业防御型专利战略研究［J］. 河南大学学报（社会科学版），2007，47（5）：33 - 39.

企业与之讨价还价的成本高昂。这一方面使得"专利个体户"或科研机构在专利交易中成为弱势一方,另一方面也使得 NPE 们能以相对低廉的价格取得较多专利。有统计数据显示,2014 年在美国发生的所有专利诉讼中,67% 的专利诉讼由 NPE 发起。NPE 们自身不生产任何产品,在专利诉讼中能够当原告,但不可能成为被告,因此对"反诉"本身具有绝对的免疫能力。不管实体企业通过申请、收购或租用等方式获得多少专利,只要产品侵犯了 NPE 所拥有的专利权,那么其被诉讼的风险都是一样的。而且,当实体企业被 NPE 诉讼后,唯一的防御措施就是努力向法院陈述自身不侵犯专利权。除此之外,只能选择与 NPE 和解,代价往往是一笔数额不小的专利许可费,而且这笔专利许可费有时还显得非常不合理。

2001 年,某专利权人获得了"竹制品"的外观设计专利,其设计方案主要是竹条连线排在一起形成的一个矩形,外面包布防止扎手。这个专利不限制产品大小、色彩、比例,能覆盖各种产品——枕头、地毯、榻榻米、窗帘、门帘等。这种设计太简单,可能用了上百年了,国家知识产权局最后判定这个专利没有新颖性。但在此之前,专利权人用它提起了几个诉讼,并在全国几个海关实施了扣货,其目的无非是希望获得相关企业的高额许可费。专利权人的所谓维权措施使得全国竹产业几乎崩溃,仅浙江安吉就有数千家企业停产,出口企业损失订单数十亿元。❶ 也就是说,专业的专利权人利用信息不对称,在明知专利可能被无效的情况下,依然使用此件专利沉重打击了并不了解专利的竹制品企业,最终造成全行业受损的严重后果。

实体企业为了化解 NPE 发起的专利诉讼和诉讼威胁,尽早与 NPE 达成和解、无效掉 NPE 的专利、在诉讼官司产生之前买下可能侵权的专利等均是对付 NPE 的有效手段。由于前两种方案属于企业专利战略策略,不涉及专利运营本身,因此本节重点介绍第三种手段。关于如何花最少的钱在诉讼官司产生之前买下可能侵权的专利,专利运营实践中出现了第三方收购和开放收购两种模式。

此外,本章第一节中所介绍的防御型公开和集体谈判等策略在某些情况下也可用于对付 NPE,由于前文已经进行了详细介绍,本节不再赘述。

---

❶ 魏衍亮. 垃圾专利问题与防御垃圾专利的对策 [J]. 电子知识产权,2007(12).

二、第三方收购

第三方收购是目前对付特殊 NPE 的主要模式。这种模式的基本做法是，通常采用会员制，由第三方机构（通常是反 NPE 的专利运营机构）根据会员的需要收购 NPE 持有或即将持有的可能给会员带来风险的专利，以避免 NPE 发起专利诉讼或者降低被 NPE 诉讼的风险，会员需向第三方机构缴纳会员费，并分摊收购专利的相关费用。

以下通过一个例子分析第三方收购模式的专利运营逻辑。2008 年，PACid 公司获得了一组关于软件加密的专利组合（简称"加密专利组合"），并希望以 250 万美元的价格出售。遗憾的是，没有一家公司接收该加密专利组合。无奈之下，在随后的两年内 PACid 公司使用加密专利组合发起了 6 起诉讼，起诉了包括苹果公司、思科和微软在内的 117 家实体企业。诉讼的结果很理想，PACid 公司拿到了 2 000 万美元的和解金，虽然其中包括 600 万美元的律师费，而被诉企业则花费了 5 800 万美元的律师费。❶

简单算一下，在这个案例中，被诉企业的总花费为 7 800 万美元，拥有加密专利组合的 PACid 公司的收益为 1 400 万美元，只占被诉企业花费的 18%，剩下的占被诉企业花费 82% 的 6 400 万美元都落入了原告律师和被告律师的腰包。即使被诉企业赢得专利诉讼，不支付 2 000 万美元的和解金，也仍然需要支付 5 800 万美元的律师费。

原本 250 万美元就能解决的问题，最后却需要实体企业掏出 5 800 万 ~ 7 800 万美元的真金白银，还要搭上两年的时间和精力。几百万美元和几千万美元的巨大利益差距成为第三方机构专利运营逻辑的起点。如果第三方机构能够让实体企业缴纳 10 万美元的"会员费"，117 家企业合计 1 170 万美元，然后用 250 万美元从 PACid 公司手中获得加密专利组合，显然是一个双方都能够满意的结果，而且第三方机构还有丰厚的 920 万美元的利润。换言之，第三方收购模式的专利运营逻辑在于，通过降低律师费，大幅度降低 NPE 和实体企业达成专利和解所需的费用。

第三方机构的收入主要来自实体企业的会员费，实体企业愿意支付会

---

❶ 向专利魔鬼宣战 [EB/OL]. (2014-06-11) [2016-07-10]. http：//www. yidianzixun.com/home? page = article&id = news_ c5d987c59 ca6d0fdbfd76b4039800d8c.

员费的原因在于第三方机构自身从专利市场或其他 NPE 处通过购买等方式获得了大量的专利权。RPX 公司是典型的这类第三方机构，其成立于 2008 年，出资方为 Kleiner Perkins Caufield & Byers 和 Charles Rivers Ventures 两家创投公司，两位联合创始人 John Amster 和 Geoffrey Barker 均曾担任过高智公司的副总裁。自成立之日起，RPX 公司将自身定位为：通过市场机制，进行防御性专利收购，帮助客户降低来自 NPE 的专利风险及相关成本。在这一定位下，RPX 公司每年平均花在购买专利上的费用高达 1.25 亿美元，截至 2015 年底，RPX 公司收购了超过 1.5 万件专利。[1] 从这个角度上看，可以认为实体企业的会员费实质上是一种支付给第三方机构的专利许可费。显然，对于实体企业而言，支付会员费的成本要低于与 NPE 和解或开展专利诉讼的成本，否则实体企业的理性选择将会是直接面对 NPE。第三方机构的会员费就像美容美发行业推出的会员卡一样，单次理发需要 38 元，但是办个会员卡再理发就只需要 18 元了。从另一个角度看，由于第三方机构具有大量的专利，也就意味着第三方机构自身具有强大的能够起诉实体企业的能力，因此采用收取会员费的模式而不采用普通 NPE 的诉讼和解模式的最合理解释在于，第三方机构认为会员费的收入要高于诉讼和解模式的收入，否则第三方机构将转化成为普通的 NPE。

在实践中，不同的第三方机构收取会员费的形式也不同。例如，RPX 公司根据会员公司的产业规模和营业收入情况确定每年 4 万 ~520 万美元不等的会员费，其加盟会员包括苹果公司、三星、谷歌、微软、亚马逊、索尼、IBM、戴尔、英特尔、HTC 等 250 多家国际知名公司，帮助客户避免并节省超过 32 亿美元的法律费用支出及和解金支出。而成立于 2008 年的安全信托联盟（Allied Security Trust，AST）的会员费为每年 25 万美元，另外还要缴纳 500 万美元用于收购有威胁的专利，其创始公司包括威瑞森电信（Verizon）、思科、谷歌、爱立信、惠普等。目前 AST 共有 18 家会员企业，包括 Avaya、爱立信、惠普、IBM、英特尔、运动研究公司（Research in Motion）、威瑞森电信等，涉及的领域包括计算机、软件、电信、网络等。

RPX 公司的专利收购方式主要有三种：①市场购买方式，即从中介机

---

[1]　吴艳. 跟"专利流氓"死磕到底——访 RPX 公司首席执行官和联合创始人约翰·阿姆斯特 [N]. 中国知识产权报，2016 - 06 - 08 (5).

构和专利权人手中购买专利，尤其是中介机构推销的附带侵权企业名单的专利。如果 RPX 公司的会员企业恰好在侵权名单中，那么通过购买专利，RPX 公司使得它们不会被起诉。②诉讼购买方式，即从发起诉讼的 NPE 手中购买专利，从而直接解除对会员企业的诉讼。③集中购买方式，即从分散的力量较小的公司那里获得专利许可，构建专利组合。

不管是从树立企业形象的角度来看，还是从公司运营的逻辑起点来看，第三方机构是不希望被贴上"好战"标签的，不管是 RPX 公司还是 AST 都或明显或隐晦地透漏出不起诉实体公司的意愿和承诺。但是，不起诉实体企业的弊端也是显而易见的，会给实体企业留下虽然不加盟但是能够避免被起诉的空间。例如，第三方机构在专利市场上购买了一组专利，实体企业 A 和 B 都使用了这组专利所保护的技术，实体企业 A 向第三方机构缴纳了会员费，因此不会受到专利诉讼的威胁，但是实体企业 B 并没有缴纳会员费，仅由于第三方机构的不起诉承诺，也不会受到专利诉讼的威胁（见图 7 - 3）。显然，不管是否缴费，实体企业 A 和 B 享受的服务都是一样的。既然如此，实体企业 A 又何必缴费呢？

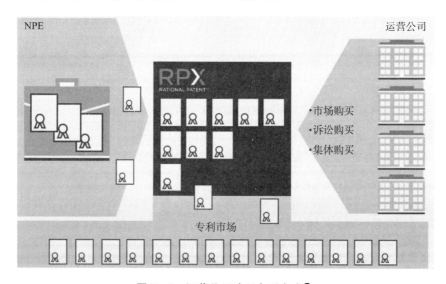

图 7 - 3　运营公司购买专利方式❶

---

❶　保罗·萨拉塞尼. 防御性专利购买如何能够帮助中国科技公司减少专利蟑螂（NPE）风险［C］. 中国专利信息年会，2013.

为了解决这个问题，第三方机构选择的途径主要有两条：其一是在购买专利时仅购买专利的使用权，而不购买专利的所有权；其二是专利剥离模式，即在拥有专利的所有权后，将专利的使用权许可给会员客户，然后再将专利的所有权出售，使得接手专利所有权的下家不能诉讼会员客户。

在购买使用权的专利运营模式中，假定实体企业 A 和 B 均侵犯了 NPE 的专利权，实体企业 A 向第三方机构缴纳了会员费，成为其会员，第三方机构通过向 NPE 支付一定的费用，促使 NPE 不起诉实体企业 A，而实体企业 B 没有缴纳会员费，则将成为 NPE 的被告。例如，RPX 公司认为如果一场专利诉讼中有 20 名被告，其中 10 名是 RPX 公司的客户，通常 RPX 公司会为 10 位会员客户买下专利的使用权，而不是专利的所有权。这种情况下，第三方机构与 NPE 和客户之间关系如图 7 - 4 所示。

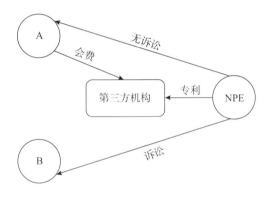

图 7 - 4　第三方机构、NPE 和客户之间关系（一）

在专利剥离的运营模式中，假定实体企业 A 向第三方机构缴纳了会员费，成为其会员，而实体企业 B 没有缴纳会员费，实体企业 A 和 B 都使用了第三方机构所拥有的某件专利技术。第三方机构固然不会对实体企业 A 发起专利诉讼，毕竟实体企业 A 已经缴纳了会员费，从策略上考虑，第三方机构也不会对实体企业 B 发起专利诉讼。显然，非会员企业 B 享受到了不起诉的优惠条件，第三方机构会寻求实体企业 B 缴纳会员费，如果实体企业 B 坚持不缴纳会员费，第三方机构可以选择将实体企业 B 的侵权专利剥离出去，转让给专利购买方，并在专利转让时与专利购买方达成协议，要求专利购买方不能够使用该专利起诉实体企业 A。专利购买方在购买该件专利后，虽然根据约定不能够起诉实体企业 A，但拥有了起诉实体企

B 的能力，而且专利购买方，尤其是 NPE 类的专利购买方，其购买专利的目的往往就在于对实体企业 B 发起诉讼或者诉讼威胁。例如，AST 会在一定时期采用剥离程序出售专利。虽然 AST 宣称这种做法是为专利投资提供一些成本补偿，但是购买 AST 专利的企业如果不能够对非 AST 的客户发起诉讼或者诉讼威胁，那么为什么会买这些专利呢？与购买使用权的运营模式类似，实体企业 B 要么是成为第三方机构的客户，要么成为专利购买方的诉讼对象。此时，第三方机构与 NPE 和客户之间关系如图 7 – 5 所示。

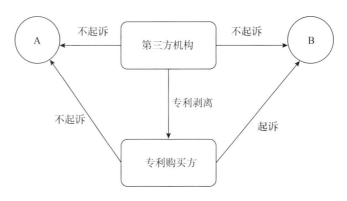

图 7 – 5　第三方机构、NPE 和客户之间关系（二）

对于实体企业而言，如果在研发生产过程中使用了包括 NPE 在内的其他公司的专利技术，那么在尊重知识产权的前提下，总要向他人支付一定的使用费，这种费用的体现形式可能是转让费，可能是许可费，可能是律师费以及和解费，当然也可能是会员费。第三方机构的作用并不是促使企业免费使用他人的专利技术，而是帮助企业规避某些 NPE 提出的不合理的许可费和不必要的法律费用，因此成为实体企业和 NPE 之间就专利事务进行沟通的重要渠道，也是实体企业应对 NPE 的屏障。

在企业运营过程中，第三方机构和 NPE 是相互依存的关系，"匪多则兵多，匪少则兵少"。可以观察到，美国第三方机构的出现正是 NPE 最为活跃的时期，也可以预见到，随着美国政府对 NPE 加以规制，第三方机构的业务也会越来越萎缩。毕竟 NPE 被政府打击意味着实体企业受到 NPE 的干扰更小，必然导致实体企业不乐意掏出更多的会员费。

对于 NPE 认为侵权，但实际可能不侵权的专利，第三方机构会怎么办？如果购买，那么将助长 NPE 的气焰，如果不购买，那么实体企业依然会遭遇诉讼。2008年底，IPAT公司起诉23家实体企业侵犯了一组与计算机安全有关的专利权，其中包括多家RPX公司的会员企业。2009年底，RPX公司通过购买使用权，帮助会员企业消除了专利诉讼，同时RPX公司还吸引另外10家企业成为会员，当然也帮助这10家企业消除了专利诉讼。但是，俄罗斯软件公司卡巴斯基实验室拒绝花费48万美元成为RPX公司的会员，而是花了250万美元将诉讼进行到底，并最终胜诉。

三、开放收购

第三方机构运营的本质是收取实体企业的会员费，抢在NPE之前，以较为低廉的价格购买专利，避免NPE对实体企业带来专利诉讼风险。显然，在第三方收购模式中，在实体企业和专利权人之间多了一个第三方机构。中间环节越多，成本越高，有些实体企业也开始考虑越过第三方机构，直接从专利权人手中购买专利，进一步降低获取威胁专利的成本。比较典型的为谷歌使用的开放收购模式，包括"专利收购推广计划"和"专利洽询提交计划"。

专利收购推广计划的特点在于简便，专利权人通过收购推广平台上报专利内容并自行定价，谷歌评估专利价值是否符合专利权人的定价。符合则购买，不符合则不购买，不再进行议价。整个计划实施时间约3个月，具体如下：

2015年4月，谷歌发布专利购买计划公告。

2015年5月，谷歌的专利购买计划平台开放，供专利权人提交拟出售给谷歌的专利。

2015年7月，谷歌对拟收购专利完成初步审核，通知相关专利权人提供与专利相关的银行担保、诉讼等情况，并签署购买协议。

2015年8月，谷歌向专利权人支付购买费用。

专利洽询提交计划允许专利持有人在更具弹性的条件下，向谷歌提交专利。专利权人只需告知谷歌希望出售专利的授权号或申请号、权利要求的主要内容、出售价格、洽询期限、诉讼情况等信息，便可加入谷歌的专利洽询提交计划。

谷歌的开放收购模式，为包括中小企业和个人在内的专利权人提供了与谷歌直接进行专利交易的市场，大幅简化了专利交易环节，避免了传统专利交易中的复杂程序，以及在这些复杂程序中所产生的高昂的时间成本、评估费用和法律费用，引起了专利权人的广泛关注。对于谷歌而言，通过"专利收购推广计划"和"专利洽询提交计划"，能够以较低的成本从乐意出售专利的中小企业或个人手中，获得与谷歌现有产品和未来产品相关的专利，从而避免这些专利落入 NPE 的手中，在一定程度上消除专利侵权风险。

仅从防御 NPE 的角度看，谷歌的专利收购模式与第三方收购模式相比存在明显不足。在收购专利模式中，由谷歌独家出资购买专利，而第三方收购模式的资金来源是所有会员企业，大家共同出资购买专利。虽然第三方机构的存在会提升购买成本，但是理论上分摊下来的费用会大幅低于单独购买专利的成本。因此，采用开放收购模式防御 NPE 的成本要远高于加入第三方机构的成本。可采用的替代方案是仅购买专利的许可权，这显然要比购买专利所有权更加便宜。

第八章　综合服务型专利运营

为了满足专利运营多方主体的不同需求，综合服务型专利运营机构和运营方式孕育而生。这类服务机构一般并不拥有专利，主要是为专利商品化或产业化、转让、许可、质押、融资等活动开展配套的专利价值评估、交易中介、专利诉讼等服务。如本书第一章所述，特定专利运营所需的各种中间服务也属于专利运营的范畴。对于整个专利运营体系来说，综合服务型服务机构更是不少或缺的一个环节。

在实践中，综合服务型专利运营机构包括平台服务、经纪服务和孵化器等多种类型，并具有各自的专利运营模式。本章重点介绍以上各类综合服务型专利运营模式。

第一节　平台服务

就专利运营现状来看，虽然我国已形成了初具规模的技术市场，但现阶段仍处于发展初期，普遍存在的问题是供需脱节，价值评估缺位，"买技术难、卖技术难"，产学研结合不够紧密，研发出的科技成果转化率低等，市场迫切需要信息完整、服务全面、立场中立的专利运营平台。平台通过提供信息服务和专项业务服务（例如专利申请代理、价值评估、风险评估、交易服务、融资服务等），促进专利权人、专利需求者、投资者和专利服务机构等多方对接。

根据运营主体和运营方式的不同，平台可以分为政府主导型专利运营服务平台和市场化专利运营服务平台。

一、政府主导型专利运营服务平台

政府主导型专利运营服务平台一般由政府独立出资支持，或部分出资引导，其运营目的随着发展阶段而有所不同，但一般为促进本国或本地区的专利信息推广、技术转移转化、扶持中小企业发展壮大等公益性目的。这类平台一般具有以下共同特征。

1. 拥有和使用公共资源

政府主导型专利运营服务平台一般都是政府机构支持成立，因此在专利信息的获得、专利技术的使用、平台运转经费的筹集、专业服务人才的组织、相关配套机构的协调等方面具有天然的优势。

2. 运营模式一般较为单一

政府主导型专利运营服务平台受政策限制，服务形式较为单一，主要包括信息发布、专家培训、配套服务、政策引导等，且运营模式的变化、调整较少。而对于一些公益性与市场化相结合的平台来说，其市场化部分的业务往往形式更多样、调整更及时。

3. 服务面较广

政府主导型专利运营服务平台一般是面向一个国家或地区的专利技术相关方开展服务，服务对象包括技术研发机构或发明人、企业、金融机构、知识产权服务机构等专利运营产业链各环节，服务内容也因为公益性变得更广泛，可涉及专利知识宣传、专利业务培训、技术信息推广、专利交易中介、专利投资服务等诸多方面。

政府主导型专利运营服务平台在各国不同阶段发挥着巨大的社会效益，同时也不断出现一些经营问题。例如，此类平台对于政府各类资源依赖性强，自身缺少造血机制，一旦政府投入减少，则面临平台关闭的风险。即使像美国国家技术转移中心这样的大型技术转移、交易平台，在面临政府停止资助时，也无法继续运转下去。为此，各国政府主导型专利运营服务平台普遍向市场化运营方向转变，例如我国国家专利技术展示交易中心同各地知识产权服务机构合作，在当地现有服务体系上追加专利信息、政策等支持，提高了各地专利技术展示交易中心的市场存活度，而日本技术市场更是在历经数次体制改革后，目前已经完全转变为民间股份制机构。

政府在适当的时候减少或停止官方资助，转由平台自身产生造血功能，实现市场化运转，这是政府主导型专利运营服务平台当前的主要趋势，也是这类平台面临的生存挑战，需要自身积极进行创新经营模式。

下面介绍一些典型的国家级或国际专利运营服务平台。

（一）国家专利技术展示交易中心

国家专利技术展示交易中心是国家知识产权局为配合国家知识产权战略的实施，在全国部分具备条件的城市选点，建设形成的全国专利技术展示交易服务体系和网络平台。国家知识产权局从专利信息、政策、全国平台品牌建设等方面给予扶持，并加强对各中心工作的规范和指导，制定平台工作的评价指标，开展定期考核验收。根据国家知识产权局 2015 年公布的信息，目前在各地共设有 41 家分中心。[1]

国家专利技术展示交易中心的主要业务包括：组织专利技术及产品在现场或网上展示、交易、推介活动；开展日常专利经纪活动，促进专利技术与资本对接；提供专利信息服务；提供专利咨询，帮助企事业单位、专利发明人选择正确的发明创造方向和路径，促进发明创造活动与市场衔接；专利经纪、专利市场管理及知识产权知识培训；围绕专利技术交易开展相关的知识产权投融资、评估、评价、咨询等服务；提供专利实施合同备案等服务；开展专利技术市场的统计和相关研究、咨询工作；接受政府知识产权部门或其他相关部门的委托，开展其他专利或知识产权相关活动。

以国家专利技术北京展示交易中心为例，其依托中国技术交易所，通过构建专业的专利技术转让交易服务平台形成了多功能服务体系，具体包括：项目交易平台、信息发布平台、价值评估平台、投融资服务平台和专利集成平台。旨在通过上述平台，充分展示专利技术，实现专利技术与资本市场对接，促进专利技术的商品化、产业化和国际化。

---

[1]　国家专利技术展示交易中心名单（截至 2016.6）［EB/OL］.（2016 – 06 – 02）［2016 – 06 – 18］. http：//www. sipo. gov. cn/ztzl/ywzt/zldhsdgc/zljszsjyzx/201606/t20160602_ 1272707. html.

（二）全国知识产权运营平台

按照国家知识产权局会同财政部以市场化方式开展知识产权运营服务试点规划，全国知识产权运营平台包括在北京建设的全国知识产权运营公共服务平台、在珠海市建设的知识产权运营金融与国际特色试点平台和在西安市建设的军民融合特色试点平台，同时通过股权投资重点扶持20家知识产权运营机构，示范带动全国知识产权运营服务机构快速发展，初步形成了"1＋2＋20＋N"的知识产权运营服务体系。

作为"1＋2＋20＋N"中的"1"，全国知识产权运营公共服务平台目前正在建设之中。

作为"1＋2＋20＋N"中的"2"，知识产权运营金融与国际特色试点平台由珠海横琴国际知识产权交易中心有限公司承担建设运行任务，国家横琴平台七弦琴知识产权资产与服务交易网已于2016年4月上线试运行，此外该平台旗下还有"七弦琴"知识产权高端服务、"七弦琴"专利投资融资等特色服务。军民融合特色试点平台则在陕西省布局，该平台已于2015年12月揭牌。建成后，该平台将以军民融合为特色，通过聚集陕西和西部地区国防军工知识产权资源，搭建知识产权交易转化和运营服务平台，促进军民科技资源共享、军民技术供需对接、军民产业互动发展，为国家层面国防军工知识产权运营与技术成果转移转化探索新模式、新路径。

作为"1＋2＋20＋N"中的"20"，其机构名录如表8－1所示。为培育出具有国际竞争力的知识产权运营服务机构，促进科技成果转化和知识产权交易，中央财政以股权投资方式为每家企业各给予1 000万元资金支持。目前，20家重点扶持的运营机构正在根据各地域的产业发展特点和自身业务范围开展多种运营项目尝试。❶

---

❶ 关于采取股权投资方式支持知识产权运营机构名单公示［EB/OL］.（2015－05－21）［2016－06－18］. http：//www.sipo.gov.cn/tz/gz/201505/t20150521_ 1120692.html.

表8-1　中央财政以股权投资方式重点扶持的20家知识产权运营机构

序号	省市	机构名称
1	北京	北京智谷睿拓技术服务有限公司
2		中国专利技术开发公司
3		北京科慧远咨询有限公司
4		摩尔动力（北京）技术股份有限公司
5		北京国之专利预警咨询中心
6		北京荷塘投资管理有限公司
7		北大赛德兴创科技有限公司
8	天津	天津滨海新区科技创新服务有限公司
9	吉林	中国科学院长春应用化学科技总公司
10	上海	上海盛知华知识产权服务有限公司
11		上海硅知识产权交易中心有限公司
12	江苏	江苏汇智知识产权服务有限公司
13		苏州工业园区纳米产业技术研究院有限公司
14		江苏天弓信息技术有限公司
15	山东	山东星火知识产权服务有限公司
16	河南	河南省亿通知识产权服务有限公司
17	湖南	株洲市技术转移促进中心有限公司
18	广东	广东省产权交易集团有限公司
19	四川	成都行之专利代理事务所
20	广东	深圳市中彩联科技有限公司

（三）美国国家技术转移中心

美国国家技术转移中心（National Technology Transfer Center，NTTC）是1989年美国国会同意拨款成立的非营利性机构，其作为国家技术交易市场平台，形成了由联邦实验室和大学研究机构、企业、专家网络、6个地区技术转移中心组成的技术转移网络，也是美国政府支持的规模最大的知识产权管理服务机构。

NTTC的业务主要包括：①负责维护超过700个联邦实验室与100所大学每年所产生的研发成果资料，并整合这些研发成果资料进行分析归类，建设成信息网站，为美国民间产业取得联邦技术资源提供重要的信息支持；②提供技术交易专业服务，包括知识产权管理培训、专业咨询、技术交易事项辅导、技术商业化辅导以及教育培训，其专家群在 NTTC 的安排下提供专业咨询与辅导；③在全美各地区成立 6 个区域技术转移中心。各中心在整个技术转移过程中均是一个信息交换的场所，并充当了"介绍人"和"担保人"的任务。

NTTC 曾在促进由美国政府资助的科技成果转化方面发挥了重要作用，在其 20 多年运营过程中，共出具过 4 000 多份深度技术评估报告、培训了 6 800 余名技术转移专家，发布过 40 000 余项政府项目技术。但是，目前 NTTC 的门户网站显示，由于不再有政府资助，因此网站平台不再更新，处于停止运营状态。❶

（四）欧洲企业服务网络

欧洲企业服务网络（Enterprise Europe Network，EEN）的前身是欧洲创新驿站（Innovation Relay Centre，IRC），其是在 1995 年由欧盟创新计划下资助成立的，目的在于促进欧洲地区的研发机构与中小企业间的技术转移，是一个泛欧洲的技术交易市场平台。IRC 总部设于卢森堡，利用遍布 30 个国家、68 个地区、超过 250 家技术创新中心，提供一对一的技术交易服务。同时，通过网络工作平台的建设，提供跨国即时技术交易服务。2008 年，IRC 与欧洲信息中心合并，成立了覆盖面更广的非政府组织 EEN，拥有 600 多家技术转让支持机构，可为更多的中小企业提供一站式解决方案，其知识产权服务包括专利申请援助、知识产权培训、知识产权评估、专利新颖性检索等。

EEN 与许多知识产权机构有着密切的合作，因此拥有足够的资源为客户提供知识产权服务。EEN 与世界知识产权组织（WIPO）、国际商标协会（INTA）、欧洲专利局（EPO）、欧洲内部市场协调局（OHIM）、知识资产中心（IAC）等众多机构都建立了紧密联系。其合作方式也十分多样，如知识产权研讨会或创新驿站年会展台、知识产权培训项目、知识产权工作组、网站上的知识产权内部网页链接、宣传短片和电子学习工具等。

EEN 提供非常具有特色的知识产权工具箱（IP Toolkit），其内容包括：使客户获取进一步支持的机构或会议、知识产权评估工具以及涵盖谈判过

---

❶ ［EB/OL］．［2016–07–01］．http：//www.nttc.edu/.

程中各类相关问题的协议范例。即使工作人员不是知识产权专家，也能通过这个"工具箱"解答客户的问题，或告知客户从其他知识产权机构获取帮助的具体方式。例如，斯洛伐克站（EEN Slovakia）提供4类知识产权咨询服务：与本国的知识产权保护机构斯洛伐克共和国工业产权局、斯洛伐克科学院建立了联系，可将客户推荐给这些知识产权保护机构；提供知识产权项目和技术，包括知识产权指引和知识产权服务平台；知识产权数据库共享，包括斯洛伐克共和国工业产权局数据库、欧洲专利数据库、美国专利商标局数据库以及日本特许厅数据库；提供知识产权信息的相关链接网站等。

（五）日本生命科学知识产权平台基金

日本生命科学知识产权平台基金（Life Science IP Platform Fund，LSIP）成立于2010年8月，主要投资方是由日本政府支持的基金公司——创新网络公司（INCJ）。在日本，成果转化同样也存在问题。一方面，企业感兴趣的专利组合通常分属于不同的大学；另一方面，大学的专利一般都是基础研究的成果，不一定符合企业的特定需求。据估计，日本大学的专利收益只有美国大学的1%。日本政府担忧这种趋势将削弱日本在全球市场的竞争力，尤其是在制药领域，2010年的药品进口总额是出口额的大约13倍，贸易逆差情况严重。在这种背景下，日本政府建立了LSIP，旨在为企业提供充分利用发明创造的手段和途径。

目前，该平台基金重点关注4个生命科学研究领域：生物标记物、干细胞、癌症和阿尔茨海默氏病，均为日本优势技术领域。其专利运营模式主要有两种：①将大学和研究中心的专利捆绑组合，评估其潜在价值，在某些情况下将它们与从市场上购入的其他专利结合起来，创建专利群后，基金会设法将其许可给企业，并与发起人分享利润，由此也可以防止大学的专利成果被外国公司收购；②开展知识产权孵化，基金获得开发专利的专有权，并以支付申请费、国际扩展和补充性研究成本费用等来优化现有专利作为回报，专利被许可后，基金再收取许可费中的一定比例（见图8-1）。

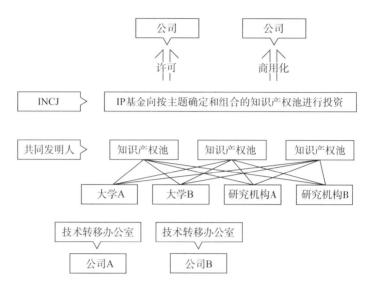

图 8 - 1　日本生命科学知识产权平台基金的运营模式❶

LSIP 的主要目的并非营利，它首先是为日本医药生物产业的整体经济利益提供支持，通过基金的引导，促进研发并加强日本经济的竞争力。在决定是否向企业提供专利组合许可时，LSIP 会评估该企业的创新能力及其对日本经济的影响。

与 LSIP 类似，近年来各国纷纷成立专利主权基金，有的意在保护本国特定产业发展，有的重点扶持本国中小企业成长。法国政府成立了法国专利基金，用以支持法国企业、高校和研究机构经营专利资产并获取必要的研究基金；韩国成立了 IP 立方体伙伴（IP Cube Partners）和如第七章介绍过的韩国 ID 公司，积极投资初创企业和合资企业，帮助其开发有创意、高质量的专利，致力于提高企业的国际竞争力；新加坡则成立了专利申请基金，向新加坡企业提供最多 30 000 新加坡元的专利申请资助。这类专利主权基金是在政府资助下向本国企业和科研机构进行专利运营的服务，其目的主要是提高本国的产业竞争力，避免核心专利技术成果流失，减少本国科研机构的同质竞争问题。

---

❶　日本首只专利基金的困惑 ［EB/OL］.（2015 - 03 - 21）［2016 - 07 - 09］. http：//www. 360doc. com/content/15/0321/04/22115156_ 456844934. shtml.

二、市场化专利运营服务平台

相对于政府主导型专利运营平台的公益属性，市场化专利运营服务平台更加趋于市场营利。相应于这一目标，此类平台一般不涉及专利知识培训、专利文献传播等基础业务，更多关注专利许可、转让、价值评估等高价值服务，运营模式也更加多样。这类平台一般具有以下共同特征。

1. 多方联合社会资源

开展专利运营服务，既需要拥有可调配的专利技术资源，也需要具备详尽的专利信息资源，同时还要有专利分析评估专家团队向专利权人、专利需求者和金融机构提供专业服务，对于各方面的资源要求门槛较高。因此，市场化专利运营服务平台一般会多方联合社会资源开展运营，例如联合产业巨头、知名研究机构以确保专利技术资源，联合实力雄厚的金融机构作为资金保障，建立技术专家网络来提供各方面专家服务等，从而提高资源利用度，降低运营成本。

2. 运营模式不断推陈出新

市场化营利的目标使得这类平台充满了创新的动力，随着经济发展和市场变化，不断推出新的运营模式，从最初单纯地收取专利申请、专利转让、许可等中介费用，到提供价值评估等增值服务，再到开辟专利许可二级市场，以至于目前一些平台免费提供专利申请服务，着眼于后续深层次需求挖掘等。

3. 单个平台业务范围较为集中

市场化专利运营服务平台往往集中开展某一项或几项优势服务项目，例如有的平台致力于提供专利买卖信息，有的平台关注于专利许可过程中的配套增值服务，也有的平台专门从事专利拍卖业务。对于营利空间较小的非优势项目，通常不会涉足，这同样是市场化专利运营服务平台的天然趋利属性决定的。

市场化专利运营服务平台在活跃市场、满足差异化需求方面，发挥了如下重要作用。

1. 架设了需求对接的桥梁通道，有助于提升专利的转移转化率

市场化专利运营平台普遍依托网络系统，提供专利技术买卖、专利项

目融资的入口。通过平台，新产品、新技术、新专利可以进行交易，也可以寻求金融机构的贷款或投资，在此过程中还能够在平台上选择专业服务机构提供代理服务。通过平台的市场化运作，为专利权人、成长型企业、服务机构、投资者提供了技术、资本对接的便利渠道，提供专利交易所需的信息服务、法律服务、金融服务等，有助于提升专利的转移转化率。

2. 建立了相对公平的市场秩序

专利文件是进行专利交易的基础性材料，专利文件中包含了大量的法律信息、技术信息、市场信息、竞争对手信息等，对于这些信息的掌握和解读，在很大程度上决定了专利交易的方向和投入。但是，目前的专利交易市场普遍存在信息不对称现象。在专利运营平台上，通常都可以进行专利信息检索，包括专利权利范围、权利时限、权利人、法律状态等，并由专业人员帮助进行专利信息的分析、解读。这样，研发人员通过平台进行信息检索，能够了解当前技术的发展动态，从而避免重复开发，提高研发效率，降低技术侵权风险；专利购买方也能够了解目标专利的法律状态、有效性和稳定性，避免购买过期专利、侵权专利和无效专利。专利需求信息的公开，便于形成公平竞争的市场机制。

3. 降低了专利交易的操作成本

运营平台一般会配套提供专利代理、企业托管、专利拍卖、专利价值评估、权利有效性分析等服务内容，通过批量服务、一揽子服务、服务机构竞争等形式，整合专利交易资源，降低交易成本，并最终提高成交率。

下面介绍一些主要的市场化专利运营服务平台的运营模式。

（一）ICAP 专利经纪公司的专利拍卖平台

总部设在美国纽约的 ICAP 专利经纪公司是目前全球最大的知识产权经纪和拍卖公司，在收购 Ocean Tomo 公司交易部门后组建而成，其主要从事大批量专利的拍卖交易。

ICAP 专利经纪公司有一套标准化的专利拍卖交易流程，所有提交的专利要通过其独有的评分系统进行筛选，达到初步要求的知识产权再由交易专家团队评审，并综合分析知识产权是否适合拍卖；竞买人也需要提前注册，缴纳登记费并提交具有竞买资格的证明；再将通过审核的专利和竞买人信息提交数据库，然后对通过审核的专利卖家进行尽职调查，最后进行现场拍卖。在拍卖前两个月会将相关资料放在网络上公示。

ICAP 专利经纪公司在拍卖前向竞买人收取一定的注册费用，并向卖家收取不同的登记费，例如专利登记费为 1 000 ~ 6 000 美元，商标、版权为 1 000 ~ 3 000 美元，域名为 250 ~ 3 000 美元。除了预付款，ICAP 还对交易成功的卖家收取 15%、买家收取 10% 的中介费。

这种专利拍卖的形式减少了专利转让的谈判时间和成本。拍卖公司通过事先多种渠道的宣传，吸引了众多的买卖双方；通过预付款、事先对资产尽职调查及评估等手段，筛选出一批潜在买家，从而使卖家减少尽职调查范围，减少了成本；通过专家团队对专利价值进行评估筛选，使得买卖双方更了解专利的价值。

传统技术交易主要采用合同、谈判方式，交易完成需要如下过程：①转让方或受让方寻找潜在的交易方，搜寻过程往往会耗费相当的成本；②与寻找到的交易方进行接触和谈判，难以评估的专利价格、信息的不充分、交易市场的不透明等因素，均会增加谈判成本和交易失败的风险。

而在专利拍卖中，公开竞价机制的运行会降低以上的成本及风险：①寻找潜在交易方由拍卖机构等中介方完成，交易双方无须负担该阶段的成本；②专利拍卖的优势在于为买方与卖方提供共同的开放平台，使双方预知交易效果，竞买人之间公开竞价、委托人公开专利信息、中介机构对专利的检索与评估等提供了从专利技术到价格等全方位的信息，有助于建立一个公开透明的市场；③公开竞价具有价格发现功能，拍卖过程中必然涉及估价问题，经过竞价能够体现拍卖品的潜在价值，正是这个过程体现了拍卖市场的价格发现功能。

（二）Yet2. com 的网络交易平台

Yet2. com 成立于 1999 年，由宝洁、霍尼韦尔、卡特彼勒、拜耳和西门子等公司共同投资 2400 万美元创立，是全球首次利用网络平台进行技术交易的先驱，也是目前全球最大的网络技术交易市场平台。

Yet2. com 的主要业务是为全球的技术交易提供评估、鉴别、开发等整个交易决策过程中的咨询服务，特别是以信息服务为核心开展战略目标搜索、知识产权组合上市、专利交易等业务。目前 Yet2. com 用户已超过 13 万，其中包括许多世界 500 强的企业，如福特、西门子、飞利浦、宝洁、丰田等。此外，yet2.com 拥有一支由科学家和工程师组成的团队，成员大多具有博士学位和相关技术领域专业背景，为开展知识产权组合打包上市和促成技术交易提供专业服务。

Yet2.com 营利方式主要是收取信息发布费、交易费和增值服务费。技术供给方和需求方发布 1 条信息，均需缴纳 1 000 美元的费用；对于交易费，每笔费用为总交易额的 15%，不低于 1 万美元；对于增值服务费，则视客户服务需求而定。

这种基于网络平台的知识产权交易，不仅提高了信息传播的效率，使得更多的知识产权供需信息得以匹配，同时也使得交易成本大大减低，提高交易效率。

（三）Ocean Tomo 公司的专利价值评估平台

Ocean Tomo 公司成立于 2003 年，总部位于美国芝加哥。Ocean Tomo 公司成立初期，其业务主要以专利拍卖和价值评估工作为主。2009 年，ICAP 专利经纪公司收购了 Ocean Tomo 公司的拍卖交易部分后，Ocean Tomo 公司只重点关注专利价值评估工作。此后该公司并购了一家名为 Patent Ratings 的公司，Patent Ratings 公司开发出了一种能够客观评估专利价值的评估系统。这项评估系统对单个专利的评测指标多达 50 种，对自 1983 年以来授权的 400 多万件专利进行过评估。这一评估系统号称是目前世界上第一个客观、准确分析专利价值的软件系统。

2006 年底，Ocean Tomo 公司与美国证券交易所联合发布了名为 Ocean Tomo 300™ 的企业专利评估指数，该指数是由 300 家拥有高质量专利的公开上市公司股本加权系数构成。并在此基础上，提出了 Ocean Tomo 300 专利成长指标和 Ocean Tomo 300 专利价值指标，由投资者根据该指数购买股票。Ocean Tomo 300 指数通过对专利的价值进行分析，已经成为美国目前一个重要的经济指标。该指标的功能主要是在市场对专利技术予以认可之前对技术创新的价值进行预测。Ocean Tomo 指数的出现，对于知识产权证券化制度的发展具有非常重要的意义。

在国内，深圳证券信息有限公司与德高行（北京）科技有限公司于 2015 年 2 月在深圳证券交易所正式发布国证德高行专利领先指数。该指数既是一个专利指数，也是一个股票指数，其评估对象是中国大陆 A 股市场上2 700多家上市公司，并最终筛选出100家投资潜力最佳的公司作为样本股。与Ocean Tomo 300专利指数类似，国证德高行专利领先指数选取的均是可量化指标，且包含了专利指标和财务指标两类，在指标设计上保证了数据的客观性。2016年5月，深圳证券交易所和深圳证券信息有限公司又发布了深证中小板专利领先指数和深证创业板专利领先指数。在专利大数据的背景下，专利指数发布给专利运营带来了新的模式和内容。

（四）UTEK的U2B技术转移平台

UTEK是Clifford M. Gross于1997年成立的技术转移公司，该公司创新的U2B模式能够帮助企业快速得到大学的先进技术。UTEK建立的交易网站，使得技术的拥有者可以在网上发布技术的详细说明，技术的需求者可以在该网上通过匿名发布，寻找合适的技术。

UTEK主要业务是将大学、研究院所拥有的具有商业应用价值的技术，转让给那些努力寻求产品升级的公司，帮助其在市场竞争中取得优势。U2B模式的过程一般包括以下环节：①锁定需求，通过与客户公司的管理团队接触，UTEK的专业人员起草一份详细的说明书来具体描述客户公司的技术需求，并且将其表述成容易被技术人员理解的格式与语言；②查询，形成客户公司技术需求说明书后，UTEK对各个大学和实验室已有的技术成果进行分析，同时通过其全球性的专家网络，向相关专家咨询客户技术需求的解决方案；③选择，所有的需求解决方案都需要经过匹配性分析，方案必须适合客户的技术描述要求，同时拥有良好的增值预期，将最优的解决方案提交给客户，并对方案加以讨论、修改；④转移，方案获得客户认可后，UTEK就立刻展开与技术提供者的谈判，尽快购买技术的专利权，并将专利权以股权的形式投入客户公司。

采用U2B商业模式，UTEK首先识别相关企业的技术需求，然后带着需求去大学、政府资助的实验室寻找能满足客户需求并有市场前景的新技术，继而与客户和大学或实验室谈判，最终促使客户得到技术，大学或实验室得到技术授权费，UTEK获得客户的股份。这种特有的消除技术库存、实现技术实时转移的模式使得UTEK在短时间内获得迅速发展。

（五）技E网

技E网是中国技术交易所于2014年12月建成上线的技术交易网络平

台。其主要业务是为技术交易参与各方建立全流程的市场化服务体系，并通过互联网手段实现线上与线下服务的融合，具体包括技术、专利、商标、科技企业股权等交易产品在线交易、在线竞价、在线项目路演、在线科技成果展会、建设各行业或区域分平台等。

截至 2015 年年底，技 E 网发布项目信息达 60 000 条，注册会员人数超过 1 万人，年访问量突破 100 万次；共开设网络竞价专场 22 场，成交金额 1 500 万元，为富士康达成的在线交易单笔超过 500 万元；完成在线机构路演 105 场次；举办线上展会 21 场；与行业、区域合作共建了 48 个分平台。

技 E 网面向所有技术交易供需双方及相关科技中介服务机构、政府管理部门开放免费的会员注册，对同业机构及经纪人采用分佣制，根据成交的技术交易项目，由技 E 网平台统一收取交易佣金，由参与项目交易的相关机构按照一定比例分配佣金，从而提高各机构及个人参与技术交易服务的积极性。

随着"互联网 +"时代的到来，在我国政府的大力推动下，国内市场化专利运营或交易平台如雨后春笋般不断涌现。除了上述技 E 网之外，代表性的网络平台还有汇桔网、高航网等，这类平台从成立之初就通过"互联网 +"模式，将专利交易、融资等运营业务与网络平台相结合，实现线上交易与线下交流相结合，拓展服务内容，提升运营成效。此外，在国家利好政策的激励下，一些传统的中介服务机构，比如专利代理机构纷纷转型或拓展业务，建立市场化运营平台，例如超凡知识产权服务股份有限公司经过业务拓展，结合互联网服务，逐步形成全产业链服务平台。2015 年 8 月，超凡知识产权服务股份有限公司在全国中小企业股份转让系统正式挂牌，成为全国首家在新三板成功挂牌的知识产权企业。另一个值得关注的现象是，近年来随着国内专利运营环境明显改善，原来在传统企业从事知识产权工作多年的资深人士纷纷开始新的创业，组建专利运营机构，助推专利运营发展，例如深圳峰创智诚科技有限公司通过为企业提供免费的知识产权运营管理的互联网平台，打通知识产权运营各个环节，扩展业务范围，实现知识产权数据、在线交易等增值服务。

第二节 经纪服务

专利运营活动集技术、法律、市场、信息于一体，程序复杂，专业性强。对于专利运营，中小微企业缺少必要的信息、渠道和专业人才，需要专业运营机构的帮助；而大型企业由于专利累积数量的增多和企业发展重点的不同，往往也需要专业运营机构提供专业服务，提高专利运营效率，减轻企业负担。在这种情况下，越来越多的知识产权服务机构开始受专利权人委托，通过全流程或单项授权的形式，提供专利经纪服务。

广义地说，专利经纪人包括专利申请及布局、维护过程中的专利代理商和专利成果转化过程中的委托服务商。狭义地说，专利经纪人仅指专利成果转化过程中的委托服务商。这里所介绍的专利经纪活动为广义的概念。

一、全程管理型经纪服务

全程管理型经纪服务提供从发明披露到成果转化的全程管理服务，包括发明披露、分析评估、培育增值、专利质量全过程管理、发展增值、市场营销、价值评估、商业法律谈判、许可转让合同签订等一整套服务内容。

全程管理型经纪服务是专利运营发展到一定阶段的必然产物。传统的专利代理事务所的商业目标与客户的商业目标之间很难协调一致，前者主要在于尽快获得授权，完成代理任务，而后者则在于获得优质的专利权以有利于后续的专利运营。为此客户逐步从注重获得授权的数量转向注重获得专利的质量，从普通的专利代理过程逐步向寻求全程型专利经纪服务发展。

全程管理专利经纪公司通过主动寻找、筛选和获得技术，评估技术成果，进行专利保护，协助进行技术的商业化开发、市场包装，转让技术等一条龙专业服务，在产业化过程中与客户建立利润共享、风险共担的机制，必然对专利的创造、保护、运用和管理等各个环节的服务质量及其后续影响倍加关注。此外，全程管理专利经纪公司一般都拥有科学家、工程师、专利代理人、律师和会计师等多方面专业背景的专家服务团队，有很强的技术、市场（商业）、法律知识背景和丰富的实践经验，在评估产品或技术的潜力等方面，成功率较高，在申请专利、处理专利侵权、商务谈判等方面也得心应手。基于上述优势，全程管理型经纪服务日益成为当前专利运营的一种重要模式。

盛知华公司于 2010 年在上海生科院所属的知识产权与技术转移中心的基础上成立，是一家从事高新技术领域知识产权管理与技术成果转移的服务和咨询机构。该公司通过开展早期专利培育和全过程管理的经纪服务，为专利权人提供增值服务。

盛知华公司重点在以下几个环节开展服务。❶

1. 通过专业化评估和发明培育提高专利质量

对于一个新的发明或专利申请，盛知华公司的专业人员首先要对文献以及市场信息进行检索与分析，评估技术竞争优势、专利可行性和无效可能性、商业应用前景等。对于具有潜在市场前景的技术发明，帮助进行二次开发，尽量扩大专利的权利要求范围，提升专利价值。

2. 关注专利代理工作质量

对于专利申请，从专利撰写，到审查意见答复直到授权，盛知华公司的专业人员通过监督专利代理事务所的工作，各环节的专利申请文件及审查意见答复必须由专业人员决定和批准。

3. 通过专业化的市场营销手段和商业谈判能力提升专利价值

商业谈判和法律谈判通常由盛知华公司的专业人员独立进行，科研人员一般不直接参与商业谈判，在谈判过程中，专业人员会及时与科研人员沟通并征求其意见，但最终决定由公司专业人员作出。

2011 年，上海市某医院研发了一种医用血泵，具有良好的临床应用前景，但该项目专利保护力度小，且已错过申请国际专利的时机，具有合作意向的公司不愿支付许可转让费用。对此，盛知华公司通过深入挖掘新的未公开的发明点，重新申请一件专利，提高了该项目的专利保护力度和价值，同时通过获取国外专利保护了国际市场。经过多轮谈判，成功将该项

---

❶ 让"智慧之火"照亮创新之路 [EB/OL]. (2016 – 04 – 20) [2016 – 06 – 10]. http: // www. 360doc. com/content/16/0420/14/32531720_ 552283740. shtml.

专利技术转让，获得较好的收益。

盛知华公司在专利运营方面取得了一定的成功，以下经验值得借鉴：①以专利运营为目的开展专利布局，针对企业原有专利进行二次开发，挖掘新的发明点，提高专利保护力度，扩大保护地域；②注重专利申请过程工作质量，通过对专利申请和审查意见答复的严格管理，确保得到适当的权利要求范围，尽可能提升其商业价值；③发明人提供技术专家意见，并不直接参与商业谈判和法律谈判，通过专业化的市场营销手段和商业谈判能力进一步提升专利价值。

二、部分托管型经纪服务

部分托管型经纪服务是指对专利服务机构受专利权人委托，对已获权的专利开展各类托管服务的专利运营模式。此类模式一般只针对获权后的专利开展服务，通常不涉及技术创新和专利申请的过程管理及服务内容。专利托管的服务内容，可包括专利转让、专利许可、咨询、日常管理、诉讼等。

专利经纪人利用其信息资源和业务优势，帮助实力不同的专利权人解决其在不同的发展阶段所遇到的困难和问题，是促进专利运营的重要手段。

1. 促进专利转化运用

专利经纪是以专利权人和专利许可者为服务主体，以专利许可转让交易为客体的商业活动。专利经纪机构的营利手段是促成专利权人和专利许可生产者之间的交易，把专利转化为生产力，并以此获取佣金。客观上，专利经纪刺激了专利转化运用。

2. 减少交易信息的不对称

专利经纪人协助知识产权的卖方寻找买方，询得合理价格并完成交易相关程序。除了一般性的供需信息，专利经纪人还可以在谈判中带入其他有价值的第三方信息。虽然发明人通常比潜在买家更了解专利的价值，但一个处理大量专利交易的经纪人可能会更了解行情，这样的经纪人可以在交易谈判中引入大量相关经验知识，从而提高专利市场的透明性。

3. 帮助专利权人实现专利价值

一般来说，专利权人要出售专利资产时通常会基于以下 3 种情况：

①企业处境不佳，财务状况紧张；②待出售的专利资产与自身核心业务无关联；③企业专利数量庞大冗余，需要进行削减以降低维持成本。对于第①种情况，经纪人可以辅助或代为谈判，甚至发起专利诉讼，帮助专利权人获得专利收益；对于第②种情况，经纪人可以提供相对中立的价值评估，从而避免外围专利过度贬值；对于第③种情况，经纪人则可以发挥其渠道优势，寻找多个买家，通过竞价，实现专利价值的最大化。

麦克斯对富士康的专利管理即属于部分托管型经纪服务。富士康在知识产权方面的储备非常雄厚，据不完全统计，截至 2015 年年底，富士康在全球累计提交的专利申请超过 13 万件，拥有有效专利 36 000 余件，内容覆盖纳米科技、热传技术、纳米级量测技术、无线网络技术、绿色环保科技、CAD/CAE 技术、光学镀膜技术、超精密复合/纳米级加工技术、SMT 技术、网络芯片设计技术、云端科技、e 供应链技术等多项前沿核心科技。

麦克斯是一家从事知识产权管理咨询及知识产权货币化的企业，其业务主要是致力于帮助客户进行知识产权运营，提高知识产权资产收益。麦克斯受富士康的委托，全权对富士康的专利开展买卖、授权、咨询等业务。在麦克斯的运营下，2013 年 9 月，富士康将一些涉及与头戴式显示设备有关的专利出售给谷歌。2014 年 4 月，富士康将一批通信专利再次出售给谷歌。《金融时报》曾对此发表评论："一家美国科技公司从亚洲公司购买知识产权，这实属一桩罕见的交易。"此外，2014 年 9 月，麦克斯还将 1 400 余件富士康的发明专利，放到汇桔商城中的麦克斯—富士康专利旗舰店进行销售。

当曾经无设计、无品牌、无产品的代工企业富士康在全球拥有的专利数量超过微软、苹果公司等大型科技企业并向给谷歌出售专利时，人们或许惊奇一家代工企业是如何做到这一点的呢？从专利运营角度看，富士康成功的重要原因如下：①具有超强的专利意识和创新意识，充分发挥其技术资产优势，将在传统制造中的技术革新转化为极具价值的且可运营的专利资产；②通过托管的方式借助外部高水平的专利运营团队，将企业专利运营与企业生产经营成功对接，不仅实现了专利资本化，同时借助专利手段进一步确保了富士康在传统代工企业的江湖地位。

目前，富士康与麦克斯之间的专利托管，更多是集中在专利展示、推销、出售等业务上，尚未出现专利诉讼的情形。

第三节 孵 化 器

一、概 述

孵化器（Business Incubator）起源于 20 世纪 50 年代的美国，是为初创企业提供灵活、低成本的租赁场地，以及以较低的管理费用提供共享服务、职业咨询和管理咨询，并帮助其获得启动资金、原始资本的服务机构。孵化器在培育中小企业、促进技术创新等方面发挥了显著作用。近几年，顺应网络时代发展的特点，一些新型创新创业孵化器不断涌现，创新工场、车库咖啡、创客空间、天使汇、联想之星等各具特色，产生了新模式、新机制和新服务，也产生了一些新的专利运营服务内容。

根据运营主体，孵化器大致可分为以下几类：政府创办、大学创办、企业或个人创办。此外，在当前的创新创业大潮下，孵化器还不断呈现出新的形态。

下面分别介绍这些孵化器及其专利运营服务状况。

二、政府创办

国家政策的支持是这类孵化器发展的重要推动力，各地方政府也基于本地区经济转型、提升就业等方面的需要，纷纷出台政策扶持孵化器发展，并初步形成高新技术创业服务中心、国家留学人员创业园等政府创办的孵化器模式。这类孵化器贯彻国家或地方产业发展战略，向创业者提供低价的场地、多种咨询服务，为创业者创造便捷的创业通道，提升成功率。政府创办的孵化器在专利运营服务方面，主要是通过讲座、培训的方式，提高在孵企业的专利保护和运用意识；通过资助、辅导的形式，帮助在孵企业获得专利权；并通过政策资源帮助企业进行专利融资等。

例如，天津滨海高新技术产业开发区国际创业中心（简称"创业中心"）是由天津滨海高新区管委会创办并管理的孵化器。创业中心采取多种措施推动企业知识产权工作：辅导企业家，提升知识产权保护意识；聘请知识产权专家为孵化企业进行专题讲座和答疑解惑；帮助企业明晰知识产权归属状况，特别是在引进技术再创新以及通过技术转让、技术出资、委托开发和共同开发过程中所产生的各类知识产权问题；帮助企业通过申请专利等形式保护自主创新成果；帮助企业获得专利质押贷款。

可见，对于此类完全由政府资助的孵化器，其运营主体主要是依赖于政府资源与政策，对在孵企业提供专利保护和专利运营方面的帮扶，专利权完全归属于企业自身。

三、大学或科研院所创办

为解决大学或科研院所创新成果转化难的问题，许多大学或科研机构创办孵化器（科技园），以大学或科研院所的科研力量为主体，产生并孵化科技成果，促进科研成果的商品化。与政府直接创办的孵化器相比，大学科技园更趋于营利，为校内人员创业提供服务；而与完全社会化的孵化器相比，大学科技园往往拥有部分政府资金支持，在创业孵化的同时，还肩负着科技成果转化、人才培养等使命，在项目培育上还需要经常涉及公益性的项目，并非完全商业化。为此，大学或科研院所创办的孵化器在专利运营方面呈现出自身的特点。

1. 注重专利获权辅导服务

这类孵化器更像是办一个大学里的创业课堂，目的在于为自己学校培养出创业人才，因此更加注重专利意识培养和专利业务培训，在雄厚的科研实力和科研成果的基础上，辅导在孵企业获权及转化，提升在孵企业的专利保护和运用能力。

2. 注重自身专利技术的转化

这类孵化器的重要使命之一就是促进科技成果转化，特别是当前国内大学专利技术转化率尚不足 5%，这也就决定了此类孵化器将重点开展专利运营，特别是要推动自身专利技术的商品化和产业化。

3. 逐渐从传统的专利孵化辅导向投资入股转化

随着这类孵化器的日益社会化，其商业操作模式也从传统的内部企业孵化向投资加辅导的模式转变。反映在专利运营上的变化，就是不再单纯通过培训、服务等形式帮助在孵企业获得专利权，而是通过投资入股的形式获得在孵企业的预期收益。

1993 年，清华大学成立清华科技园，这是国内最早一批大学创办的孵化器。清华大学赋予清华科技园三大使命：科技成果转换、创新人才培养和创业企业孵化。启迪创业孵化器是清华科技园创新服务体系的重要载体，创立了"孵化器＋种子投资"的发展模式，截至 2015 年 8 月，启迪创业孵化器共孵化了 2 000 多家公司，投资了其中的 300 多家，投资额 20 多亿元，其中上市 19 家。

在知识产权服务上，清华科技园通过整合企业和政府资源，建立了园区企业知识产权平台，获得国家知识产权局批准设立"全国首批企业专利工作交流站"，并建立了 12330 知识产权热线工作站，为企业提供全面的知识产权服务。具体服务内容包括企业知识产权战略咨询，专利、商标等申请代理、质押融资、维权等服务，并通过投资的形式帮助企业开展专利运营。

北京清华阳光能源开发有限责任公司（简称"清华阳光公司"）隶属清华大学，是全球太阳能科技引领型企业，其核心技术是清华大学教授殷志强发明的渐变铝一氮/铝太阳选择性吸收涂层技术，该技术于 1985 年获国家发明专利，1988 年获国家发明三等奖，90% 的国内太阳能热水器企业都使用该技术。目前，清华阳光公司已获 100 多件专利，拥有太阳能热水器核心技术的全部知识产权，作为主导单位起草或参与起草了 30 多部国家标准。但由于国有企业在体制机制方面的问题，清华阳光公司在与竞争对手的较量中没有能够体现出充分的竞争力。2013 年，启迪控股清华阳光公司后通过"资本＋股权＋团队"运作方式，完成高科技企业的转型发展，从而使其拥有的科技成果可以更好地转化为产品。清华阳光公司目前已建成世界上规模首屈一指的全玻璃真空集热管生产基地和国际领先的太阳能热水器自动化生产线，具备年产 1 000 万支集热管和 30 万台热水器的生产能力。通过"孵化＋投资"的运营模式，清华科技园有效提升了企业的专利运营能力，将专利技术真正转化成企业的市场竞争力。

另一典型的大学创办孵化器是西南交通大学科技园。该科技园由西南交通大学于 1994 年创办，主要负责西南交通大学的科技成果转化和新技术、新产品的孵化工作。为促进大学科研成果的转移转化，在西南交通大学的支持下，该科技园在职务科技成果权属和收益分配机制等方面进行了系列探索，显著提高了科技园中企业专利运营的成效。例如，为实施西南交通大学材料学院黄楠教授团队研发的"新型心血管支架"的产业化，通过科技园与学校签订专利转让协议，将学校所有的职务发明专利权转到科技园名下，由发明人团队组建的公司与科技园共同持有专利权，并通过第三方评估机构对 20 多件发明专利进行价值评估，专利作价 1 500 万元，团队组建的公司持有 750 万元股权，实现了该成果的转化。[1]

相比较而言，国外这类孵化器一般是由商学院创办，资金来源较为多样，少有政府直接资助，多为社会团体或校友资助。

四、企业或个人创办

企业或个人投资创办的孵化器，没有政府资金和资源的直接支持，一般都是以参股并推动企业股权融资与上市为目标或营利手段。

在这类孵化器中，专利运营主要是通过引入知识产权服务机构和专业人才，在专利获权、确权和维权方面对在孵企业提供专家帮助，其目标在于通过知识产权服务，促进在孵企业技术创新和专利转化，借以提升企业无形资产和市场认可度，进而最终获得社会效益或经济回报。

1999 年，李开复博士在中关村创立创新工场，专注于孵化信息产业最热门的移动互联网、消费互联网、电子商务和云计算领域的创业项目，主要通过所投创业项目或公司的股份价值增值或转让营利。在专利运营服务方面，创新工场根据企业的实际情况和长远目标，来帮助企业确定知识产权战略，有层次、有步骤地推进知识产权管理，具体包括以下几个方面的工作。

1. 知识产权培训

企业在入驻创新工场后，法务部会给企业开展一对一的法律培训，其中包括知识产权培训，以帮助它们了解知识产权是什么、为什么要重视知识产权、初创企业应该建立怎样的知识产权管理制度。创新工场投资项目时会对公司知识产权情况有一定了解，在这个过程中还会结合尽职调查的情况，给企业一些具体的建议。

---

[1] "职务科技成果混合所有制"：科技成果转化的"西南交大试验" [N]. 科技日报，2016 – 05 – 11 (03).

2. 专项培训

聘请专家定期进行培训，结合最新案例、最新法规，帮助企业了解知识产权信息，怎样保护知识产权，怎样建立行之有效的知识产权管理体系等。

3. 建立专利联盟

创新工场组织所投资企业组成了专利联盟，这个专利联盟属于防御型联盟，各公司在相互信任的基础上，通过抱团取暖来保护自己。

4. 知识产权事务咨询

法务部有专业律师对项目公司遇到的知识产权问题提供咨询服务，包括知识产权管理战略、知识产权申请流程和要点、知识产权纠纷处理等各个方面，及时为项目公司答疑解惑。

创新工场对在孵企业提供多样化、成体系的知识产权服务。除了开展上述一般性的知识产权服务以外，创新工场还会帮助初创企业分析成本效益比，帮它们找出最必要的东西，放弃非关键的东西，而不是一味地贪多求快。在进行专利申请时，进行必要性及成本支出可承担范围的评估，仅对最关键的专利进行国内申请，如果涉及海外市场，可在优先权期限内再行考虑。

截至2014年12月，创新工场已投资孵化了140多个项目，其中130多个运营状况良好，50多家获得A轮融资，15家获得B轮融资，2家估值超过15亿元。代表性的孵化项目有豌豆荚手机精灵、美图秀秀、墨迹天气、乐视TV、知乎、行云、友盟、安全宝等。

以营利为直接目的的由个人投资的孵化器，可以更加直接地选择技术水平先进、市场成长空间广阔的初创企业进行孵化，同时也更加明确地认识到知识产权，特别是专利对于创业企业的保驾护航作用，开展专利运营服务也就更加不遗余力。这种将自身利益与在孵企业利益绑定的模式，必然促使孵化器创新专利运营模式，从而获得更大的收益。

除了上述传统的孵化器之外，近年来兴起的众创空间是一种聚集全社会各类创新资源的创新创业服务平台，从企业创新角度看，它实际上也是一种新型的孵化器。

代表性的孵化器在国内如北京中关村创业大街、上海新车间、深圳柴火空间、杭州洋葱胶囊等，国外如美国的 Fab Lab 和德国的 c - base。以中关村创业大街为例,自 2014 年 6 月开街以来,中关村创业大街已有车库咖啡、3W 咖啡、Binggo 咖啡、飞马旅、36 氪、言几又、创业家、联想之星、天使汇、智慧书堂等 40 家创业服务机构入驻,孵化创业团队共计 1 791 个,其中约 600 个团队在街区孵化。中关村创业大街提供完善的创业服务功能,满足创业者寻求交流空间、活动场地、网络服务等硬需求,以及投融资对接、创业培训、创业媒体宣传、创业孵化、企业招聘等创业软需求。

在实践中,众创空间也对知识产权运营和服务制定了相应的标准,对于创客进驻前、孵化过程和毕业后市场运作都有配套的知识产权运营服务。❶

在创客进驻时,梳理创客主体所拥有的知识产权情况;梳理创客项目的知识产权许可与被许可情况;确定创客主体及创客业务是否违反知识产权法律的相关规定;确定创客主体有无任何与知识产权有关的诉讼或侵权案件。

对创客进行孵化时,为创客提供系统化的知识产权规划布局服务;知识产权运营服务;知识产权基础代理及法律事务服务等。

在创客毕业时,提供知识产权资本化运作;创客项目持续性知识产权创造的系统性保护;完善创客项目的知识产权管理体系。

可见,对于众创空间这类新形态的孵化器,知识产权运营已经得到充分的重视,并结合创客的孵化过程,给予全程指导和帮助。可以预期,随着创新、创业成为中国经济发展的核心驱动力,众创空间的形式将更加多样,功能和服务将不断完善,知识产权运营模式将更加丰富。

---

❶ 全国首个众创空间知识产权服务标准指引性文件在深出炉 [EB/OL].(2015 - 10 - 20)[2016 - 07 - 18]. http://sz.people.com.cn/n/2015/1020/c202846 - 26854377.html.

第九章 创新创业型专利运营

2008 年国际金融危机以来，创新已从摆脱危机的一种政策选项升格为重塑全球经济格局最为核心的战略选项，全球步入到新的创新密集活跃期。在中国，随着创新驱动发展战略的加快落实，大众创业、万众创新的新浪潮席卷全国。专利作为创新成果的保护神，对于鼓励创新、促进技术交流具有非常重要的作用。恰当的专利运营可以充分实现专利价值，助力创新创业发展。

本章从创新创业的角度探讨创新创业过程中的专利运营模式。

第一节 基于外部投资的运营

广义的风险投资泛指一切具有高风险、高潜在收益的投资；狭义的风险投资是指以高新技术为基础，生产与经营技术密集型产品的投资。在中国，风险投资是一个约定俗成的具有特定内涵的概念，把它理解成"创业投资"更为妥当。对于创新创业者来说，在起步和发展阶段，往往需要外部资金的注入，以便进行技术、产品或服务的开发，进一步完善核心团队，建立和发展销售渠道，寻求商业合作伙伴等。此时，适当的专利运营可以帮助企业展示良好的研发实力和市场前景，快速吸引外部投资。另外，拥有专利技术的初创企业，还可以通过与具有投资意向的专利运营团队合作，在获得资金支持的同时，进一步寻求市场、金融、管理等一系列的渠道和资源支持。下面分别介绍这两种基于投资的创新创业型专利运营模式。

一、一般风险投资模式

种子期的企业，基本上处于技术、产品开发阶段，产生的是实验室成果、样品和专利，而不是产品。这一阶段的投资成功率较低，但单项资金要求最少，适合创业者采用专利技术入股的形式吸引投资。

为更加有效地吸引风险投资，创业者要在其专利运营过程中注重以下几方面。

1. 要选择具备市场前景优势的技术

截至 2015 年 12 月 31 日，在新三板挂牌的 5 129 家企业中，挂牌数量排名前 10 位的行业包括软件、高端设备、通信、化学制品、互联网和医药等行业。❶这些行业代表着市场的主流方向，大多数也是专利控制力强的行业，创业者可顺势而为。例如，2016 年安徽工业大学教师张良安的 7 件机器人相关专利获得一家上市公司投资，专利评估折价 500 万元。❷ 张良安的专利获得投资，在一定程度上要归功于工业机器人的广阔市场前景。据统计，预计 2017 年我国工业机器人保有量有望达到全球第一，中国机器人市场的需求与供给存在庞大的缺口，未来市场空间巨大。在 2016 年发布的《十三五规划纲要》中，也明确提出要大力推进机器人等新兴前沿领域创新和产业化。

2. 要有周密的专利布局

对于投资者来说，一项具有良好市场前景的技术，再加上周密的专利布局，就意味着在开拓市场时的商业自由和经营安全保障，企业走上轨道后也将能够形成技术优势，构成合法的市场垄断。对于技术创新采取及时、全面的专利保护，将会给投资者吃下一颗定心丸。

3. 要有优秀的创业团队

创业者要获得理想的投资，组建高素质、结构合理的创业团队十分重要。有了良好的团队，一个项目不成还可以换其他项目，但是如果没有专

---

❶ 新三板去年挂牌公司 5 129 家［EB/OL］.（2016 - 01 - 13）［2016 - 06 - 25］. http：// news. xinhuanet. com/local/2016 - 01/13/c_ 12862 1896. htm.

❷ 安工大"重磅"利好下发明专利"井喷"——一教师发明被"相中"专利入股成立新公司［EB/OL］.（2016 - 04 - 20）［2016 - 06 - 25］. http：//www. mas. gov. cn/content/detail/ 5716ceb5297e78000070364d. html.

业化、高素质的团队，再好的专利技术也很难获得成功。特别值得指出的是，如果创业团队中包括懂得知识产权保护和运营的专业人士，从创业一开始即关注知识产权问题，特别是专利布局和侵权预警，将对企业快速成长具有重要意义。

4. 要有足够吸引力的商业前景展示

处于这期间的企业可能掌握有专利技术，但一般都还没有推出成熟的产品，有些甚至还处于概念设计和技术研发阶段，为及时吸引到风险投资，提供具有足够吸引力的商业前景展示非常重要。

Magic Leap 公司成立于 2011 年，是一家位于美国的开发增强现实技术（Augmented Reality，AR）的创业公司。2015 年 10 月，Magic Leap 公司发布了一则裸眼全息视频：在一间宽大的体育场中，一只鲸鱼凭空从地板中冲出。鲸鱼和浪花不是现实，却与现实完美契合，而且角度不同看到的景象也不同。官方解释说这是一种"动态数字光场信号"，可以将图像直接投射到用户的视网膜之中，让用户凭空看到现实中不存在的虚拟景象，给全世界带来了十分震撼的视觉冲击（见图 9 – 1）。

图 9 – 1 Magic Leap 公司的裸眼全息视频截图❶

Magic Leap 公司通过适时发布产品效果视频形成的网络震撼效应，向

---

❶ 烧了 5 亿美金，这家神秘的公司即将颠覆未来［EB/OL］．（2016 – 03 – 01）［2016 – 06 – 25］． http：//mt. sohu. com/20160301/n439012921. shtml.

潜在投资者展现了先进的技术实力和良好的市场需求。

该视频发布后，虽然 Magic Leap 公司目前还没有推出产品，但很快受到投资商的关注，并获得了大额风险投资。2016 年 2 月，Magic Leap 公司公告，获得阿里巴巴集团一笔 7.935 亿美元的新融资，此次交易把 Magic Leap 公司的估值推高至 45 亿美元。此前，Magic Leap 公司已于 2015 年 12 月获得 5.42 亿美元的 B 轮投资。更早以前，Magic Leap 公司还获得过 5000 万美元早期投资。

到底是什么因素使得 Magic Leap 公司获得巨资呢？当然，这与 Magic Leap 公司虚拟现实的技术魅力和广阔市场是分不开的。同样，Magic Leap 公司提前所进行的专利布局也功不可没。截至 2016 年 6 月，Magic Leap 公司在全球公开的专利申请已达 272 件，所布局的主要国家和地区包括：美国、欧洲、加拿大、中国、澳大利亚、韩国、日本等，另有 25 件 PCT 专利申请。截至 2016 年 6 月，Magic Leap 公司在中国已公开的专利申请详见表 9 - 1。

表 9 - 1　Magic Leap 公司在中国的专利申请一览表❶

序号	申请号	名称	同族专利分布
1	201280032550.0	大量同时远程数字呈现世界	共 10 件同族专利，布局国家和地区包括：中国、美国、日本、欧洲、澳大利亚、加拿大、俄罗斯
2	201180068447.7	人体工程学头戴式显示设备和光学系统	共 8 件同族专利，布局国家和地区包括：中国、美国、韩国、澳大利亚、欧洲、加拿大、日本
3	201280064922.8	用于增强和虚拟现实的系统和方法	共 11 件同族专利，布局国家和地区包括：中国、美国、加拿大、澳大利亚、欧洲、日本、韩国、以色列
4	201280067730.2	三维虚拟和增强现实显示系统	共 13 件同族专利，布局国家和地区包括：中国、欧洲、美国、澳大利亚、日本、新西兰、加拿大、以色列、韩国

❶　部分引自：神秘的 magic leap 全球专利布局初探［EB/OL］.［2016 - 06 - 16］. http：//www.zhichanli.com/article/18031.

续表

序号	申请号	名称	同族专利分布
5	201380029492.0	具有主动中央凹能力的宽视场（FOV）成像设备	共14件同族专利，布局国家和地区包括：中国、美国、日本、欧洲、韩国、加拿大
6	201380042218.7	使用波导反射器阵列投射器的多深度平面三维显示器	共8件同族专利，布局国家和地区包括：中国、欧洲、澳大利亚、加拿大、以色列、韩国、美国
7	201380058207.8	人体工程学的头戴显示设备和光学系统	共7件同族专利，布局国家和地区包括：中国、美国、加拿大、韩国、欧洲、澳大利亚
8	201380029550.X	具有相互遮挡和不透明度控制能力的用于光学透视头戴显示器的设备	共14件同族专利，布局国家和地区包括：中国、美国、日本、欧洲、韩国、加拿大
9	201480026513.8	用于增强和虚拟现实的系统与方法	共6件同族专利，布局国家、地区和组织包括：中国、WIPO、加拿大、韩国、欧洲、澳大利亚
10	201480027589.2	显示系统和方法	共6件同族专利，布局国家、地区和组织包括：中国、WIPO、加拿大、韩国、欧洲、澳大利亚
11	201480014814.9	超高分辨率扫描光纤显示器	共7件同族专利，布局国家、地区和组织包括：中国、WIPO、加拿大、韩国、欧洲、澳大利亚、日本

产品未动，专利先行，Magic Leap 公司在这方面有着非常超前的意识和行动。Magic Leap 公司不仅有核心专利布局，同时还有外围专利布局，而且在产品推出前在全球主要市场均进行专利布局，例如美国、欧洲、加拿大、澳大利亚、中国。在 Magic Leap 公司不同寻常的融资过程中，其所进行的专利布局及其专利价值，必然也强化了投资商对 Magic Leap 公司的价值认定。

二、与专利运营团队合作模式

目前，国内已出现了一批有专利运营经验的天使投资人，他们在传统天使投资人工作的基础上，还提供全方位的与专利运营相关的服务，包括专利挖掘、专利布局等。这对于投资人团队的要求相对较高，除了传统的市场推广和金融操作团队外，还具有精准评估专利技术市场价值的能力，以及专利挖掘和布局能力。在这种专利运营模式下，投资人也是专利运营团队，创业企业与专利运营团队合作，共同构成专利运营的主体。

北京康爱瑞浩生物技术有限责任公司（简称"康爱瑞浩公司"）成立于2012年9月，主要从事增强型CIK等细胞相关产品、产前诊断、临床特检、高端个体化保健服务等业务，DC-CIK免疫是其开发的核心技术，该公司前期针对该技术申报了2件发明专利申请。2014年，该公司联系到知识产权出版社有限责任公司（简称"知识产权出版社"），希望获得资金及运营支持。

知识产权出版社具有多年专利运营经验，创造了iSIPO专利运营模式，即"为原创技术的产业化提供全方位的专业服务"。知识产权出版社对康爱瑞浩公司进行初步评估后，认为虽然该公司前期专利保护较为薄弱，但核心技术具有市场前景。2014年12月，知识产权出版社投资入股康爱瑞浩公司，其评估值近7 800万元。运营团队基于康爱瑞浩公司原创技术，为其做好知识产权布局规划及上市配套服务，从高等院校收购发明专利2件，围绕DC-CIK免疫关键技术点布局挖掘专利10余件，通过专利预警分析，为其产品海外布局和市场推广做好规划。

据初步检索，2015年3月到10月，康爱瑞浩公司新申请专利10件，保护主题涉及治疗多种恶性肿瘤和乙肝的淋巴细胞、抗体制剂、疫苗等，如表9-2所示。

表9-2　2015年康爱瑞浩公司专利布局情况

序号	发明公开号	申请日	发明保护主题
1	CN105131126A	2015-10-10	用于治疗恶性肿瘤的嵌合抗原受体及其制备方法与应用
2	CN105106237A	2015-08-25	一种高效杀伤肿瘤细胞生物制剂
3	CN105112369A	2015-08-25	具有持续抗肿瘤活性的CTL细胞制剂及其制备方法
4	CN105037559A	2015-08-17	治疗或预防乙肝的细胞毒性T淋巴细胞及其制备方法

序号	发明公开号	申请日	发明保护主题
5	CN104926944A	2015 – 05 – 22	多靶点复合抗原负载 CD8 + 细胞毒性 T 淋巴细胞的制备方法及其用途
6	CN104928253A	2015 – 05 – 22	一种抗原性增强的肿瘤细胞及其构建方法
7	CN104726404A	2015 – 03 – 31	用于治疗直肠肿瘤的 CD8 + 细胞毒性 T 淋巴细胞及其制备方法
8	CN104928241A	2015 – 03 – 27	一种增强型 NK 细胞的活化方法及其细胞制备方法
9	CN104815323A	2015 – 03 – 27	一种树突状细胞肿瘤疫苗及其制备方法
10	CN104818249A	2015 – 03 – 27	一种增强型 CIK 细胞制剂及其制备方法

知识产权出版社运营团队还积极辅助康爱瑞浩公司开展品牌建设和渠道推广。2015 年 8 月 31 日康爱瑞浩公司登陆新三板挂牌交易。公司估值达 3 亿元人民币，价值增加了近 3 倍。

针对康爱瑞浩公司的 iSIPO 专利运营主要环节如图 9 – 2 所示。

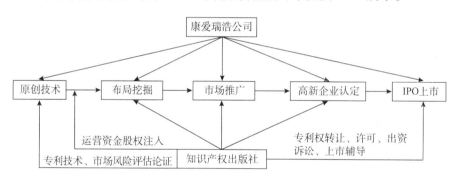

图 9 – 2　iSIPO 专利运营模式

知识产权出版社在与康爱瑞浩公司的专利运营合作上已初见成效。这类运营模式成功的关键在于全程跟进，不仅在企业初创期提供资金支持，开拓市场，还要及时对其技术创新进行专利布局辅导，全面梳理其知识产权，为产品海外布局和市场推广做好规划。在公司发展到一定规模、一定阶段时，借助知识产权优势及时通过金融、投资专家团队的运作，扩大融资，提升企业价值。

第二节 基于双创平台的运营

一、概 述

2015 年年初，李克强总理在《政府工作报告》中提出，要打造大众创业、万众创新和增加公共产品、公共服务"双引擎"。大众创业、万众创新蓬勃发展，一大批创客走上创新创业之路。

2016 年，"大众创业，万众创新"在《政府工作报告》中又被重点提及，特别是提出要"打造众创、众包、众扶、众筹平台"。《十三五规划纲要》更进一步明确提出，要推进专业空间、网络平台和企业内部众创，加强创新资源共享；推广研发创意、制造运维、知识内容和生活服务众包，推动大众参与线上生产流通分工；发展公众众扶、分享众扶和互助众扶；完善监管制度，规范发展实物众筹、股权众筹和网络借贷。

在创新驱动发展战略的实施过程中，"大众创业，万众创新"逐渐成为中国经济继续前行的"双引擎"之一，而"众创、众包、众扶、众筹"也在探索尝试中日益成为创新创业的新形态。在"四众平台"中，众筹和众包平台是创新创业者最直接的资金和项目获得平台，也出现了一些新的专利运营模式。

二、众筹模式

"众筹"是指通过互联网方式发布筹款项目并募集资金。相对于传统的融资方式，众筹开放度更高，几乎所有人，只要有想法、有创造能力都可以发起众筹项目；众筹对投资人的要求更低，普通人即可参与投资，而不必是专业的风险投资人；众筹更注重创意的可行性，一般情况下，发起人必须先将自己的创意（设计图、成品、策划等）达到可展示的程度，才能通过平台的审核。

可见，对于创新技术类的众筹，如果项目发布前没有进行周密的专利保护，那么在公开技术方案后，就存在被模仿、剽窃的危险。为此，利用众筹平台开展专利运营要注意以下几方面的问题。

1. 要注意专利保护的时效和地域

在众筹平台上，技术方案是向全球公开的，要特别注意提前在目标市场国家或地区进行专利布局，对于技术生命周期短的项目，可以充分利用各国的专利制度，例如在美国提交临时申请，在中国申请实用新型专利等，从而尽快获得专利保护，避免他人恶意模仿。

2. 要适当提高专利技术门槛

由于众筹通常需要提前公开详尽的技术方案，一些简单的产品创意更轻易被模仿。如果技术门槛过低，并不适合在众筹平台上展示。

3. 要增强项目执行力

一旦决定采用众筹的方式募集项目资金，必须提前做好准备，及时形成产品批量生产能力，推向市场，否则将会失去了市场先机。

Pebble Watch 是目前众筹融资成功的典型案例。Pebble Watch 是一款智能手表，它的发明人 Eric Migicovsky 为了筹措资金，此前接触了大批的传统风投商，但屡屡碰壁。2012 年 Eric Migicovsky 决定到众筹平台 Kickstarter 上碰碰运气，筹资金额定在了 10 万美元，2 个小时完成筹资目标，28 小时后突破 100 万美元，最终的筹资金额定格在 1026 万美元。而在 2013 年初，Pebble Watch 的初代产品即成功上市，比 Apple Watch 提前一年多，市场表现抢眼。❶

在 Pebble Watch 众筹成功的背后，是其发明人 Eric Migicovsky 对创新技术的及时保护与布局。通过检索发现，Eric Migicovsky 早在 2009 年就对其 Pebble Watch 核心技术进行了专利保护，并在随后数年不断巩固、完善其专利布局，目前已经在美国、欧洲、加拿大和 WIPO 申请了 12 件相关专利。

众筹平台的兴起，在一定程度上降低了创业的门槛，一方面获得了研发资金，另一方面通过观察或分析参与众筹人数的多寡，来判断该创意或想法是否有市场价值或发展潜力，既节约成本又预热了品牌。但是，现实中很多众筹却过早夭折，其中一部分得到市场和投资人的认可，但却被抄袭或模仿击垮。其中专利运营不善是一个重要原因。

---

❶　Pebble Watch 的众筹启示录［EB/OL］．（2013 - 09 - 25）［2016 - 06 - 25］．http：//www.imdaike.com/zh - CN/displaynews.html？newsID＝100115.

Pressy 是一个反面的众筹案例。2013 年，以色列工程师 Nimrod Back 在为 Android 开发了几个应用程序后，注意到设备缺乏一个最直观的点击按钮，于是找到了几位专家一起构想了 Pressy 这款智能硬件（见图 9 - 3），希望能帮助人们更方便、更快捷地使用智能手机上一些比较简单的功能。Nimrod Back 选择了 Kickstarter 发布项目众筹，迅速募集到了 695 138 美元，并计划 2014 年上半年正式发布产品。但是，Nimrod Back 团队忽略了对其创新成果提前进行专利保护和布局，结果还未等其产品正式发布，效仿者们的产品已经蜂拥上市，市场已经完全被其他厂商"包抄"和"抢占"。❶

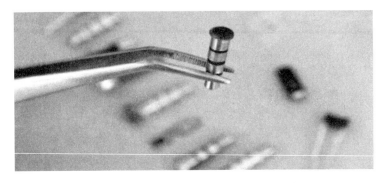

图 9 - 3　Nimrod Back 团队的 Pressy 键❷

作为一种新的融资模式，众筹意味着在产品上市之前进行样品展示。如果创意较好但实施简单，则可能在创意和产品之间的空档期内被具备更强生产能力的对手山寨。因此，众筹之前的专利布局显得尤为重要。

三、众包模式

"众包"是指借助互联网等手段，将传统由特定企业和机构完成的任务，向自愿参与的所有企业和个人进行分工。众包的任务通常是由个人来承担，但如果涉及需要多人协作完成的任务，也有可能以依靠开源的个体生产的形式出现。现今众包模式已经对美国的一些产业产生了颠覆性的影

---

❶　众筹成功，离被抄袭又近了一步 [EB/OL]．（2014 - 05 - 05）［2016 - 06 - 25］．http：// www. toutiao. com/a3240787290/.

❷　[EB/OL]．（2014 - 07 - 10）［2016 - 06 - 25］．http：//www. techbang. com/posts/18985 - chinese - copycats - who - are - hurting - hardware - renaissance.

响：一个跨国公司耗费巨资也无法解决的研发难题，被他人以众包模式在短时间内圆满完成。

借助众包模式，生产型企业可以自己设立开放式平台，为企业自身发展募集解决难题的技术方案，或为未来市场进行技术储备。此外，专利服务机构也可以建立研发外协平台，利用自身的业务渠道和网络，为客户广泛寻求技术解决方案。在此过程中形成的创新技术，或募集到的专利技术，围绕其产权归属和许可转让，企业或知识产权服务机构进行专利运营活动。

众包之于创新，直接体现形式就是开放式创新。以宝洁为例，2007 年宝洁创建了企业开放式在线创新平台的网站，该网站相当于宝洁的创新资产集市。注册用户可方便浏览宝洁的需求及创新成果，根据提示提交方案，经过宝洁专业人员的初筛及复审后，可在 8 周内获得回复。这种模式推出后，得到了积极响应，网站上线后一年半，就收到了来自全球各地的3 700 多个创新方案。宝洁的目标是让其半数创新都来自外部。2001 年，宝洁利用开放式创新平台，以 4.75 亿美元从法国发明人约翰·奥谢尔（John Osher）手中买下专利，并生产出自己的佳洁士电动牙刷。宝洁公司是全球第一批采用开放式创新的企业，这种创新方式有效帮助宝洁走出了20 世纪末的发展低谷。通过众包的模式，宝洁不仅拥有内部的 9 000 多名研发人员，更是网罗了世界各地的大约 180 万名研发人员参与研发工作，大大增强了企业的研发实力，同时研发费用大幅度降低。

美国创新中心 Innocentive 是一个著名的开放式创新第三方平台。Innocentive 成立于 2001 年，由礼来制药公司创立，是全球第一家旨在利用先进技术和网络将难题与其潜在"问题解决者"相连接的虚拟咨询企业。Innocentive 明确定位为全球企业所面临的各类科研难题与顶尖科学家沟通和对接的平台，促成难题需求者与供给者的快速配对，帮助企业低成本、高效率地实现创新活动。

通过这个开放式创新平台，客户公司（技术需方）在平台上张贴挑战，通过网站张榜悬赏，在网站注册的"解决者"（技术供方）来提交解决方案，方案最优者将得到 5 000 美元到 100 万美元不等的现金奖励。该网站自 2001 年创立至今，注册用户遍及世界 200 多个国家和地区，拥有全球超过 25 万名科技精英。到 2013 年 6 月底，平台上张贴有 1 600 多个难题

挑战，涉及 40 个学科，平均获奖率为 74%，已颁发奖金达 4 000 万美元。❶
Innocentive 积极发展网络众包创新模式，巧妙设计服务机制，并建立内部
信用保证、质量控制、知识产权保护机制来保证平台服务质量。

在国内，不少企业和专利运营机构也开始采用开放式创新的方式。
2015 年，高智公司中国区的总裁严圣创立了派富专利技术投资运营有限公
司（简称"派富"），提出"研发外协业务是派富在创新服务方面的重点
业务之一"的专利运营理念。所谓研发外协，实际上就是通过开放创新模
式，利用外部资源协助企业获得跨界的技术难题解决方案。国内某大型能
源企业掌握了一项煤变气技术，可以使低质量煤的利用更加高效、环保。
但是制气过程中会产生许多化学杂质，对输送管道的腐蚀非常严重，使得
该项煤变气技术无法实现工业生产。针对这一难题，该公司进行了多年的
研发，但最终没有获得实质性的进展。此后该公司愿意尝试研发外协，派
富首先研究了自有的和可以获得的专利池，寻找整体解决方案，同时又向
分布在世界各地的科技人员发送了百余份技术难题索求邀约。之后在不到
60 天的时间里，派富收到了 52 件发明方案，结合原有的专利技术池，使
解决"管道腐蚀"问题的备选方案达到 70 多件。经过多轮筛选，派富决
定选用其中 9 件跨界技术。这 9 件技术方案，都可使用专利进行保护。和
传统的企业与某一科研院所合作模式不同，通过这种方式，企业实现了以
较低的成本与一批科研院所、企业及个体发明人之间的合作，针对某一技
术问题可同时获得多个解决方案，提高了研发效率，且有利于构建严密的
专利保护网。

通过开放式创新，企业组建了跨界科学家网络，以较小的成本快速解
决企业的创新难题，同时通过专利运营手段将通过开放式创新获得的专利
实现价值最大化。企业需要承认难题解决方案提供者的知识产权，并给予
一定的经济补偿，从而使得开放式创新体系中运转更加顺畅，抢先占领市
场。另一方面，企业要将自身的知识产权开放，进而形成产业联盟，推进
技术创新，培育未来市场。

基于"众包"的专利运营模式下，企业面临的一个问题是专利权的归

---

❶ 国外网上技术市场商业模式比较与启示［EB/OL］.（2016 – 01 – 08）［2016 – 07 – 10］.
http：//www.ctex.cn/article/zxdt/xwzx/hyxw/201601/20160100013091. shtml.

属问题。在实际运营中，企业根据专利的市场价值和实际使用情况，采取不同的处置方式：有些企业对收到的技术创意申报专利，每个对创意有贡献的人按照一定比例享受专利带来的权益；有些企业则完全买断专利权，给予创意贡献者一次性补偿。

第三节　基于优势技术的运营

专利壁垒是创业企业开拓和占领市场的最大障碍。目前，国内许多行业都受到国外专利的干扰，问题的症结就是国内企业缺乏和国外竞争对手相抗衡的技术和专利。合理的专利运营，可以有效帮助创业企业走向市场，特别是开拓海外市场时实现商业自由，保障企业经营安全。对于具有技术优势的企业，则可以通过专利运营形成合法的市场垄断，获取高额许可费，巩固企业市场地位。

一、开创型技术

对于具有开创型技术的企业，特别是拥有某技术领域基础、核心专利技术的创新型企业来说，有效的专利运营可以更好地维持技术和市场优势，并且通过对外转让、许可或维权诉讼等手段，还可以收取专利费用，增加企业营收。

深圳市朗科科技股份有限公司（简称"朗科"）成立于1999年5月，是典型的创新创业型企业。朗科掌握着USB闪存盘技术的核心专利（"用于数据处理系统的快闪电子式外存储方法及其装置"，ZL99117225.6），对闪存应用领域的技术创新具有深远影响。

朗科从成立之初即十分重视专利保护。从专利运营角度来看，朗科的发展伴随着它对自身专利运营模式的变化。这种变化具体包括如下3个阶段。

1. 第一阶段是初创期的专利布局阶段

这期间朗科规模不大，实力不强，以核心专利技术商品化为主营业务，尽可能多占领市场。这期间多与投资方、生产能力较强的关联企业合作，主要任务是促进企业的发展，对其核心技术进行周密的专利布局。围绕USB闪存盘技术核心专利，朗科积极在美国、日本、欧洲等国家和地区开展专利布局。2002 年以前，朗科约占据 50% 的 U 盘市场份额，可见在此阶段朗科的发展重点还是在占领产品市场上。

2. 第二阶段是成长期的专利维权阶段

这期间朗科一方面继续加强与外部合作，努力提升自身产品市场占有率，同时还积极进行专利维权，对侵犯其核心专利的竞争对手提起专利诉讼。这期间朗科的主要收入仍然为产品销售收入。从 2002 年 7 月朗科取得了闪存盘技术的核心专利权之后，朗科围绕该专利进行了一系列维权活动，先后起诉了北京华旗资讯、北京宏基讯息、索尼（无锡）电子等，尤其是 2006 年 2 月在美国起诉 PNY 公司，成为中国 IT 企业境外专利维权第一案。

3. 第三阶段是成熟期的专利许可阶段

在这一阶段朗科的利润主要来自专利许可费。这期间核心技术的研发、专利布局和专利收益逐步成为朗科的核心业务。2006 ~ 2015 年，朗科先后与国内外 12 家企业签订了专利许可协议，共获得了超过 1.7 亿元的专利许可费，成为重要的利润来源。❶此时，朗科对其核心专利技术已经从产品化运营模式逐步过渡到专利许可模式。

朗科利用其开创性技术和核心专利，在商品化运营的基础上通过专利许可、维权诉讼等专利运营方式，维持了合理合法的市场垄断地位，专利许可费收入本身也成为企业的重要收入来源。对于这类创业企业来说，其专利运营模式在取得巨大成功的同时，也存在一定的风险。例如，朗科的核心专利 ZL99117225.6 将于 2019 年 11 月到期，届时企业将面临市场上大量低成本的模仿。另外，以专利许可模式代替产品化运营模式，也面临核心产品市场份额降低的风险，到 2008 年，朗科的 U 盘市场占有率已降至 16.45%。❷为此，朗科重点围绕原创技术开展专利布局，尽可能扩大其保护范围，延长专利的寿命。朗科多年来在产品技术上不断变革创新，继研发加密型、无驱动型、双启动型 U 盘之后，又连续推出了第一款具备数据

---

❶ 王康. 专利质量高为上市公司带来丰厚收益 [EB/OL]. (2015 – 12 – 15) [2016 – 07 – 18]. http://www.patent.com.cn/web/c_ 000000040016/d_ 23935.htm.

❷ 朗科科技：近半毛利来自 U 盘专利授权 [EB/OL]. (2010 – 02 – 19) [2016 – 07 – 18]. http://wenku.baidu.com/link? url = 26XpRXIJ frahTJXfDzSImMKcrZlwbh6jQPwToogDcreN6YxD1JtMbZjjrFEF_ TSx-oMmxrdA2QgaUkxb9HwAiOdEyVOY_ ZVZM0UvylM7X_ UG.

智能恢复与备份的超稳定闪存盘、第一款优卡、优信通等，还首次推出具有重要意义的超稳定技术、优芯 1 号和 USB3.0 普及性产品等，并对于新开发的技术及时申请专利保护。这些后续的技术开发和专利布局，是否能够延续其辉煌尚需实践检验。

二、领先型技术

对于并非拥有开创型技术，但是具有一定领先技术优势，特别是有专利优势的创业型企业，可以通过专利运营，不断巩固其技术和市场优势。运营的重点是通过诉讼手段，阻止或延缓竞争对手产品上市，尽量占领市场。

深圳市大疆创新科技有限公司（简称"大疆"）成立于 2006 年，主要从事无人飞行器控制系统及无人机解决方案的研发和生产，目前在民用无人机全球市场占据 70% 的份额。截至 2016 年 4 月，大疆在无人机领域共申请了 2000 多件专利，除了中国外，欧美为主要申请区域。早在 2010 年，大疆就开始在美国进行专利布局，目前共申请了 250 件专利，其中 30 多件已经获得授权，主要集中在航拍、电影摄像、远程追踪、电池等领域。

2016 年 4 月，大疆在美国加利福尼亚州提起诉讼，就"目标跟踪的系统和方法"（US9164506，简称"506 专利"）与"可更换的云台"（US9280038）两项专利侵权起诉国内另一无人机厂商昊翔（Yuneec）。大疆要求法院提供禁令性救济，停止昊翔产品和系统出售。选择状告昊翔是因为市场地位之争，也是其专利运营策略。❶

1. 大疆进行了精心的专利布局

以 506 专利为例，大疆在 2014 年 7 月提出了 PCT 专利申请，2014 年 8 月就进入了美国国家阶段，并在 2015 年 10 月获得了专利授权。如此快的速度，说明大疆应该在申请之前就做了很详细的准备工作。在保护范围上，从 506 专利的权利要求书中对目标的限定可以看出，任何一种可以被图像设备找到的目标信息都被视为保护范围。简言之，只要是无人机去追踪任何一个被拍摄的目标，就可能落入该专利的保护范围。

---

❶　关于大疆诉昊翔：你知道的和不知道的 [EB/OL]. (2016 – 04 – 09) [2016 – 07 – 15]. http://www.feiji.la/news/232.html.

2. 大疆精心选择了诉讼对象

在大疆所提的第一件关于追踪避让技术专利上，除了昊翔之外，还有零度 Xplorer 2（避障）、腾讯互娱与零度联合打造的空影 YING（跟拍）以及斯凯智能的 Skye 无人机（避障 + 追踪）都有类似功能。而在第二件云台专利上，国内除了昊翔，目前还有几家企业也涉及相关产品。为什么大疆只选择昊翔开展诉讼呢？市场是主导因素。前一段时间，大疆推出新一代产品精灵 4 无人机，这是首款拥有强大的感知及避障技术的消费级无人机。相较而言，已得到英特尔投资的 Yuneec Typhoon H 如果在美国顺利上市，它将是第一个与大疆精灵 4 竞争的新一代无人机产品。基于上述情况，大疆选择对昊翔发起专利战，显然有敲山震虎之意，首先挑选对自身构成现实威胁的竞争对手，利用自身的专利布局优势，继续巩固在无人机市场的霸主地位。❶

3. 大疆可能留有后手

如果此案胜诉，将意味着一大批具有目标追踪功能的无人机，可能被禁止在北美市场销售。同时，506 专利目前在中国的同族专利尚未公开，一旦该专利在国内得到授权，将会进一步挤压国内无人机企业的生存空间。国内有媒体称，大疆诉昊翔专利侵权案无论判决如何，都会对之后无人机公司尤其是初创公司带来巨大的影响，这不仅仅是限制了其他无人机厂商的生产和销售行为，整个无人机行业也会因为专利风险，而大大提高融资门槛和成本，无人机行业的格局和技术路线由此分化。

对于拥有专利优势的创业型企业来说，在新型产品进入市场初期，利用自身专利布局对同行竞争者发起专利诉讼，迫使对手放弃目标市场，从而巩固自身未来的市场份额，扩大自己的垄断地位，这也是一种行之有效的专利运营策略。同时，创业型企业发起类似的专利诉讼，即使达不到获得侵权赔偿的直接目的，也不失为一种市场宣传手段，在一定程度上提高企业知名度。

---

❶ 大疆开撕 Yuneec 背后　你应该知道这些［EB/OL］．（2016 - 04 - 04）［2016 - 07 - 18］．http：//www. jsdtz. com/article/2016 - 04 - 04/0000570744s. html.

第四节　基于专利导航的运营

专利一端连接着技术，另一端连接着市场。在专利权控制着市场的同时，专利文献传递着权利人的技术信息、法律信息和市场信息。专利导航通过对这些信息的深度挖掘，全景式地揭示出产业的发展状况，系统化地指引产业的发展方向、特定企业的技术研发、专利布局和运营。因此，专利导航在充分发挥专利制度功能的基础上实现对产业及企业更高层次的、更系统化的创新创业指引，是一种高级的专利运营模式。

一、概　述

在国家提出创新驱动发展战略指引下，为充分发挥专利的保护作用和专利文献的信息传播作用，提升专利在经济、技术发展中的贡献度，在多年的专利信息分析、专利评议、专利技术转移等实践的基础上，2012年国家知识产权局提出了专利导航的工作机制。

2013年4月国家知识产权局开展专利导航试点工程，以专利信息资源利用和专利分析为基础，把专利运用嵌入产业技术创新、产品创新、组织创新和商业模式创新，引导和支撑产业科学发展。建立专利信息分析与产业运行决策深度融合、专利创造与产业创新能力高度匹配、专利布局对产业竞争地位保障有力、专利价值实现对产业运行效益支撑有效的工作机制，推动重点产业的专利协同运用，培育形成专利导航产业发展新模式。通过5年左右的导航试点工程，初步形成专利导航产业发展的新模式。❶

2013年国家知识产权局首批确定的8个国家专利导航产业发展试验区及其重点发展产业领域分别如表9-3所示。

---

❶　国家知识产权局关于实施专利导航试点工程的通知［EB/OL］.（2013-04-08）［2016-06-10］. http：//www.sipo.gov.cn/tz/gz/201304/t20130408_790505.html.

表9-3　首批国家专利导航产业发展实验区及其重点发展产业领域名单❶

编号	实验区名称	所选产业领域
1	中关村科技园区	移动互联网
2	苏州工业园区	纳米技术应用
3	上海市张江高科技园区	生物技术药物及医疗器械
4	杭州高新技术产业开发区	物联网
5	郑州新材料产业集聚区	超硬材料
6	武汉东湖新技术开发区	光通信
7	长春高新技术产业开发区	生物医药
8	宝鸡高新技术产业开发区	钛产业

到2016年1月，国家知识产权局共确定了17个国家专利导航产业发展实验区、37家国家专利协同运用试点单位、56个产业知识产权联盟、115家国家专利运营试点企业的中国专利运营格局。

此外，除国家知识产权局直接推动的专利导航产业试点项目之外，各地方政府部门、行业组织或企业也开展了一些专利导航项目。

从专利导航对象上看，专利导航包括产业规划类专利导航和企业运营类专利导航，前者聚焦产业或区域经济发展，后者聚焦企业专利资产的获取和价值实现，以及由此实现的企业创新创业。企业运营类专利导航是产业规划类专利导航的落地和深化，是为企业量身制定合适的企业发展战略规划。

产业规划类导航发展相对成熟，下面重点介绍这类导航。

二、产业规划类专利导航

依据国家知识产权局发布的《产业规划类专利导航项目实施导则（暂行)》，产业规划类专利导航项目研究内容通常包括特定产业发展现状分析、产业专利导航分析和制定专利导航产业创新发展政策性文件等内容。

产业发展现状分析不仅要从地域上进行产业发展现状分析，而且还要从产业链角度分析产业发展现状，其中前者通常包括导航项目所针对的区

---

❶ 国家专利导航产业发展实验区名单［EB/OL］.（2013-10-21）［2016-06-10］. http://www.sipo.gov.cn/ztzl/ywzt/zldhsdgc/gjzldhcyfzsyq/201310/t20131021_822881.html.

域，后者则包括上游、中游和下游产业情况。例如，在专利导航郑州超硬材料产业的发展现状分析中，在地域上不仅包括荥阳超硬材料产业园区现有企业，而且还要涵盖国内外涉及超硬材料的主要企业，在产业链上不仅要包括超硬材料本身，还要包括制品及其应用，在内容上不仅要包括专利及其技术情况，而且还包括荥阳、郑州乃至河南省的相关政策环境、人才环境以及存在的问题等。

产业导航分析包括产业发展方向导航、区域产业发展定位和产业发展路径导航3个模块。产业发展方向导航模块通过对产业链与专利布局的关联度分析、全球产业竞争中专利控制力强弱程度以及产业结构、技术发展和市场需求变化的分析，全景式揭示产业发展趋势与基本方向。区域产业发展定位模块在产业发展方向导航模块的基础上，以近景模式聚焦区域内产业的技术、人才、企业等要素资源在全国乃至全球产业链中的位置。在前两个模块分析的基础上，产业发展路径导航模块进一步指明区域内技术、人才、企业、产业的优化、整合、培育和协同运用的方向，具体包括产业布局结构优化路径、企业整合培育引进路径、技术创新引进提升路径、创新人才培养引进路径、专利协同运用和市场运营路径等。例如，中关村园区以移动互联网产业作为重点专利导航领域，在互联网产业发展方向和园区现状定位分析的基础上，提出了互联网产业结构优化、企业整合培育、技术创新提升、创新人才培育、专利协同运营等五方面的具体发展策略，为园区政府和企业提供可行的产业发展路径指引。

在产业发展现状分析和产业导航分析的基础上，制定专利导航产业创新发展政策性文件。例如，宝鸡国家钛产业专利导航实验区制定了《专利导航促进宝鸡钛产业创新发展规划》，建立了政府、行业、企事业单位三级联动专利导航运行机制，以巩固优势类、重点提升类、前瞻布局及市场开拓类3类专项组织钛及钛合金产业发展中重大技术难题，借助陕西省新材料创投基金、高端装备创投基金等股权投资或公私合营等方式探索以专利运营机构为主体，政府、行业协同，企业等多方参与的专利协同运用模式。❶

---

❶　周飞. 宝鸡钛产业专利导航实验区：绘制钛产业发展"藏宝图"[J]. 中国高新区，2015（4）：60 – 61.

　　至 2016 年 1 月，8 个首批国家专利导航产业发展实验区已经全部完成产业规划类专利导航项目研究，印发实验区的产业创新发展规划。

　　部分试验区已经初步取得成效。例如，中关村科技园区以移动互联网产业作为重点发展产业，近年来通过实施专利导航移动互联网产业发展规划，专利创造、运用能力得到大幅度提升。仅 2013 年，中关村移动互联网的重点企业就提交了超过 6 000 件国内外专利申请，拥有有效发明专利 4 300 余件。在移动互联网产业链的关键环节，中关村科技园区聚集了国内 80% 的龙头企业，相关产业年收入达 4 500 亿元，占中关村六大优势产业和四大潜力产业总收入的 22.5%。在武汉东湖新技术开发区，长飞光纤光缆股份有限公司作为开发区光通信领域的代表性企业之一，在专利导航试点工程的助力下，截至目前，长飞光纤光缆股份有限公司提交的中国专利申请总量已达 300 件左右，其中国际专利申请 50 余件。❶

　　基于专利导航的专利运营，围绕企业或产业发展大势，不仅指引企业或产业技术研发方向，完善专利布局，更是从产业结构优化、企业整合、技术创新、人才培养等方面着手，综合产业、市场、技术、人才等要素实现专利协同运营发展，专利运营从单一经济效益向企业或产业发展综合效益转变。自 2013 年 4 月国家知识产权局正式开展专利导航试点工程以来，虽然已经过去了 3 年多时间，在这期间国家层面和地方层面均进行了大量有益的探索实践，初步取得了一些成效，但是我们也应该认识到一种新发展模式的形成一定是漫长的过程，产业发展更是一个复杂的系统性工程，对于这种新发展模式还有待进行更多、更深入的探索。

---

　　❶ 专利导航：领衔创新 助力产业转型升级 [EB/OL]. (2014 - 11 - 19) [2016 - 06 - 10]. http://www.cneip.org.cn/zt/2014zlz/newsshow.aspx? CateID = 165&ArticleID = 12842.

第十章

关于我国专利运营发展趋势及思考

本章在第二章至第九章的基础上，进一步分析我国专利运营的发展趋势，并对我国专利运营的一些现实状况作总结性思考。

第一节　我国专利运营发展趋势

2015 年被许多业内人士视为专利运营元年，国家相继出台了一系列促进专利运营的政策，鼓励专利技术转移，促进科技成果转化，推动专利货币化。专利运营工作得到了各级政府、企业、高校和科研院所、知识产权服务机构前所未有的热烈关注，相关主题的论坛、研讨沸沸扬扬，各类运营平台、机构和基金接踵而至，专利运营相关活动如火如荼，运营成功的专利数量增速明显。放眼未来，如下发展趋势值得关注。

一、政府支持将更加深入全面

近年来，为充分发挥专利在促进经济发展和科技进步的作用，各级政府都在制定系列政策措施支持专利运营。专利运营的日益活跃及深入发展将会进一步促使政府的支持越来越深入全面。

1. 政府将进一步提供更加有利于开展专利运营的法规政策环境

主要包括：①修改《专利法》及其实施细则、司法解释等，着重解决专利保护中存在的"举证难、赔偿低、周期长、成本高、效果差"等问题；②修改涉及企业专利运营的法规政策，构建适合于企业专利运营的体制机制，例如专利价值评估、专利质押、专利保险、专利证券化、专利导航等在我国大部分均处于初期试点阶段或探索阶段，需要进一步出台具体法规政策进行规范和指导；③进一步消除制约大学和科研院所科技成果转移转化的制约因素，贯彻落实修改后的《促进科技成果转化法》，增强大学和科研院所专利技术转移转化的动力因素，激发创新活力。

2. 政府将进一步构建适合于开展专利运营的市场环境

主要包括：①加强专利运营服务的顶层设计，完善"1+2+20+N"专利运营体系，"平台+机构+产业+资本"四位一体的知识产权运营发展模式设计正在形成，❶到目前为止，已经启动建设国家层面服务平台、机构，确定重点产业，并投入大笔财政资金；②培育市场化专利运营主体和中介服务机构，包括直接参与专利运营的专利公司、专利中介和专利运营交易平台等，以及从事专利价值评估的机构、专利投融资担保机构、专利保险机构、专利代理机构、专利诉讼服务机构等；③培育专利运营的市场文化。根据调查显示，虽然2015年社会公众的知识产权综合素养指数较2008年相比大幅度提高，但社会整体"尊重知识、崇尚创新、诚实守法"的知识产权文化还有待进一步增强。

随着我国知识产权领域改革的不断深入，政府逐步从简单的市场干预和资金支持转向法规政策建设和市场环境建设，政府对专利运营的支持将更加深入全面。

二、专利运营活动更加活跃

1. 专利运营需求将进一步增加

专利运营的根本目的在于实现专利的经济价值或市场控制力。国内企业当前正在经历经济发展的转型升级，一方面需要寻求实用的新技术，另一方面需要大量的资金投入。对于具有庞大专利储备的企业来说，通过适度的专利运营，不仅可以获得所需的技术，而且还可以获得经济收益，弥补研发投入。对于正在"走出去"的企业，借助专利运营可以尽快收储所需的专利或专利组合，加入或组建专利联盟，为企业产品参与市场竞争保驾护航。随着新修改的《促进科技成果转化法》的实施，高校和科研院所正积极参与专利运营，盘活专利资产，进一步激发创新活力，弥补教学、

---

❶ 四位一体知识产权运营发展新模式解读 [EB/OL]. (2015-12-17) [2016-07-20]. http://www.ipzhiliao.com/event/EventShowInfo. aspx? rid=EVT41B6FEFBA7857813A3128BE10B3358DE.

科研经费不足。

2. 专利运营主体更加丰富

除了传统的生产型企业开始关注专利运营之外，越来越多专业的NPE、PAE积极参与专利运营，提升专利运营的深度和广度。各类专利中介机构、平台机构、专利产业联盟也将大量出现，并在特定领域从事服务性专利运营，特别是由政府或行业协会主导的组织或机构，拥有天然的政策优势、信息优势，从行业或产业角度从事辅助性专利运营。大量金融机构通过资本市场积极参与，为专利运营提供资金保障。

3. 专利运营模式更加多样

一些国际大型公司纷纷成立专门的专利运营机构，通过转让或托管方式将专利集中到这些机构进行管理，不仅可以兼顾以往与公司技术研发的协作性，同时还能不断聚集专利，形成庞大的专利组合，专利运营模式朝专业化方向发展。与此同时，专利运营活动不断与金融、保险、担保、诉讼等传统业务结合，专利产业化、资产化、货币化运营模式不断创新，专利运营模式呈现多样化。

有人曾发出感叹：创新驱动发展，但谁来驱动创新呢？[1]专利保护的是创新成果，专利运营展现的是专利价值，我们认为通过有序的专利运营实现专利价值是对创新成果的肯定，同时它也是创新的重要驱动。随着创新驱动发展战略的进一步实施，专利运营活动将越来越频繁。

三、专利质量稳步提升

针对我国专利申请"多而不优"的矛盾，2013年底国家知识产权局出台《关于进一步提升专利申请质量的若干意见》，提出了高水平的创造、高质量的申请、高标准的审查、高规格的授权的工作思路，并于2015年初进一步提出"数量布局、质量取胜"的工作理念。随着这些工作思路和工作理念逐步落实，可供运营的专利质量将稳步提升。

1. 专利创造投入加大，专利技术创新程度提升

创新驱动发展战略的提出，预示着国家在科技创新，特别是重点领域

---

❶　谁来驱动创新［EB/OL］.（2014 - 12 - 30）［2016 - 07 - 30］. http：//www. banyuetan. org/chcontent/jrt/20141230/121367. shtml.

的科技创新投入不断加大，企业研发投入亦不断增加。据统计，2015 年我国全社会研发支出达 1.43 万亿元，相比 2010 年增长了一倍多，其中企业研发经费逾 1.1 万亿元，年均增长 11.9%。❶研发投入不断增加，我国专利创造能力日渐提高，专利申请呈现增长快速、结构优化、质量提升的趋势。

2. 各级政府政策导向调整，从单纯重视数量转向数量、质量并重

各级政府通过调整专利统计、专利资助等政策，从"关注申请数量"向"更加注重申请质量"转变，从单一的申请数量考核修改为对有效专利保有量进行考核。

2015 年，我国共受理专利申请 279.9 万件，其中发明专利申请量突破 100 万件，达到 110.2 万件，同比增长 18.7%，连续 5 年居世界首位。2015 年，我国发明专利授权量为 35.9 万件，居世界第二位。业内人士预计 2020 年国内发明专利年授权量将比 2015 年增长一倍。中国各级政府已逐渐认识到知识产权是当今全球经济活动中的重要竞争筹码，中国将在全球创新体系中发挥越来越重要的作用。

3. 中介服务更加规范，服务质量不断提升

近年来国家知识产权局大力发展专利代理服务，通过专利代理水平提升促进专利质量的提升。截至 2016 年 5 月 31 日，我国专利代理机构共 1 348 家，专利代理人 13 890 人，已初步建成一支人员规模可观的专业化知识产权服务队伍。人员素质总体在不断提升。

为进一步规范专利代理行为，促进专利代理行业健康发展，国家知识产权局正在着手修订《专利代理条例》。随着修改后条例的出台，代理质量将进一步提升，由此进一步提升专利质量。

在专利运营蓬勃发展的形势下，很多专利代理机构、专利代理人已不仅仅局限于做好专利申请的代理业务，他们的业务范围已扩展到专利创造、专利保护和专利运用等相关专利服务，并成为专利运营的积极力量。专利代理机构和专利代理人参与专利运营业务后，他们对专利质量有了更深刻的认识，有利于进一步提升专利质量。

---

❶ 2012 年以来我国研发经费投入总量年均增长超 10% ［EB/OL］. （2016 – 03 – 11） ［2016 – 07 – 30］. http：//www. cacs. gov. cn/cacs/newcommon/details. aspx？ articleId = 136170.

四、资本市场更加青睐专利运营

近年来，随着中国企业走向海外以及国内专利运营环境的改善，资本市场越来越关注专利运营，主要表现在以下几方面。

1. 国内二级资本市场陆续推出专利指数，日益看重有关专利指标

例如，2015 年 2 月深圳证券交易所正式公开发布国证德高行专利领先指数，2016 年 5 月深圳证券交易所和深圳证券信息有限公司联合发布深证中小板专利领先指数和深证创业板专利领先指数，旨在刻画资本市场中专利领先型企业的整体运行特点。❶资本市场对专利指数的持续关注，为其进一步参与专利运营活动奠定了意识基础。

2. 知识产权投融资产品不断创新

投贷联动、投保联动、投债联动等适应国家创新驱动发展战略需要的金融创新模式不断涌现，一些地区纷纷成立知识产权投贷联动基金，由国有资本引导、民营资本参与，按照政府引导、市场化原则运作，聚焦知识产权小微企业，探索多种形式的股权与债权结合融资服务方式。特别是自 2014 年以来，在国家财政资金的引导下，各类知识产权运营基金纷纷成立，社会资本逐步参与专利运营，近期甚至还会出现由企业出资主导的市场化运营基金，专利运营越来越受到资本市场的关注，参与专利运营的资本队伍在持续发展壮大。

3. 专利权质押融资呈现常态化、规模化发展态势

在国家政策的支持下，全国各地不断探索完善知识产权价值评估分析、质押融资风险管理以及质物处置等工作，多地通过建立质押贷款风险补偿机制，设立担保专项基金，解决了银行后顾之忧，提高了专利质押融资的规模和比例。

五、专利诉讼将进一步增多

专利诉讼是专利权人达成最终商业目的的重要手段。随着我国专利司

---

❶ 专利大数据迎创新　深证专利指数发布［EB/OL］．（2016 - 05 - 23）［2016 - 07 - 30］．http://www.p5w.net/kuaixun/201605/t20160523_1456058.htm.

法保护和行政保护力度不断加大，专利诉讼案件数量也在与日俱增。数据显示，2015 年我国各级法院新收专利案件 11 607 件，同比增长 20.3%。❶

包括 NPE 在内的很多国外公司都在我国积极进行专利布局，但是截至目前，极少发起专利诉讼。随着我国知识产权保护环境的不断改善，这些公司未来必然会在我国挥舞起专利大棒，实现其专利布局后的利益诉求，国内企业将会越来越多成为这些国外公司的诉讼对象。

国内一些拥有核心技术的公司，特别是一些已经完成专利基本布局的公司，也会加大专利诉讼力度，寻求专利价值最大化。2016 年 5 月，华为在我国和美国同时起诉韩国三星电子侵犯其拥有的 4G 专利。2016 年 7 月，华为再次在美国得州东区法院向美国第四大运营商 T – Mobile 提起了专利诉讼。可以预期，通过专利诉讼，诸如华为这样拥有核心专利并且拥有足够数量专利储备的公司，不仅能够获得可观的专利运营收入，也更有利于提升品牌价值，保持其市场竞争优势。

第二节　对我国专利运营的几点现实思考

在专利运营蓬勃发展的同时，不可否认的是，我国的专利运营整体上仍然处于起步发展阶段，与国外成熟的市场环境和不断创新的专利运营手段相比，还存在较大差异。立足当下，为了推动专利运营工作更好更快发展，作为本书的结尾，希望就我国专利运营的一些热点问题进行初步探讨，期待广大读者广泛讨论和思考。

一、当前制约中国专利运营的主要因素有哪些?

笔者认为，以下几方面值得关注。

1. 专利保护力度不够

近两年来，各类运营机构纷纷出现，新型运营手段不断推出，但是真正能够通过专利运营获利的还鲜有报道，其中一个主要原因就在于专利保护力度不够。2016 年 7 月，国家知识产权局发布《2015 年中国专利调查数

---

❶ 中国法院知识产权司法保护状况（2015）［EB/OL］.（2016 – 04 – 21）［2016 – 07 – 30］. http：//www.china.com.cn/legal/2016 – 04/21/content_ 38294352. htm.

据报告》，❶其中对于"阻碍专利权人从创新活动中获得收益的原因"，
62.1%的企业认为关键是"不能有效地阻止其他市场主体模仿自己的技术
创新"。

专利保护力度不够主要表现在：维权周期长、成本高、赔偿低、举证
难、效果差。据统计，我国涉及发明专利侵权的实际赔偿额均值为14.33
万元，实用新型为11.44万元，外观设计则只有6.85万元，即使2015年
北京知识产权法院一审民事案件平均判赔金额提高至45.16万元，❷与美
国专利侵权案件判决赔偿额均值超过了500万美元相比，价值差距仍然十
分明显。在这种情况下，侵权惩罚偏轻不足以起到威慑作用，而判决赔偿
执行困难，往往是"赢了官司，丢了市场"。

2. 运营主体能力较弱

专利运营主体能力较弱一方面是由于缺乏专门的专利运营人才，另一
方面则是专利运营服务机构的运营能力不足。

专利运营人才不仅需要具备所运营专利相关的专业技术知识，往往还
会涉及法律、外语、金融、评估、投资等诸多领域，同时需要具备国际视
野，能够敏锐、准确地发现和把握市场需求方向，熟练运用市场规则开展
运营活动。在我国，短期内难以大批培养出这类综合性专利运营人才。

大多数专利运营机构还缺少实战经验，运营能力明显不足。这主要体
现在以下几方面：①各个机构各自为战，信息共享和沟通不畅，影响运营
效果；②各类运营联盟业务重点不明晰，开展工作缺少抓手；③运营平台
和基金过于依赖政府扶持，自身缺少造血机制；④专利运营与资本和产业
脱离，缺少相互衔接；⑤专利交易市场不成熟，效果不明显，很多创新主
体宁可自主研发，也不愿意进行专利的转让许可。

3. 运营客体质量不能满足运营需求

如本章第一节中所述，近年来国家知识产权局以及各级地方政府采取
多方面措施，专利质量稳步提升，但适合于运营的高质量专利总体上仍然
稀缺，不能满足运营需求。

---

❶ 2015年中国专利调查数据报告［EB/OL］.（2016 - 07 - 01）［2016 - 07 - 30］. http：//
www. sipo. gov. cn/tjxx/yjcg/201607/P020160701584633098492. pdf.

❷ 徐聪颖. 我国专利权法定赔偿的实践与反思［J］. 河北法学，2014，32（12）：60 - 71.

出现这种现象的主要原因在于我国技术研发投入不足，进而导致创新能力不足。《2015 年中国专利调查数据报告》显示，56.1% 的专利权人认为"加大研发投入"是提升专利质量最有效的措施。虽然近年来我国研发投入增长较快，但总量仍然较少，距离美国等发达国家仍有较大差距。2015 年我国研发经费占 GDP 比重为 2.1%，而德国、美国接近 3%，日本和韩国则远超 3%。❶在这种情况下，多数企业仍集中在劳动密集型、低附加值产业，缺少原创、核心技术，专利多以技术改进为主。据统计，在创新板 405 家企业中，多达一半企业的有效发明专利不足 10 件，核心专利数量更少。

专利运营的客体是专利，要培育运营需求、实现运营收益，必须有好的专利，从根本上来说，就是要有核心技术研究和开发能力。这一点目前是国内创新主体的短板，某种程度上也导致专利运营"无米可炊"。

总之，专利保护力度因素、运营主体能力因素和运营客体质量因素是制约我国专利运营发展的三大因素。可喜的是，当前无论学界、企业界还是各级政府均已经清醒地认识到这一点，并已经开始着手解决。随着这些问题的解决，我国专利运营的春天会真正来临。

二、《促进科技成果转化法》能够成为中国版"拜杜法案"吗？

如本书第一章所述，专利申请总量排名前 20 位的"985 工程"大学中，专利的平均转化率约为 3.7%。为提升国家设立的科研机构、高等院校的科技成果，特别是专利技术的转移转化率，2015 年 8 月全国人大常委会表决通过了修改后的《促进科技成果转化法》。随后，国务院分别于 2016 年 2 月印发了《实施〈促进科技成果转法〉若干规定》和 2016 年 4 月印发了《促进科技成果转移转化行动方案》，进一步提出了具体的政策措施。《促进科技成果转化法》《实施〈促进科技成果转法〉若干规定》和《促进科技成果转移转化行动方案》初步形成了完整的政策链。

与以往政策相比，这批政策主要"亮点"如下：

① 科研机构、高等院校自主决定转移持有的科技成果，原则上不需审

---

❶ 美国研发经费占 GDP 的比例 拟向 3% 迈进［EB/OL］．（2016 - 02 - 28）［2016 - 07 - 30］．http：//blog. sciencenet. cn/blog - 71079 - 959234. html.

批或备案。鼓励优先向中小微企业转移成果，支持设立专业化技术转移机构。

② 成果转移收入全部留归单位，主要用于奖励科技人员和开展科研、成果转化等工作。科技成果转移和交易价格要按程序公示。

③ 通过转让或许可取得的净收入及作价投资获得的股份或出资比例，应提取不低于50%用于奖励，对研发和成果转化作出主要贡献人员的奖励份额不低于奖励总额的50%。

④ 科技人员可以按照规定在完成本职工作的情况下到企业兼职从事科技成果转化活动，或在3年内保留人事关系离岗创业，开展成果转化。

⑤ 将科技成果转化情况纳入科研机构和高校绩效考评，加快向全国推广国家自主创新示范区试点税收优惠政策，探索完善支持单位和个人科技成果转化的财税措施。❶

在上述政策指引下，地方政府进一步出台鼓励或扶持政策，甚至直接给予引导资金资助，推动高校和科研院所专利技术的转移转化。一批以高校和科研院所专利为主要目标的专利运营机构、平台、联盟或基金纷纷成立。针对这种快速发展的新形势，有人甚至认为，修改后的《促进科技成果转化法》将成为中国版的"拜杜法案"。

上述法律、政策的出台，无疑会在很大程度上提升我国高校和科研院所专利技术的转移转化比率和水平，但是是否真能够起到如美国《拜杜法案》那样的作用，大幅度提升我国高校和科研院所专利技术的转移转化率，充分释放大学和科研院所在技术创新方面的活力呢？笔者认为，除了本节前文分析的制约中国专利运营的3个基本因素之外，大学及科研院所的技术创新活力还取决于其他相关配套政策措施是否能够进一步完善。

如本书第一章所述，美国在1980年颁布《拜杜法案》之后，围绕该法案还进行了一系列法律、政策调整，例如1980～2000年陆续实施了《国家合作研究法》《联邦技术转移法案》等5部法案，这些法案共同促进了科技成果的转移转化，释放了美国大学等科研机构的科技创新活力。

我国在修改了《促进科技成果转化法》之后，虽然国务院很快印发了

---

❶ 李总理提及美国《拜杜法案》，鼓励科技成果走出"深闺"[EB/OL].（2016 - 02 - 24）[2016 - 07 - 20]. http：//www.ezcap.cn/News/2016/02/115273.shtml.

《实施〈促进科技成果转法〉若干规定》和《促进科技成果转移转化行动方案》，解决了实践中一些政策障碍，但仍然还有许多问题制约科技成果的转移转化，例如完全以专利技术入股后非现金注册企业法人问题、如何免除事业单位领导在科技成果定价决策方面的责任问题、如何处理可能涉及国有资产流失的问题等，这些问题的解决还需要逐步通过制定相关法律法规等措施解决。此外，从法律实施的层级上看，现行的《促进科技成果转化法》属于国家法律，而《实施〈促进科技成果转法〉若干规定》和《促进科技成果转移转化行动方案》则是国务院发布的通知文件，法律地位偏低，缺少中间层级的实施细则，不利于法律的贯彻落实。

当然，发展需要政策，也需要时间。随着制约中国专利运营因素的逐步解除和上述配套政策的完善，我国高校和科研院所创新活力得以进一步激发，专利技术转移转化率大幅度提升，《促进科技成果转化法》自然成为中国版的"拜杜法案"。

三、"专利流氓"会在我国流行吗？

自 20 世纪末以来，美国出现了一大批专门从事专利收购、转让或许可的专利运营公司。这些公司自己不生产任何产品，主要从濒临破产的大公司、研究机构或个体发明人手中收购专利，然后对其进行包装出售或许可。一旦发现有侵权者，则通过诉讼或诉讼威胁迫使侵权者就范。一些大科技公司产品多、销量大，经常招致这类公司的诉讼，加之一些专利运营公司手段过火，要价过高，大科技公司对其"恨之入骨"，因此大科技公司将其称为"专利流氓"，以表达它们的愤怒。客观地讲，专利运营公司以其专业化服务促进了专利转化运用，实现了专利价值，特别是对于个体发明人、小公司来说是有好处的。由于这类公司使用的是合法有效的专利，因此近几年来，美国虽然一直希望抑制"专利流氓"的发展，但是效果并不十分明显。而我国在大力开展专利运营的背景下，也有很多人提出"专利流氓"可能在我国迅速发展的问题。

但笔者认为，"专利流氓"式的行为在我国会有少量存在，尤其是当实体企业面临与专利相关的重大事项时，例如企业上市、质押融资、参与专利奖评选等会遇到"专利流氓"式的行为，但是"专利流氓"在我国很难得到发展。原因包括以下几个方面。

1. "第二个原创"等同于"山寨"的观念并未深入人心

"专利流氓"容易获得原创想法（第一个原创）并将想法变成专利，实体企业在没有从"专利流氓"处获得任何有效技术信息的前提下，同样根据类似的原创想法（第二个原创）完成原创技术，并转化成之前从未有过的产品的行为将被视为侵犯专利权的山寨行为。这种观念几乎被各国专利法所支持，是"专利流氓"能够仅依赖原创想法就能收取许可费的法律依据，也是实体企业认为"专利流氓"阻碍创新的原因。但是，这种观念在我国并未深入人心，很少有人会主动运用这种相对"流氓"的运营方式，而当实体企业遇到类似情况下，也很少会屈服于"专利流氓"，企业的强势将对"专利流氓"行为产生压制。

2. 较低的侵权赔偿数额无法形成利益空间

"专利流氓"的营收是和企业"公了"或"私了"所获得的利益。"公了"是走进法院，获得侵权赔偿；"私了"是和企业达成和解协议。目前，我国法院判决的专利侵权赔偿额虽然有所提高，但在未来很长一段时间内，都会处于相对较低的水平。"公了"价格上不去，"私了"价格也高不了，"专利流氓"所获得的利益也就没有保障，愿意当"专利流氓"的也就不会太多。

3. 国际上对"专利流氓"的遏制为我们提供了足够的应对经验

近年来，国际上尤其是美国在应对专利流氓方面采取了多项措施，而且取得了较好的实践效果。在这种情况下，即使"专利流氓"在我国露出发展蔓延的苗头，相关主管机构也能够借鉴国际上的经验，快速提出有效的抑制和防范措施，将"专利流氓"消灭于萌芽状态，保障我国国内专利运营环境的健康。

专利运营在我国呈蓬勃发展之势，上有政策支持，下有资本给力，中有政府、基金、平台、中介、联盟、企业、高校、科研机构、金融机构、代理机构、产业园、孵化器、示范区、独立发明人等多种角色的积极参与，出现了或与国际接轨，或有中国特色的十分丰富的专利运营模式，专利运营的新概念、新理念层出不穷，可谓百花齐放，百家争鸣。

透过现象看本质，在未来较长的时间内，我国专利运营的主要推手仍然是政府，政府推动专利运营的核心目的是促进创新和科技成果转化，进而推动经济结构转型和经济社会发展。因此,专利运营的关键在于挖掘甚至创造好的创新技术,探索合适的科技成果转化路径,从而降低创新的难度和科技成果转化的成本。不管哪种专利运营模式,只有植根于创新,服务于转化,才能顺应国家经济发展的大趋势,在未来激烈的市场竞争中存活、成长、壮大。

致　　谢

在本书近两年的专题研究和撰写过程中，我们得到很多领导、同事和朋友的支持与帮助，在此致以最诚挚的感谢！

首先感谢本书的撰写顾问，他们是中知厚德知识产权运营管理公司董事兼总经理吕荣波、北京国知专利预警咨询有限公司副总经理张勇。两位顾问充分发挥一线专利运营经验，特别是吕荣波先生是全国知识产权服务公共平台主要设计者，具有丰富的专利运营经验，他们经常为我们答疑解惑。此外，两位顾问还为我们提供了宝贵的第一手专利运营实战素材，并为本书的撰写提出了大量的意见、建议。

感谢国家知识产权局规划发展司副司长刘菊芳、专利管理司饶波华、《中国知识产权报》"专利周刊"主编吴艳。他们不仅为我们提供了大量宝贵资料，这些资料非常有助于我们深入理解国家相关政策，而且还为完善本书有关内容提出了宝贵意见建议。

感谢清华大学成果与知识产权办公室主任王燕、副主任梅元红及科技开发部副主任杨柳，中国科学院知识产权办公室主任宋河发，中国科学院大连化学物理研究所知识产权办公室主任杜伟，中国科学院微电子研究所高级工程师李超雷，深圳中科院知识产权投资有限公司运营部总经理王晓刚。他们让我们了解了我国高校和科研机构专利运营开展情况，并提供了丰富的第一手案例资料。

感谢强国知识产权研究院院长杨旭日，上海盛知华知识产权服务有限公司总裁纵刚、高级副总裁赵保红，珠海格力电器股份有限公司知识产权部部长文旷瑜，国家知识产权运营横琴平台七弦琴知识产权资产与服务交易网总经理季节，中国技术交易所总裁办公室负责人章乐，国家核电技术有限公司知识产权经理翟晨阳。他们不仅给我们提供了宝贵的专利运营实战资料，而且还向我们详细介绍了本单位专利运营情况，使得本书内容更加真实、更加贴近实战。

感谢国家知识产权局专利局专利审查协作北京中心专利服务部项目管理部主任李楠、外观设计审查部审查一室主任崔建国、材料发明审查部王丹。他们为本书撰写提供了很好的基础数据素材，丰富了本书的内容。

最后特别感谢国家知识产权局专利局专利审查协作天津中心的领导和同事们，特别是中心主任魏保志。魏主任不仅多次关心本书的写作进展，而且认真阅读初稿，提出大量宝贵的修改意见和建议。中心副主任杨帆为本书贡献了十分切题的书名，让本书增色不少；中心审查业务部研究室主任温国永为本书提供了部分统计数据；中心人力资源部林晓文完善了本书中部分图表。

特别感谢本书的责任编辑李琳和胡文彬，两位多次组织讨论会，并深入参与写作讨论。特别是李琳老师，她首先提出了这个选题的研究、写作动议，全程跟踪我们的研究、写作进程，主持建立了一个有专家、顾问、研究者、从业者、作者及编辑共同参与的讨论平台，同时两位还对撰写内容提出了大量指导性意见及建议，为本书结构和内容的完善作出了可贵的贡献。

参考文献

［1］陆介平，等. 专利运营：知识产权价值实现的商业形态［J］. 工业技术创新，
　　2015（2）：248－254.

［2］毛金生，陈燕，李胜军，谢小勇. 专利运营实务［M］. 北京：知识产出版
　　社，2013.

［3］李黎明，刘海波. 知识产权运营关键要素分析——基于案例分析视角［J］. 科技
　　进步与对策，2014，31（10）：123－130.

［4］朱国军，纪延光. 企业专利运营能力演化的行为解析［J］. 科技管理研究，2010，
　　30（10）：151－153.

［5］吴欣望，朱全涛. 创新市场与国家兴衰［M］. 北京：知识产出版社，2013.

［6］张平. 专利运营的国际趋势与应对［J］. 电子知识产权，2014（6）.

［7］胡丽君. 试论美德两国知识产权保险制度及其对我国的借鉴［D］. 武汉：华中科
　　技大学，2006.

［8］黄颖. 企业专利诉讼战略研究［M］. 北京：中国财政经济出版社，2014.

［9］柳泽智也，多米尼克·圭尔克. 形成中的专利市场［M］. 王燕玲，杨冠灿，译.
　　武汉：武汉大学出版社，2014.

［10］夏轶群. 企业技术专利商业化经营策略研究［D］. 上海：上海交通大学，2009.

［11］孟奇勋. 开放式创新环境下专利经营公司战略模式研究［J］. 情报杂志，2013，
　　32（05）：195－201.

［12］张志成. 专利形态及许可方式演变对创新的影响及政策应对兼论 NPE 等现象的
　　发生［J］. 电子知识产权，2014（6）：26－30.

［13］杜跃平，王舒平，段利民. 中国专利运营公司典型模式调查研究［J］. 科技进步
　　与对策，2015（1）：83－88.

［14］陈朝晖. 企业专利商业化模式研究［M］. 北京：知识产权出版社，2014.

［15］冯晓青. 企业知识产权战略［M］. 4 版. 北京：知识产权出版社，2015.

［16］马秀山. 说三国谋略　话专利经营［M］. 北京：专利文献出版社，1993.

［17］张晓凌，侯方达. 技术转移运营实务［M］. 北京：知识产权出版社，2012.

［18］L. G. BRYER, S. J. LEBSON, M. D. ASBELL. Intellectual Property Operations and Implementation in the 21st Century Corporation ［M］. New York：Wiley & Sons, 2011.

［19］关于整合打造科技成果转化服务平台的对策研究 ［EB/OL］. (2014 - 07 - 24) ［2016 - 07 - 22］. http：//www. tjszx. gov. cn/scdy/system/2014/07/24/010000517. shtml.

［20］刘红光，孙惠娟，刘桂锋，孙华平. 国外专利运营模式的实证研究 ［J］. 图书情报研究，2014 (2)：39 - 44.

［21］孙华平，唐恒，龙兴乐. 基于服务平台的区域专利运营体系构建 ［J］. 知识产权，2015 (09)：73 - 78.

［22］常利民. 我国专利运营对策研究 ［J］. 电子知识产权，2014 (8).

［23］何耀琴. 北京市知识产权运营模式分析 ［J］. 北京市经济管理干部学院学报，2013 (3)：21 - 26.

［24］曹耀艳，詹爱岚. 专利海盗的类型、特征及其应对——基于技术创新专利化的价值链视角 ［J］. 浙江工业大学学报 (社会科学版)，2013 (2)：233 - 239.

［25］马歇尔·菲尔普斯，戴维斯·克兰. 烧掉舰船——微软称霸全球的知识产权战略 ［M］. 谷永亮，译. 北京：东方出版社，2010.

［26］易继明. 论我国专利质押制度 ［J］. 科技与法律，1996 (4)：62 - 68.

［27］贺化. 评议护航——经济科技活动知识产权分析评议案例启示录 ［M］. 北京：知识产权出版社，2014.

［28］聂士海. 中技所：创新科技金融服务 ［J］. 中国知识产权，2011 (6).

［29］董晓燕. 中小高新技术企业专利证券化融资研究 ［D］. 兰州：兰州大学，2008.

［30］袁晓东. 专利信托研究 ［M］. 北京：知识产权出版社，2010.

［31］靳晓东. 专利资产证券化研究 ［M］. 北京：知识产权出版社，2012.

［32］中国技术交易所. 芝加哥知识产权交易所专利许可使用权证券化模式探析 ［EB/OL］. (2015 - 08 - 05) http：//files. ctex. cn/uploadatt//demo/20150805/1438755913815. pdf.

［33］詹映. 专利池管理与诉讼 ［M］. 北京：知识产权出版社，2013.

［34］张平，马骁. 标准化与知识产权战略 ［M］. 北京：知识产权出版社，2005.

［35］刘友华. 知识产权公益诉讼之我见 ［J］. 电子知识产权，2007 (4)：60 - 61.

［36］王加莹. 专利布局和标准运营——全球化环境下的企业创新突围之道 ［M］. 北京：知识产权出版社，2014.

［37］黄铁军，高文. AVS 标准制定背景与知识产权状况 ［J］. 电视技术，2005 (07)：4 - 7.

［38］蓬田宏树. 高通公司的专利与标准化战略——对专利和标准化的执着追求 ［J］. 电子设计应用，2007 (9)：35 - 36.

［39］ 海尔"防电墙"技术的大事年表［J］. 家电科技，2009（13）：11 – 11.

［40］ 余翔，顾珂舟. IBM 专利战略与技术创新的新变革［J］. 当代经济，2006（3）：61 – 63.

［41］ 王小勇，宁建荣，张娟. 国内外关于技术转移机构研究综述［J］，科技管理研究，2009（01）：44 – 46.

［42］ JOHN P. WALSH，洪伟. 美国大学技术转移体系概述［J］. 科学学研究，2011（05）：641 – 649.

［43］ 郭开朗. 美国大学科技成果转化及启示［J］. 中国高等教育，2010（07）：16 – 19.

［44］ 宋东林，付丙海，唐恒. 高校专利技术转移模式分析［J］. 中国科技论坛，2011（03）：95 – 100.

［45］ 张蕾. 中美高校技术转移实践对比研究——以探寻我国高校技术转移率低的原因为着眼点［J］. 电子知识产权，2010（9）：90 – 94.

［46］ 汤姆·库克. 大学科技成果转化的牛津模式［J］. 杨世忠，译. 经济与管理研究，2006（09）：80 – 85.

［47］ 程德理. 高等学校专利技术运营机制研究［J］. 知识产权，2014（07）：74 – 77.

［48］ 傅正华，林耕. 美国的技术转移［J］. 中国科技成果，2006（10）：37 – 39.

［49］ 吕徽. 美国的知识产权管理体制和专利管理政策及其借鉴［J］. 调查研究报告，2003（94）：1 – 19.

［50］ 贺莹，钟书华. 创新驿站的功能定位——以欧洲 IRC 和 EEN 为例［J］. 科技与经济，2012，25（3）：36 – 40.

［51］ 刘鹏，方厚政. 美国海洋托莫公司的专利拍卖实践及启示［J］. 科技与管理，2012，14（5）：84 – 87.

［52］ 谢阳群，魏建良. 国外网上技术市场运行模式研究［J］. 商业研究，2007（02）：1 – 6.

［53］ 贺化. 专利导航产业和区域经济发展实务［M］. 北京：知识产权出版社，2013.

［54］ 黄晓庆，魏冰. 创新之光——企业专利秘籍［M］. 北京：知识产权出版社，2013.

［55］ 王玉民，马维野. 专利商用化的策略与运用［M］. 北京：科学出版社，2007.

［56］ 陈健. 以创新的商业模式走出自主创新之路——朗科的专利运营模式［J］. 深交所，2008（8）：26 – 30.

［57］ H. W. CHESBROUGH. Open Innovation: The New Imperative for Creating and Profiting from Technology［M］. Boston: Harvard Business School Press，2003.

［58］袁晓东，孟奇勋．开放式创新条件下的专利集中战略研究［J］．科研管理，
　　　2010，31（05）：157－163.

［59］陆丹，徐国虎．基于"众包"的企业创新模式研究［J］．物流科技，2013，36
　　　（8）：127－129.

［60］汤珊芬，程良友，袁晓东．专利证券化——融资方式的新发展［J］．科技与经
　　　济，2006，19（3）：46－49.

［61］曹博．专利许可的困境与出路［D］．重庆：西南政法大学，2009.

［62］袁晓东，李晓桃．专利信托在企业集团专利管理中的应用［J］．科学学与科学技
　　　术管理，2009，30（03）：151－155.

［63］李和金．专利信托与专利资产证券化比较分析［J］．管理观察，2008（11）：
　　　83－84.

［64］喻磊，李金惠．专利权信托之探讨［J］．江西科技师范学院学报，2009（2）：
　　　31－34.

［65］陈锦其，徐明华．专利联盟：成因、结构及其许可模式［J］．中共浙江省委党校
　　　学报，2008（01）：21－25.

［66］郭晓娟．专利产业化与大学科技园建设———以牛津大学科技园为例［J］．东
　　　岳论丛，2006，27（02）：194－195.

［67］郜志雄，张联珍，全继业．中国专利技术转移：状况、问题与对策［J］．科技与
　　　经济，2014（8）.

［68］中钢天源以发明专利作价入股铜陵能源公司［EB/OL］．（2013－09－10）［2016－
　　　07－25］．http://www.most.gov.cn/dfkj/ah/zxdt/201309/t20130910_109275.htm.

［69］张友生：清华大学技术转移及知识产权工作实践与思考［EB/OL］．（2016－05－24）
　　　［2016－07－25］．http://us.ctex.cn/article/ctexnews/201605/20160500025452.shtml.

［70］张康德．探讨两种专利技术转让模式［J］．发明与创新（综合版），2006（8）：
　　　27－29.

［71］袁晓东．日本专利资产证券化研究［J］．电子知识产权，2006（7）：42－46.

［72］清华大学技术转移工作的思考与探索［EB/OL］．（2016－06－08）［2016－07－
　　　25］．http://www.cnipr.com/yysw/zscqjyytrz/201606/t20160608_197299.htm.

［73］苹果公司商业模式的分析［EB/OL］．［2016－07－25］．http://3y.uu456.com/
　　　bp_77ywu1q9t30a0pl1tyzb_1.html.

［74］苹果公司定价策略［EB/OL］．（2015－10－08）［2016－07－25］．http://www.
　　　docin.com/p－1313074356.html.

［75］袁晓东．美国专利资产证券化研究［J］．科技与法律，2006（3）：57－61.

［76］马鞍山一发明专利作价 360 万投资入股 专利投融资新突破［EB/OL］.（2013 -
09 - 10）［2016 - 07 - 25］. http：//www. most. gov. cn/dfkj/ah/zxdt/201309/
t20130910_ 109275. htm.

［77］向征. 论专业信托的优势及在中国的可行性［J］. 江苏科技信息，2012（3）：
1 - 3.

［78］周云祥. 论专利技术标准化的途径及战略选择［J］. 科技管理研究，2010，30
（22）：193 - 195.

［79］科技型中小企业专利权质押贷款模式初探［EB/OL］.（2015 - 08 - 19）［2016 -
07 - 25］. http：//www. ynipo. gov. cn/newsview. aspx？ID = 5099.

［80］孙华平，刘桂锋. 科技型小微企业专利运营体系及融资模式研究［J］. 科技进步
与对策，2013，30（18）：132 - 137.

［81］邸晓燕，赵捷，张杰军. 科技成果转化中的国际职业化模式 ——以中科院上海
生命科学研究院知识产权与技术转移中心为例［J］. 科学管理研究，2011，29
（03）：49 - 52.

［82］科技成果转化"北京模式"的探索与实践 - 诚韬科技咨询 - 微转化［EB/OL］.
［2016 - 07 - 25］. http：//diyitui. com/content - 1424448006. 28479179. html.

［83］朱乃肖，黄春花. 开放式创新下的企业知识产权运营初探［J］. 改革与战略，
2012，28（02）：145 - 148.

［84］郑伦幸，牛勇. 江苏省专利运营发展的现实困境与行政对策［J］. 南京理工大学
学报（社会科学版），2013，26（4）：58 - 64.

［85］董斌琦. 甲醇制烯烃技术中国专利现状分析［J］. 神华科技，2014（3）：3 - 7.

［86］余翔，詹爱岚. 基于专利开放的 IBM 专利战略研究［J］. 科学学与科学技术管
理，2006，27（10）：81 - 84.

［87］合法化：技术入股改革实施方案出台［EB/OL］.（2015 - 08 - 04）［2016 - 07 -
25］. http：//www. phirda. com/newsinfo. aspx？id = 12489.

［88］刘康成. 国外高校的技术转移模式及对我国的启示［J］. 科技成果纵横，2011
（3）：28 - 29.

［89］个人专利入股创天价 评估作价 1 617 万［EB/OL］.（2009 - 06 - 19）［2016 - 07 -
25］. http：//finance. ifeng. com/stock/ssgs/20090619/815103. shtml.

［90］海川. 丰田为何开放燃料电池专利［J］. 新经济导刊，2015（3）：72 - 75.

［91］文心. 丰田开放 5 680 件专利使用权是"天上掉馅饼"吗［J］. 今日科技，2015
（1）：25 - 26.

［92］梅垠. 发明"移动轮胎超市"他用专利作价入股创办微企［N］. 重庆日报，

2013 – 11 – 22.

［93］魏玮．从实施到运营：企业专利价值实现的发展趋势［J］．学术交流，2015（01）.

［94］AVS 团队：专利丛林中闯出一条路［EB/OL］．（2009 – 10 – 22）［2016 – 07 – 25］．http：//pkunews. pku. edu. cn/xwzh/2009 – 10/22/content_ 159194. htm.

［95］杨飞. avs 标准中非必要专利的侵权风险分析［J］．中国发明与专利，2008（9）.

［96］黄铁军，高文．AVS 标准制定背景与知识产权状况［J］．电视技术，2005（07）：4 – 7.

［97］黄铁军．以 AVS 为例谈专利私权和标准公权的平衡［J］．信息技术与标准化，2005（7）：40 – 43.

［98］4G 核心专利不在外国公司，而在中国手里［EB/OL］．（2015 – 04 – 10）［2016 – 07 – 25］．http：//news. ittime. com. cn/news/news_ 4233. shtml.

［99］刘雪凤．我国台湾地区与大陆专利联盟策略比较研究［J］．科学管理研究，2010，30（08）：161 – 163.

［100］孙洁丽．浅析知识产权出资方式［J］．法制与社会，2008（13）.

［101］海尔热水器“防电墙”专利技术［J］．电器评介，2003（9）：74 – 75.

［102］刘宁，黄贤涛．海尔的专利与标准预警机制［J］．中国发明与专利，2007（2）.

［103］岳贤平．国外企业专利组合策略模式及其启示［J］．情报科学，2014（12）：87 – 92.

［104］李校林，汪张林．我国专利联盟研究述评［J］．科技与法律，2012（1）：12 – 16.

［105］古村，陈磊，林举琛．我国现有专利池及其知识产权政策研究［J］．中国发明与专利，2012（6）：17 – 21.

［106］陈欣．国外企业利用专利联盟运作技术标准的实践及其启示［J］．科研管理，2007，28（04）：23 – 29.

［107］张艳玲．专利许可使用权出资法律问题研究［D］．重庆：重庆大学，2012.

［108］杨晓锋．使用权出资相关问题思考［D］．济南：山东大学，2012.

［109］重庆知识产权质押 5 年贷款 3 亿多 无形资产激活少［EB/OL］．（2013 – 05 – 10）［2016 – 07 – 25］．http：//www. cq. xinhuanet. com/2013 – 05/10/c_ 115711656. htm.

［110］游训策．专利联盟的运作机理与模式研究［D］．武汉：武汉理工大学，2008.

［111］金品．我国专利证券化的机遇和风险［J］．甘肃金融，2014（8）：31 – 34.

［112］张军荣，丁璇，袁晓东，孟奇勋．深圳 LED 专利池技术分析与发展策略［J］．情报杂志，2014（01）：50 – 54.

[113] 汤珊芬，程良友．美国专利证券化的实践与前景［J］．电子知识产权，2006 (4)：32 – 36.

[114] 福田汽车：专利运营为汽车产业升级导航［EB/OL］．(2016 – 03 – 09)［2016 – 07 – 25］．http：//ip. people. com. cn/n1/2016/0309/c136655 – 28184790. html.

[115] 国务院发展研究中心赴美创新课题考察团．创新体系中的大学及其技术转移的方式——斯坦福大学在硅谷发展中的作用［J］．调查研究报告，2006 (249)：1 – 18.

[116] 标准和专利战的主角——专利池解析［EB/OL］．(2009 – 11 – 15)［2016 – 07 – 25］．http：//www. fengxiaoqingip. com/ipluntan/lwxd – zl/20091115/5280. html.

[117] 林小爱．专利交易特殊性及运营模式研究［J］．知识产权，2013 (03)：69 – 74.

[118] 为什么美国名校不搞中国式的"校办企业"？［EB/OL］．(2015 – 06 – 17)［2016 – 07 – 25］．http：//news. mydrivers. com/1/435/435049. htm.

[119] 魏雨晨．探索专利运营服务最新机制——以美国 IPXI 公司专利许可使用权证券化为例［J］．杭州科技，2014 (2)：54 – 57.

[120] 创业者与"微信"的故事［EB/OL］．(2015 – 08 – 31)［2016 – 07 – 25］．http://mt. sohu. com/20150831/n420148521. shtml.